高职高专土建类专业"十二五"规划教材

建筑工程定额计量与计价

主　编　成如刚
主　审　夏国银
副主编　周慧兰　周艳红　李兴怀
　　　　黄卫勤　程志雄

武汉大学出版社

图书在版编目(CIP)数据

建筑工程定额计量与计价/成如刚主编. —武汉:武汉大学出版社,2014.8(2016.6重印)
高职高专土建类专业"十二五"规划教材
ISBN 978-7-307-13516-1

Ⅰ.建⋯ Ⅱ.成⋯ Ⅲ.①建筑经济定额—高等职业教育—教材 ②建筑工程—工程造价—高等职业教育—教材 Ⅳ.TU723.3

中国版本图书馆 CIP 数据核字(2014)第 120903 号

责任编辑:黄汉平　　　责任校对:鄢春梅　　　版式设计:马　佳

出版发行:武汉大学出版社　　(430072　武昌　珞珈山)
　　　　　(电子邮件:cbs22@whu.edu.cn　网址:www.wdp.com.cn)
印刷:武汉中远印务有限公司
开本:787×1092　1/16　印张:21.25　字数:514 千字　插页:1
版次:2014 年 8 月第 1 版　　2016 年 6 月第 2 次印刷
ISBN 978-7-307-13516-1　　定价:39.00 元

版权所有,不得翻印;凡购买我社的图书,如有质量问题,请与当地图书销售部门联系调换。

前　言

《建筑工程定额计量与计价》课程是工程造价专业、建筑工程技术专业的专业核心课程之一，是工程造价专业核心岗位——造价员岗位资格证对应的必修关键课程。课程以造价员及相关岗位职业能力培养为核心、以工作过程为导向设计教学内容。

本书在编写过程中，以系统性、针对性、适用性和简明性为主旨，紧贴工程实践，参考工程造价最新相关成果，依据2013计价规范与计量规范、2013建标44号文、2013合同示范文本、湖北3013定额、11G101图集等国家和地方最新规范标准定额等，选用实际工程施工图，结合大量案例，把理论知识与实际应用紧密相结合。

本书由成如刚主编，周慧兰、周艳红、李兴怀、黄卫勤、程志雄任副主编，汪玲、张妮丽、李倩、李班、严嘉旗参与了第20章~第22章的编写工作。全书由夏国银（中国建设工程造价管理协会专家、湖北建设工程造价管理协会专家、资深造价工程师）主审。

本书在编写过程中参考了大量专家学者的著作、论文、网络资料，并得到了行业内许多同仁的支持，在此，表示衷心的感谢！

由于编者的水平有限，书中难免出现不妥和错误之处，敬请行业同仁、专家学者、广大读者批评指正，以便再版时加以完善。

编　者
2014年5月

目 录

绪 论 ··· 1

学习单元 1　建筑工程预算定额 ·· 4
1.1　定额的概念 ·· 4
1.2　建筑工程定额分类 ··· 5
1.3　建筑工程消耗量定额 ·· 8
小结 ·· 21
习题 1 ·· 22

学习单元 2　人工、材料、机械台班单价 ·· 23
2.1　人工单价 ··· 23
2.2　日工资单价的组成 ·· 23
2.3　日工资单价的计算 ·· 23
2.4　材料预算价格 ·· 24
2.5　施工机械台班单价 ·· 26
2.6　预算定额单价综合案例 ·· 31
2.7　工程造价信息 ·· 32
小结 ·· 32
习题 2 ·· 33

学习单元 3　建筑工程预算定额应用 ·· 34
3.1　直接套用定额 ·· 34
3.2　预算定额的换算 ··· 35
3.3　补充定额 ··· 42
3.4　据实计算 ··· 43
小结 ·· 43
习题 3 ·· 43

学习单元 4　工程量计算概述 ·· 44
4.1　工程量计算 ·· 44
4.2　工程量计算中常用的基数 ·· 45
小结 ·· 47

习题 4 ··· 47

学习单元 5　建筑面积计算 ·· 49
　5.1　概述 ··· 49
　5.2　建筑面积计算规定 ··· 49
　　小结 ··· 67
　　习题 5 ··· 68

学习单元 6　土石方工程列项与计量 ·· 69
　6.1　一般规定 ··· 69
　6.2　平整场地 ··· 72
　6.3　沟槽、基坑土方 ··· 73
　6.4　土石方运输、回填土及其他 ··· 80
　6.5　综合案例 ··· 82
　　小结 ··· 85
　　习题 6 ··· 87

学习单元 7　地基处理、边坡支护与桩基工程 ···································· 89
　7.1　一般规定 ··· 89
　7.2　地基处理 ··· 90
　7.3　基坑与边坡支护 ··· 92
　7.4　预制桩 ··· 95
　7.5　现场灌注桩 ·· 98
　　小结 ·· 101
　　习题 7 ·· 101

学习单元 8　砌筑工程 ·· 102
　8.1　墙体工程量 ·· 102
　8.2　砖基础工程量 ·· 107
　8.3　其他构件工程量 ·· 109
　8.4　砖烟囱工程量 ·· 113
　　小结 ·· 115
　　习题 8 ·· 115

学习单元 9　混凝土及钢筋混凝土 ·· 117
　9.1　现浇砼构件 ·· 117
　9.2　预制砼构件 ·· 127
　9.3　构筑物混凝土工程 ··· 128
　9.4　钢筋及预埋铁件 ·· 129

9.5 模板 ··· 141
小结 ··· 145
习题 9 ··· 145

学习单元 10 木结构工程 ·· 148
10.1 基本概念 ·· 148
10.2 工程量计算 ·· 150
小结 ··· 152
习题 10 ··· 152

学习单元 11 钢结构工程 ·· 153
11.1 金属结构成品安装 ·· 153
小结 ··· 163
习题 11 ··· 163

学习单元 12 屋面及防水、防腐、保温、隔热工程 ··············· 166
12.1 屋面防水、排水 ·· 166
12.2 其他防水工程 ··· 171
12.3 变形缝 ·· 172
12.4 防腐、保温、隔热工程 ······································ 174
小结 ··· 177
习题 12 ··· 177

学习单元 13 楼地面装饰工程 ··· 180
小结 ··· 183
习题 13 ··· 183

学习单元 14 墙柱面装饰工程 ··· 186
14.1 抹灰工程 ··· 186
14.2 块料面层 ··· 188
14.3 幕墙工程 ··· 190
14.4 招牌、家具等其他工程 ······································ 193
小结 ··· 198
习题 14 ··· 198

学习单元 15 天棚工程 ·· 200
15.1 天棚抹灰工程量 ·· 200
15.2 天棚吊顶工程量 ·· 201
小结 ··· 203
习题 15 ··· 203

学习单元 16 门窗工程 205
    小结 208
    习题 16 208

学习单元 17 油漆、涂料、裱糊工程 210
    习题 17 214

学习单元 18 脚手架工程 215
    18.1 综合脚手架 215
    18.2 单项脚手架 219
    小结 222
    习题 18 222

学习单元 19 垂直运输工程 225
    19.1 一般规定 225
    19.2 计算方法 226
    小结 229
    习题 19 229

学习单元 20 成品构件二次运输及成品保护 231
    20.1 成品构件二次运输 231
    20.2 成品保护工程 232

学习单元 21 建筑工程施工图预算 233
    21.1 建筑安装工程费用项目组成 233
    21.2 建筑工程定额计价(施工图预算)费用的计算 ... 240
    21.3 甲供材处理案例 249
    21.4 建设工程竣工结算材料价格调整 250
    21.5 人工单价调整 251
    小结 252
    习题 21 252

学习单元 22 施工图预算实例 253
    22.1 施工图纸 253
    22.2 工程量计算 269
    22.3 分部分项工程与单价措施项目费计算 318
    22.4 费用计算 329
    22.5 封面、编制说明及汇总表 330

绪 论

1. 建设工程计价的含义

建设工程计价也称为建设工程计量与计价，是指在工程项目实施建设的各个阶段，根据不同的目的，按照规定的程序、方法和依据，对特定的建设项目工程造价及其构成内容进行估计或确定的行为。计价活动是全过程、全方位的预测、优化、计算和分析过程。在投资决策阶段，一般指投资估算的编制；在设计阶段，一般指设计概算和施工图预算的编制；在招投标阶段，一般指招标控制价和投标报价的编制；在施工阶段，一般指工程结算的编制；在竣工验收阶段，一般指竣工决算的编制等。在设计阶段及其之前是对工程造价的估计，在交易阶段及其以后是对工程造价的确定。

建设工程计量与计价基本步骤是：依据相关工程建设法律法规、规范、定额（指标）、合同、造价信息、设计文件等工程技术资料等，计算特定建设工程项目的基本构造要素（分部或分项工程或结构构件或施工过程等）工程量、确定相应单价，进而确定单位工程造价。

2. 建筑工程计价方式

我国目前是两种计价方式并存：定额计价方式和工程量清单计价方式。

定额计价（也可称为建设预算）是在建设项目决策阶段、设计阶段、招投标阶段、施工阶段、竣工阶段、运营维护阶段用于确定和控制工程造价的一种计价方式。定额计价的基本依据是国家（或省、市、自治区，或行业）统一使用的定额、造价信息等。定额计价方式是一种传统的计价方式，并将长期存在。

定额计价方式适用于建设项目全过程的各阶段，包括：投资阶段的投资估算、设计阶段的设计概算、施工图设计阶段以及招投标阶段的施工图预算、施工阶段施工单位编制的施工预算、竣工阶段的工程结算等。定额计价方式中，本课程主要学习施工图预算。

工程量清单计价是在建设工程承发包及实施阶段用于确定和控制工程造价的一种计价方式。工程量清单计价的基本依据是清单计价规范、工程量计算规范、定额（指标）、合同、造价信息等。工程量清单计价方式是在建设工程招投标方式下采用的一种特殊的计价方式。我国的清单计价方式是在定额计价方式基础上发展起来的一种新的工程产品计价方式。

3. 建设工程计量与计价基本原理

建设工程计量与计价的主要作用是确定建设产品的价格，也就是确定工程造价。建设产品的价格确定是建立在经济学理论基础之上的，由生产这个产品的社会必要劳动量确定。建设产品的价格组成包括：人工费、材料费及工程设备费、施工机具使用费、企业管理费、利润、规费、税金。

建设工程计量与计价基本原理通过公式表达如下：

$$建筑安装工程造价 = \sum [单位工程基本构造要素工程量 \times 相应单价]。$$

首先将一个建设项目进行分解，划分为可以按有关技术经济参数测算价格的、具有共性的基本构造要素；然后按照规则计算基本构造单元的实物工程量，采取一定的方法找到相应构造单元的当时当地单价；最后进行分项分部组合汇总，计算出某工程的工程总造价。

建设工程计价的基本思路就是项目的分解与组合，是一种从下向上的分部组合计价方法。一般来说，分解结构层次越多，基本子项也越细，计算也越精确。在建设项目的不同阶段，要求的精度不同，基本构造单元的粗细程度要求也不同，按精度不同，可以是分部工程、分项工程或结构构件、施工过程等。

编制单位分项工程人工、材料、机械台班消耗量的定额，是确定工程造价的重要基础。在消耗量定额的基础上再考虑价格因素，用货币量反映定额单位的人工费、材料费、施工机具使用费，三项费用合计称为定额基价，也称工料单价或直接工程费单价。在工料单价基础上再加上管理费、利润和风险费用即为综合单价。

4. 建设工程定额计量与计价基本程序

建设工程定额计量与计价包括实物法与单价法两种，计价程序分别如图 0.1、图 0.2 所示。我国常用的是单价法。

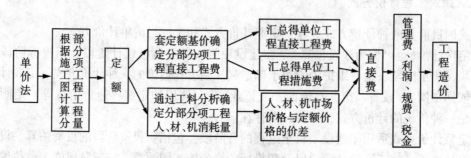

图 0.1 单价法编制程序

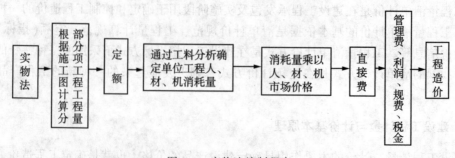

图 0.2 实物法编制程序

5. 建筑工程定额计量与计价与其他课程的关系

"建筑工程定额计量与计价"课程是研究建筑产品生产成果与生产消耗之间的定量关系以及如何合理确定建筑工程造价规律的一门综合性、实践性较强的应用型课程。

要学好这门课程,首先要学习《工程经济》、《建筑与装饰材料》、《建筑构造》、《建筑结构》、《工程识图》、《建筑施工》、《钢筋平法构造与翻样》等课程,做到能识读图纸,熟悉房屋构造、结构构造基本知识,了解材料基本性能,熟悉施工过程,等等。

学习单元 1　建筑工程预算定额

1.1　定额的概念

1.1.1　定额

定额，即标准或尺度。定额是社会物质生产部门在生产经营活动中，根据一定的技术组织条件，在一定的时间内，为完成一定数量的合格产品所规定的人力、物力和财力消耗的数量标准。

定额水平是一定时期社会生产力水平的反映，定额水平与一定时期生产的机械化程度，操作人员的技术水平，生产管理水平，新材料、新工艺和新技术的应用程度以及全体人员的劳动积极性有关，所以，定额水平不是一成不变的，而是随着社会生产力水平的变化而变化的；但是，在一定时期内，定额水平又是相对稳定的。

定额水平是制定定额的基础和前提，定额水平不同，定额所规定的资源消耗量也就不同，在确定定额水平时，应综合考虑定额的用途，生产力发展水平，技术经济合理性等因素。目前，定额水平有平均先进水平和平均水平两类，采用先进水平编制的定额是不常见的，先进水平更多用于企业内部管理，我们期望的企业定额应该体现先进水平或平均先进水平。

1.1.2　建筑工程定额

建筑工程定额是建筑产品生产中需消耗的人力、物力和财力等各种资源的数量规定，即在正常施工生产(正常的施工条件、合理的劳动组织和合理地使用材料和机械)条件下，完成单位合格建筑安装产品所必须消耗的人工、材料、机械台班以及其费用的数量标准。

如砌筑 1 砖内墙 $10m^3$ 需消耗：人工 14.6 工日；红砖 5321 块；M5 水泥砂浆 $2.37m^3$；200L 砂浆搅拌机 0.40 台班；基价 1131.97 元/$10m^3$。

建筑工程定额反映了在一定社会生产力条件下建筑行业的生产与管理水平。

正常的施工条件应该符合有关的技术规范，符合正确的施工组织和劳动组织条件，符合已经推广的先进的施工方法、施工技术和操作规程。它是施工企业和施工队(班组)应该具备也能够具备的施工条件。

"合理劳动组织、合理使用材料和机械"是指应该按照定额规定的劳动组织条件来组织生产(包括人员、设备的配置和质量标准)，施工过程中应当遵守国家现行的施工规范、规程和标准等。

"单位合格产品"中的"单位"是指定额子目中所规定的定额计量单位，因定额性质的不同而不同。如预算定额一般以分项工程来划分定额子目,每一子目的计量单位因其性质不同而不同,砖墙、混凝土以"m^3"为单位,钢筋以"t"为单位,门窗多以"m^2"为单位。"合格"是指施工生产所完成的成品或半成品必须符合国家或行业现行的施工验收规范和质量评定标准的要求。"产品"指的是"工程建设产品",称为工程建设定额的标定对象。不同的工程建设定额有不同的标定对象,所以,它是一个笼统的概念,即工程建设产品是一种假设产品,其含义随不同的定额而改变,它可以指整个工程项目的建设过程,也可以指工程施工中的某个阶段,甚至可以指某个施工作业过程或某个施工工艺环节。

可以看出,建设工程定额不仅规定了建设工程投入产出的数量标准,同时还规定了具体的工作内容、质量标准和安全要求。

1.2 建筑工程定额分类

定额是个大家族,除了常用的消耗量定额(预算定额)之外,建筑工程定额还包括劳动定额、材料消耗定额、机械台班使用定额、工序定额、施工定额、概算定额、概算指标、估算指标、建筑安装工程费用定额、工器具定额、工程建设其他费用定额、工期定额。这些定额又有很多不同专业,如:建筑工程、安装工程、市政工程、房屋修缮加固、仿古园林工程、煤炭井巷工程、铁路工程、公路工程、冶金工程、轨道交通等。按适用范围可分为全国统一定额、行业统一定额、地区统一定额、企业定额和补充定额五种。

人工消耗定额、材料消耗定额和机械台班消耗定额是其他各种定额的基本组成部分。它直接反映生产某种单位合格产品所必须具备的基本生产要素。

1.2.1 人工消耗定额

人工消耗定额又称劳动定额。它是指在合理的劳动组织条件下,某工种的劳动者,为完成单位合格产品所消耗的人工工日的数量,或规定在一定劳动时间内,生产合格产品的数量标准。人工定额一般采用工作时间消耗量来计算人工工日消耗的数量。所以其表现形式是时间定额,但同时也表现为产量定额。时间定额的计量单位是工日/米、工日/立方米……;产量定额的计量单位是相应时间定额的倒数。

1.2.2 材料消耗定额

材料消耗定额简称材料定额,它是指在合理和节约使用材料的条件下,生产质量合格的单位产品所必须消耗的一定品种规格的材料、燃料、半成品、构件和水电等资源的数量标准。

1.2.3 机械台班使用定额

机械台班使用定额简称机械台班定额,它是指在合理劳动组织和合理使用机械,正常施工条件下,由熟练工人或工人小组操纵使用机械,生产单位合格产品所必须消耗的某种施工机械工作时间。机械台班定额的主要表现形式是机械时间定额,但同时也表现为产量定额。计量单位以"台班/平方米、台班/立方米……"表示。产量定额的计量单位是相应时间定额的倒数。

1.2.4 企业定额(施工定额)

企业定额是指施工企业根据本企业的施工技术、机械装备和管理水平编制的人工、材料和施工机械台班等的数量标准。企业定额是一个广义概念，这里专指施工企业的施工定额。

施工定额是以同一性质的施工过程或工序为测定对象，规定建筑安装工人或班组，在正常施工条件下为完成一个规定计量单位的合格产品所需消耗的人工、材料和施工机械台班等的消耗标准。

企业定额是建筑安装企业内部编制施工预算、进行施工管理的重要标准，也是施工企业投标报价和工程分包的重要依据，反映了企业的生产力水平(劳动效率和生产管理水平)，但其定额水平应体现社会平均先进水平。

1.2.5 消耗量定额(也称预算定额)

消耗量定额是指在正常施工条件下，完成一定计量单位分项工程或结构构件的人工、材料和机械台班消耗量的标准。它除了规定人工、材料和机械台班消耗量标准外，还规定完成定额所包括的工程内容，有的还包括其相应费用标准。消耗量定额是在人工消耗定额、材料消耗定额和机械台班定额的基础上，适当合并相关工序内容，进行综合扩大而编制的。

消耗量定额的主要作用是编制施工图预算，确定建筑产品价格。既然是产品价格，所以消耗量定额水平是社会平均水平。

1.2.6 概算定额

概算定额是指完成一定计量单位的扩大结构构件或扩大分项工程的人工、材料和施工机械消耗数量及其相应费用标准。概算定额是在预算定额的基础上，按照施工顺序相衔接和关联性较大的原则划分定额项目，通常以主体结构或主要项目列项，把前后的施工过程全合并在一起，并综合预算定额的工作内容后编制而成的，如人工挖地槽、砖砌基础、基础防潮、回填土、余土外运等工程内容，在预算定额中分别列项，而概算定额中，将这五个施工顺序相衔接而且关联性较大的分项工程合并为一个扩大分项工程，即为概算定额中的基础定额；又如现浇砼柱、模板、钢筋在预算定额中分别列项，而概算定额中，合并为一个现浇砼柱定额，现浇砼柱定额中包含砼柱、模板、钢筋内容。

概算定额是设计部门、建设单位编制概算和控制建设投资的依据。

概算定额的制定水平也是社会平均水平，但它在综合预算定额的基础上，按其作用又进行了扩大，一般在综合后的"预算定额量"的基础上又增加了5%的幅度。

1.2.7 概算指标

概算指标是以单项工程、单位工程、扩大分项工程为对象，反映完成一个规定计量单位建筑安装产品的经济消耗指标。

概算指标也是一种计价定额，主要用于编制初步设计概算，概算指标是概算定额的扩大与合并，一般以建筑面积、体积或成套设备装置的台或组等为计量单位，基本反映完成扩大分项工程的相应费用，也可以表现其人、材、机的消耗量。按照指标包括内容的不同可分为综合概算指标和单项概算指标两种形式。

1.2.8 估算指标

估算指标是以建设项目、单项工程、单位工程为对象，反映建设总投资及其各项费用构成的经济指标。

估算指标也是一种计价定额，主要用于编制投资估算，基本反映建设项目、单项工程、单位工程的相应费用指标，也可以反映其人、材、机消耗量。包括建设项目综合估算指标、单项工程估算指标和单位工程估算指标。

建筑工程估算指标通常以平方米(建筑面积)、立方米(建筑体积)为单位，或者以座、米(构筑物)为单位，规定人工、材料及造价的数量指标。它比概算定额更进一步综合扩大。

在设计深度不够的情况下，往往用估算指标编制初步设计概算。是进行设计方案技术经济比较的依据。估算指标构成的数据，主要来自各种工程的预算、概算和结算资料，即把各种有关数据经过整理、分析、归纳计算而得。例如每平方米的造价指标，就是根据该工程的全部概预算(结算)价值被该工程的建筑面积去除而得到的数值。

1.2.9 工期定额

在正常的施工技术和组织条件下，完成建设项目和各类工程所需的工期标准。

1.2.10 建筑安装工程费用定额

建筑安装工程费用定额包括施工措施费定额和间接费定额。在计算建筑工程费用时，除了计算直接消耗在工程上构成工程实体的人工费、材料费、机械费之外，我们还要计算间接消耗在工程项目上的诸如临时设施费、二次搬运费、安全施工费、脚手架费、模板费等施工措施费用及企业管理费、社会保障费、危险作业意外伤害保险等间接费用。

1.2.11 工器具定额

工器具定额是为新建或扩建项目投产运转首次配置的工、器具的数量标准。工具和器具，是指按照有关规定不够固定资产标准而起劳动手段作用的工具、器具和生产用家具，如工具台、工具箱、计量器、仪器等。

1.2.12 工程建设其他费用定额

工程建设其他费用定额是独立于建筑安装工程、设备和工器具购置之外的其他费用开支的标准。工程建设其他费用主要包括土地使用费、与建设项目有关的费用和与未来企业生产经营有关的费用等，这些费用的产生和整个项目的建设密切相关，其他费用定额是按各项独立费用分别制定的，以便合理控制这些费用的开支。

1.3 建筑工程消耗量定额

建筑工程消耗量定额根据人工消耗定额、材料消耗定额、机械台班消耗定额编制。

1.3.1 人工消耗定额

人工消耗定额也称劳动消耗定额,是建筑工程劳动定额的简称。人工消耗定额按其表现形式的不同,分为时间定额和产量定额。

1.3.1.1 时间定额

时间定额是指某一工人或工作小组在合理劳动组织等施工条件下,完成一定计量单位分项工程或结构构件所需消耗的工作时间。《建设工程劳动定额》(LD/T72.1~11—2008)的劳动消耗量均以时间定额表示,定额项目的人工不分工种、技术等级,一律以综合工日表示,每一工日工作时间按 8h 计算。

即单位产品时间定额(工日)= 1/每工产量;

单位产品时间定额(工日)= 小组成员工日数总和/小组台班产量。

1.3.1.2 产量定额

产量定额是指某一工人或工作小组在合理的劳动组织等施工条件下,在单位时间内完成合格产品的数量。通常以一个工日完成合格产品的数量表示。

即产量定额 = 产品数量/劳动时间。

1.3.1.3 时间定额与产量定额的关系

时间定额与产量定额互为倒数,即:

时间定额×产量定额 = 1;

时间定额 = 1/产量定额。

1.3.1.4 工作时间

完成任何施工过程,都必须消耗一定的工作时间,要研究施工过程中的工时消耗量,就必须对工作时间进行分析。工作时间的研究,是将劳动者整个生产过程中所消耗的工作时间,根据其性质、范围和具体情况进行科学划分、归类,明确规定哪些属于定额时间,哪些属于非定额时间,找出非定额时间损失的原因,以便拟定技术组织措施,消除产生非定额时间的因素,充分利用工作时间,提高劳动生产率。

工作时间是指工作班的延续时间。建筑安装企业工作班的延续时间为 8h(每个工日)。工人在工作班内消耗的工作时间,按其消耗的性质可分为两大类:必须消耗的时间和损失时间,如图 1.1 所示。

1. 必须消耗的时间

必须消耗的时间又称定额时间,是工人在正常施工条件下,为完成一定数量的产品或工作任务所必须消耗的工作时间。包括有效工作时间、休息时间和不可避免中断时间的消耗。有效工作时间又包括基本工作时间、辅助工作时间、准备与结束工作时间的消耗。

(1)基本工作时间是工人完成能生产一定产品的施工工艺过程所消耗的时间。通过这些工艺过程可以使材料改变外形;可以改变材料的结构与性质,如混凝土制品的养护干燥等;可以使预制构配件安装组合成型;也可以改变产品外部及表面的性质,如粉刷、油

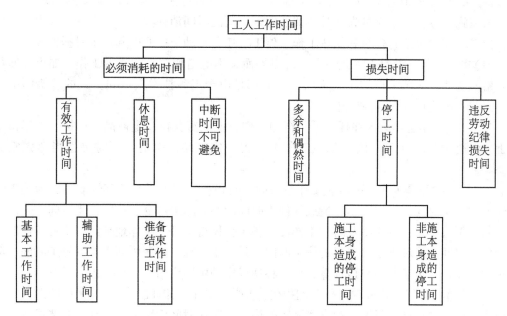

图 1.1 工人工作时间分类

漆等。

(2)辅助工作时间是为保证基本工作能顺利完成所消耗的时间。在辅助工作时间里，不能使产品的形状大小、性质或位置发生变化。辅助工作时间的结束，往往就是基本工作时间的开始。辅助工作一般是手工操作。但如果在机手并动的情况下，辅助工作是在机械运转过程中进行的，为避免重复则不应再计辅助工作时间的消耗。

(3)准备与结束工作时间是执行任务前或任务完成后所消耗的工作时间。如工作地点、劳动工具和劳动对象的准备工作时间；工作结束后的整理工作时间等。这项时间消耗可以分为班内的准备与结束工作时间和任务的准备与结束工作时间。

一般情况下，准备与结束工作时间占定额时间的比例：油漆工 2%~3%；抹灰工、钢筋工、砼工 2.5%~3.5%；木工 2%~5%；砖工 2%~2.5%。

(4)不可避免的中断所消耗的时间是由于施工工艺特点引起的工作中断所必需的时间。与施工过程工艺特点有关的工作中断时间，应包括在定额时间内，但应尽量缩短此项时间消耗。与工艺特点无关的工作中断所占用的时间，是由于劳动组织不合理引起的，属于损失时间，不能计入定额时间。

(5)休息时间是工人在工作过程中为恢复体力所必需的短暂休息和生理需要的时间消耗。这种时间是为了保证工人精力充沛地进行工作，所以在定额时间中必须进行计算。休息时间的长短和劳动条件有关，劳动越繁重、劳动条件越差(如高温)，则休息时间需越长。

休息时间一般占定额时间比例：轻体力(如油漆工等)5%，中度体力(如钢筋工等)5%~9%，重体力如砼工 7%~13%、挖土工 10%~20%。

2. 损失时间

损失时间又称非定额时间,是与产品生产无关,而与施工组织和技术上的缺点有关,与工人在施工过程的个人过失或某些偶然因素有关的时间消耗。

损失时间中包括有多余和偶然工作、停工、违背劳动纪律所引起的工时损失。

(1)多余工作,就是工人进行了任务以外而又不能增加产品数量的工作,如重砌质量不合格的墙体。多余工作的工时损失,一般都是由于工程技术人员和工人的差错而引起的,因此,不应计入定额时间中。

(2)偶然工作也是工人在任务外进行的工作,但能够获得一定产品。如抹灰工不得不补上偶然遗留的墙洞等。由于偶然工作能获得一定产品,拟定定额时要适当考虑它的影响。

(3)停工时间是工作班内停止工作造成的工时损失。停工时间按其性质可分为施工本身造成的停工时间和非施工本身造成的停工时间两种。施工本身造成的停工时间,是由于施工组织不善、材料供应不及时、工作面准备工作做得不好、工作地点组织不良等情况引起的停工时间。非施工本身造成的停工时间,是由于水源、电源中断引起的停工时间。前一种情况在拟定定额时不应该计算,后一种情况定额中则应给予合理考虑。

(4)违背劳动纪律造成的工作时间损失,是指工人在工作班开始和午休后的迟到、午饭前和工作班结束前的早退、擅自离开工作岗位、工作时间内聊天或办私事等造成的工时损失。由于个别工人违背劳动纪律而影响其他工人无法工作的时间损失,也包括在内。此项工时损失不应允许存在。因此,在定额中是不能考虑的。

计算公式为:

定额时间=基本工作时间+辅助工作时间+准备与结束工作时间+不可避免中断时间+休息时间。

【例 1.1】 已知砌砖基本工程时间为 390min,准备与结束时间为 19.5min,休息时间为 11.7min,不可避免的中断时间为 7.8min,损失时间为 78min,共砌砖 1000 块,并已知 520 块/m^3,试确定其时间定额与产量定额。

【解】 定额时间:$390+19.5+11.7+7.8=429$min$=7.15$ 小时;

1000 块砖体积:$1000/520=1.923m^3$;

时间定额:$7.15/1.923=3.718$ 小时/$m^3=0.46$ 工日/m^3;

产量定额:$1/0.46=2.17m^3$/工日。

1.3.2 预算定额人工消耗量

定额项目的人工消耗量包括基本用工和其他用工两部分。

1. 基本用工

基本用工是指完成一定计量单位分项工程或结构构件所必须消耗的技术工种用工,如砌筑墙体时的瓦工、支混凝土模板时的模板工等。按技术工种相应劳动定额工时定额计算,以不同工种列出定额工日。

2. 其他用工

其他用工是指除基本用工以外的用工。包括:

(1)辅助用工:是指施工现场内发生的预算定额中基本用工以外的材料加工等用工。如:混凝土工程中的洗石子用工、砌砖工程中的筛沙子用工、抹灰工程中的淋石灰用工和制作抹灰用的分隔条用工、机械土方工程配合用工、电焊点火用工等。

（2）超运距用工：是指消耗量定额取定的材料、成品、半成品场内运输距离，超过劳动定额规定的距离所增加的用工。

需要指出，实际工程现场运距超过预算定额取定运距时，可另行计算现场二次搬运费。

（3）人工幅度差：是指劳动定额项目中未包括，而在正常施工过程中经常发生，在预算定额中必须考虑，但又无法通过劳动定额项目计量的用工损失。包括：工序交叉、搭接的时间损失；施工机械的临时维护、检修、移动时的时间损失及临时水电的移动而引起的人工停歇时间；工程质量检查和隐蔽工程验收而影响的工作时间；施工班组操作地点变动的时间以及工序交接时对前一工序不可避免的修整用工；施工中不可避免的其他用工损失。

人工幅度差用工=(基本用工+辅助用工+超运距用工)×人工幅度差系数；

人工幅度差系数一般为10%~15%。

人工消耗量计算公式为：

人工消耗量=基本用工+辅助用工+超运距用工+人工幅度差。

【例1.2】 已知完成$1m^3$的1砖墙砌体需基本工作时间15.5h，辅助工作时间占工作班延续时间的3%，准备与结束工作时间占工作班延续时间的3%，不可避免中断时间占工作班延续时间的2%，休息时间占工作班延续时间的16%，人工幅度差系数为10%，计算完成$1m^3$砌体的人工消耗量。

【解】 完成$1m^3$的砌体定额时间=基本工作时间+辅助工作时间+准备与结束工作时间+不可避免中断时间+休息时间，

$$\frac{15.5}{1-3\%-3\%-2\%-16\%} = 20.39 \text{ 小时} = \frac{20.39}{8} \text{工日} = 2.55 \text{ 工日},$$

完成$1m^3$砌体的人工消耗量=2.55×(1+10%)=2.81 工日。

1.3.3 材料消耗定额

材料消耗定额是指在合理的施工条件和合理使用材料的情况下，生产质量合格的单位产品所必须消耗的建筑安装材料的数量标准。

在工程建设中，建筑材料品种繁多，耗用量大，占工程费用的比例较大，在一般工业与民用建筑中，其材料费占整个工程费用的60%~70%。因此，用科学的方法正确制定材料消耗定额，可以保证合理供应和使用材料，减少材料的积压和浪费，这对于保证施工的顺利进行、降低产品价格和工程成本有极其重要的意义。

1.3.3.1 施工中材料消耗的分类

施工中材料的消耗，可分为必需的材料消耗和损失的材料两类。必须消耗的材料，是指在合理用料的条件下，生产合格产品所需消耗的材料。它包括直接用于建筑和安装工程的材料、不可避免的施工废料、不可避免的材料损耗。

（1）工程施工中所消耗的材料，按材料在构成工程实体时的重要程度及其用量大小包括主要材料、辅助材料和其他材料三部分。

①主要材料，指直接构成工程实体的材料，其中也包括成品、半成品的材料。

②辅助材料,是构成工程实体除主要材料以外的其他材料,如垫木、钉子、铅丝等。
③其他材料,指用量较少,难以计量的零星用料,如:棉纱、编号用的油漆等。

(2)按材料在施工过程中消耗的方式包括实体性材料(非周转性材料)与周转性材料两部分。

①实体性材料(非周转性材料)是在施工中一次性消耗的、构成工程实体的材料,如砌筑墙体用的砖(或砌块)、浇筑混凝土构件用的混凝土等。

②周转性材料是在施工中可多次性地周转使用的材料,这种材料一般不构成工程实体,如砌筑墙体用的脚手架、浇筑混凝土用的模板等。

1.3.3.2 实体性材料消耗量

1. 实体性材料消耗量的组成

施工中实体性材料的消耗,其消耗量都是由材料净用量和材料损耗量组成的,如图1.2所示。

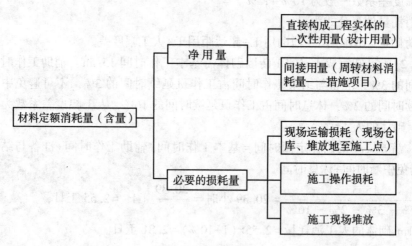

图 1.2 材料消耗量

材料净用量是指在合理用料的条件下,直接用于建筑和安装工程的材料。

材料损耗量指在正常条件下不可避免的施工废料和施工操作损耗,包括:现场内材料运输堆放损耗及施工操作过程中的损耗等。其关系式如下:

材料消耗量=材料净用量+损耗量=材料净用量×(1+损耗率);

材料损耗量=材料净用量×损耗率;

$$材料损耗率 = \frac{损耗量}{净用量} \times 100\%。$$

2. 实体材料的消耗量确定

实体材料消耗量一般是通过现场技术测定法、实验室试验法、现场统计法和理论计算法等方法获得的。

具备下列条件的情况下,可采用材料净用量的理论计算。

(1)凡有标准规格的材料,按规范要求(如砌砖,按规范要求的灰缝宽度和厚度、排砖方法;防水卷材,按规范要求的搭接宽度和铺贴方法等)计算定额耗用量。

(2)凡设计图纸标注截面尺寸及下料长度要求的按设计图纸尺寸及下料要求计算材料净用量,如木门窗制作用的板、方材等。

3. 砌体材料用量计算

(1)砖砌体材料用量计算公式:

每立方米砌体标准砖净用量(块) = $\dfrac{2 \times 墙体厚度的砖数}{墙体厚 \times (标准砖长+灰缝厚) \times (标准砖厚+灰缝厚)}$;

砂浆净用量 = 1−标准砖净用量×0.24×0.115×0.053。

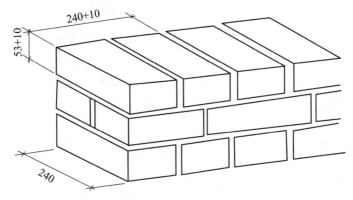

图 1.3 砖砌体计算尺寸示意图(单位:mm)

【例 1.3】 计算 240 厚砖外墙每 m^3 砌体中砖和砂浆的消耗量,砖损耗率均为 2%,砂浆损耗率均为 1%。

【解】 砖净用量 = $\dfrac{1}{0.24 \times (0.24+0.01) \times (0.053+0.01)} \times 1 \times 2 = 522$ 块/m^3;

砖消耗量 = 522×(1+2%) = 532.44 块/m^3;

砂浆消耗量 = (1−522×0.24×0.115×0.053)×(1+1%) = 0.238m^3/m^3。

(2)砌块砌体材料用量计算公式(砖砌体也适用此公式):

每立方米砌体的砌块净用量(块) = $\dfrac{分母体积中砌块的数量}{墙体厚 \times (砌块长+灰缝厚) \times (砌块厚+灰缝厚)}$;

砂浆净用量 = 1−砌块净用量×砌块的单位体积。

【例 1.4】 计算尺寸为 390mm×190mm×190mm 的每立方 190 厚混凝土空心砌块墙的砌块和砂浆净用量。

【解】 砌体净用量 = $\dfrac{1}{0.19 \times (0.39+0.01) \times (0.19+0.01)} \times 1 = 68.5$ 块/m^3;

砂浆净用量 = 1−68.5×0.39×0.19×0.19 = 0.074m^3/m^3。

(3)砖、石、砌块墙柱综合因素取定:编制砌体预算定额时,综合考虑了外墙和内墙所占的比例,扣减了梁头垫块,增加了突出的砖线体积等因素,具体取定比例如表 1.1 所示。

表 1.1　　　　　　　　　　　砖、砌块取定比例权数表

项目	墙体比例	附件占有率
砖基础	一砖基二层等高 70%，一砖半基四层等高 20%，二砖四层等高 10%	T 形接头重叠占 0.785%、砖踩突出部分占 0.2575%
半砖墙	外墙按 47.7%	外墙突出砖线条占 0.36%
	内墙按 52.3%	无
3/4 砖墙	外墙按 50%	外墙梁头垫块占 0.4893% 外墙突出砖线条占 0.9425%
	内墙按 50%	内墙梁头垫块占 0.104%
一砖墙	外墙按 50%	外墙梁头垫块占 0.058%，0.3m² 内空洞占 0.01% 外墙突出砖线条占 0.336%
	内墙按 50%	内墙梁头垫块占 0.376%
一砖半及二砖墙	外墙按 47.7%	外墙梁头垫块占 0.115% 外墙突出砖线条占 1.25%
	内墙按 52.3%	内墙梁头垫块占 0.332%
空斗墙	空斗按 73%	突出砖线条占 0.32%
	实砌按 27%	
砌块墙	砌块按 95%	无
	标砖按 5%	

定额中材料、成品、半成品损耗率如表 1.2 所示。

表 1.2　　　　　　　　　　材料、成品、半成品损耗率

材料名称	工程项目	定额取定损耗率/%
标准砖	地面、屋面、空斗墙	1.5
	基础	0.5
	实砖墙	2.0
	方砖柱	3.0
	圆砖柱	7.0
	烟囱	4.0
多孔砖	墙	2.0
煤渣空心砌块		3.0
轻质混凝土砌块		2.0
加气混凝土块	包括改锯	7.0
毛石		2.0

续表

材料名称	工程项目	定额取定损耗率/%
砌筑砂浆	砖砌体	1.0
	空斗墙	5.0
	多孔砖墙	10.0
	加气混凝土块墙	2.0
	毛石、料石砌体	1.0

(4)砖墙定额消耗量计算：

【例1.5】 定额中半砖墙标准砖消耗量计算。

【解】 砖净用量 $= \dfrac{0.5 \times 2}{0.115 \times (0.24 + 0.01) \times (0.053 + 0.01)} = 552(块/m^3)$；

砖定额消耗量 $= \sum[墙类比例 \times (1 \pm 附件占有率)] \times 砖净用量 \times (1 + 损耗率)$
$= [47.7\% \times (1+0.36\%) + 52.3\% \times 1] \times 552 \times (1+2\%)$
$= 564.1(块/m^3)$；

砂浆净用量 $= 1 - 552 \times 0.24 \times 0.115 \times 0.053 = 0.1925(m^3/m^3)$；

砂浆定额消耗量 $= \sum[墙类比例 \times (1 \pm 附件占有率)] \times 砂浆净用量 \times (1 + 损耗率)$
$= [47.7\% \times (1+0.36\%) + 52.3\% \times 1] \times 0.1925 \times (1+1\%)$
$= 0.1948(m^3/m^3)$；

水耗用量（主要用于湿砖，每千块按 $0.2m^3$ 取定） $= 0.2 \times 5.641 = 1.128(m^3/10m^3)$。

(5)砌块墙定额消耗量计算：规范规定，加气砼砌块填充墙底部应砌烧结普通砖或多孔砖，其高度不宜小于200mm。按此规定，小型空心砌块和加气砼砌块墙定额中标准砖含量按总量约5%计入。对于2013湖北定额中的A1-46定额取定：加气砼砌块600×300×150mm占30%、加气砼砌块600×300×200mm占30%、加气砼砌块600×300×250mm占35%。

各规格砌块净用量(块) $= \dfrac{相应规格的砌块比例}{砌块宽 \times (砌块砖长 + 灰缝厚) \times (砌块厚 + 灰缝厚)}$；

砂浆净用量 $= 1 -$ 各规格砌块净块数 $\times$ 各规格砌块单块体积 $-$ 每块标砖体积 $\times$ 标砖净块数。

4. 块料面层

100平方米面层块料净用量(块) $= \dfrac{100}{(块料长 + 灰缝宽) \times (块料宽 + 灰缝宽)}$；

$100m^2$ 块料总消耗量 $=$ 净用量 $\times (1 + 损耗率)$；

$100m^2$ 结合层砂浆净用量 $= 100 \times$ 结合层厚；

$100m^2$ 结合层砂浆总消耗量 $=$ 净用量 $\times (1 + 损耗率)$；

$100m^2$ 块料面层灰缝砂浆净用量 $= (100 - 块料长 \times 块料宽 \times 块料的净用量) \times$ 灰缝厚；

$100m^2$ 块料面层灰缝砂浆总消耗量 $=$ 净用量 $\times (1 + 损耗率)$。

【例1.6】 用水泥砂浆贴500mm×500mm×15mm花岗岩地面,结合层5mm厚,灰缝1mm厚,花岗岩损耗率1.5%。砂浆损耗率1.6%,试计算每100m²地面的花岗岩和砂浆的总消耗量。

【解】 花岗岩:

$$100m^2 花岗岩净用量 = \frac{100}{(0.5+0.001) \times (0.5+0.001)} = 398.4 块;$$

花岗岩消耗量 = 398.4×(1+1.5%) = 404.5 块/100m²。

砂浆:

100m² 地面结合层砂浆净用量 = 100×0.005 = 0.5m³;

100m² 地面灰缝砂浆净用量 = (100−398.4×0.5×0.5)×0.015 = 0.006m³;

砂浆消耗量 = (0.5+0.006)×(1+1.6%) = 0.514m³/100m²。

5. 卷材面层

$$100平方米卷材面层卷材净用量 = \frac{100 \times 每卷卷材面积 \times 层数}{(卷材宽-顺向搭接宽) \times (每卷卷材长-横向搭接宽)}。$$

【例1.7】 高分子卷材规格均按20m×1m,满铺粘贴长边搭接为95mm,短边搭接为82mm,卷材损耗率1%。试计算满铺100m²高分子卷材防水中高分子卷材的消耗量。空铺粘贴、点铺粘贴、条铺粘贴长短边搭接长度均为101mm。

【解】

$$满铺卷材面层卷材消耗量 = \frac{100 \times 20 \times 1}{(20-0.095) \times (1-0.082)} \times 1.01$$
$$= 110.55(m^2/100m^2);$$

$$空铺、点铺、条铺粘贴卷材消耗量 = \frac{100 \times 20 \times 1}{(20-0.101) \times (1-0.101)} \times 1.01$$
$$= 112.85(m^2/100m^2)。$$

6. 瓦屋面

$$100平方米屋面瓦材面层净用量 = \frac{100}{(瓦宽-宽向搭接宽) \times (瓦长-长向搭接宽)}。$$

(1)水泥瓦(又叫彩瓦,水泥彩瓦):

【例1.8】 水泥瓦定额取定尺寸385mm×235mm,长向搭接85mm,宽向搭接33mm。脊瓦规格取定450mm×195mm,搭长55mm。脊瓦每100m²综合含量取定11.00m。损耗率定额取3.5%。试计算水泥瓦材的消耗量。

【解】 100平方米屋面瓦材耗用量

$$= \frac{100}{(0.385-0.085) \times (0.235-0.033)} \times (1+3.5\%) = 1708 块;$$

脊瓦量 = 11÷(0.45−0.055)×(1+3.5%) = 29 块。

(2)黏土瓦定额取定尺寸380mm×240mm,长向搭接80mm,宽向搭接33mm。脊瓦规格取定450mm×195mm,搭长55mm。脊瓦每100m²综合含量取定11.00m。损耗率定额取3.5%。计算方法同例1.8。

(3)小波石棉瓦:

【例1.9】 小波石棉瓦定额取定尺寸1820mm×720(单波63)mm,长向搭接200mm,

短向 1.5 波。脊瓦规格取定 780mm×180mm，搭长 70mm。脊瓦每 100m² 综合取定脊长 11.00m。损耗率定额取 4%。试计算小波石棉瓦的消耗量。

【解】 100 平方米屋面瓦材耗用量 $= \dfrac{100}{(1.82-0.2)\times(0.72-0.063\times1.5)}\times(1+4\%)=102.63$ 块；

脊瓦量 $=11\div(0.78-0.07)\times(1+4\%)=16.11$ 块。

(4) 大波石棉瓦定额取定尺寸 2800mm×994(单波 166)mm，长向搭接 200mm，短向 1.5 波。脊瓦规格取定 850mm×460mm，脊瓦每 100m² 综合取定脊长 11.00m。计算方法同例 1.8。

7. 其他材料耗用量的计算

由于此类材料价值低，用量小，一般在定额中以"其他材料费"形式出现，定额单位以"元"表示；或者在消耗量定额中以占材料费的百分比表示。具体计算是详细列出此类材料的名称、数量，并依据实际编制期的材料价格计算出相应材料的金额及总金额，即：

其他材料总金额 $=\sum$(相应其他材料数量 × 相应材料预算价格)。

1.3.3.3 周转性材料消耗量

在施工中多次重复使用的材料为周转材料。包括高处作业用的脚手架杆、板，土方施工中的挡土板，混凝土工程中的模板等。这类材料在施工中不是一次消耗完的，而是随着使用次数的增多，逐渐消耗，不断补充，多次使用，反复周转。周转性材料的耗用量是按多次使用、分次摊销的方法计算的，用摊销量表示。

1. 现浇构件模板摊销量

现以木模板为例，说明周转性材料摊销量的计算方法。

模板的一次使用量(木模)：在不重复使用的条件下，完成定额计量单位产品需要的模板数量。

模板一次使用量 = 1m³ 构件模板接触面积 × 1m² 接触面积模板净用量 ×(1+损耗率)。

模板的周转使用量：在考虑了使用次数和每周转一次后的补充损耗数量后，每周转一次的平均使用量。

其计算公式为：

$$周转使用量 = \dfrac{一次使用量\times[1+(周转次数-1)\times补损率]}{周转次数},$$

式中的周转次数是指在补损条件下周转材料可以重复使用的次数。

模板回收量：周转材料在周转完毕时可以收回的数量。计算公式如下：

$$回收量 = \dfrac{一次使用量\times(1-补损率)\times回收折价率}{周转次数},$$

式中的回收折价率是指回收材料价值的折损系数。

模板摊销量：按周转次数分摊到每一定额计量单位模板面积中的周转材料数量。

计算公式为：

摊销量 = 周转使用量 - 回收量。

【例 1.10】 钢筋混凝土构造柱按选定的模板设计图纸，每 10m³ 混凝土模板接触面 66.7m²，每 10m² 接触面积需木材 0.375m³，模板的损耗率为 5%，周转次数 8 次，每次周转补损率 15%，试计算 1m³ 混凝土构造柱模板周转使用量、回收量及模板摊销量。

【解】一次使用量 $= \dfrac{66.7}{10} \times \dfrac{0.375}{10} \times (1+5\%) = 0.2633 \text{m}^3/\text{m}^3$；

周转使用量 $= \dfrac{0.2633 \times [1+(8-1) \times 15\%]}{8} = 0.0675 \text{m}^3/\text{m}^3$；

回收量 $= \dfrac{0.2633 \times (1-15\%)}{8} = 0.028 \text{m}^3/\text{m}^3$；

摊销量 $= 0.0675 - 0.028 = 0.0395 \text{m}^3/\text{m}^3$。

2. 预制构件模板摊销量

预制构件模板摊销量是按多次使用、平均摊销的方法计算的，公式如下：

模板一次使用量 = 1m^3 构件模板接触面积 × 1m^2 接触面积模板净用量 × (1+损耗率)；

模板摊销量 $= \dfrac{\text{一次使用量}}{\text{周转次数}}$。

3. 脚手架主要材料用量计算

脚手架所用钢管、架板等定额按摊销量计算：

摊销量 $= \dfrac{\text{一次使用量} \times (1-\text{残值率}) \times \text{使用年限}}{\text{年耐用年限}}$。

【例1.11】 根据选定的预制过梁标准图计算，每 1m^3 构件的模板接触面积为 10.16m^2，每 1m^2 接触面积的模板净用量为 0.095m^3，损耗率为 6%，模板周转 28 次，试计算每 1m^3 预制过梁的模板摊销量。

【解】 一次使用量 $= 10.16 \times 0.095 \times (1+6\%) = 1.027 \text{m}^3/\text{m}^3$；
预制过梁模板摊销量 $= 1.027 \div 28 = 0.037 \text{m}^3/\text{m}^3$。

1.3.4 施工机械台班消耗定额

在建筑安装工程中，有些工程产品或工作是由工人来完成的，有些是由机械来完成的，有些则是由人工和机械配合共同完成的。由机械或人机配合来完成的产品或工作中，就包含一个机械工作时间。

表现形式有机械时间定额和机械产量定额两种。

1.3.4.1 机械时间定额

机械时间定额是指在合理劳动组织与合理使用机械条件下，完成单位合格产品所必需的工作时间，包括有效工作时间、不可避免的中断时间、不可避免的无负荷工作时间，如图1.4所示。机械时间定额以"台班"表示，即一台机械工作一个作业班时间，一个作业班时间为8h。

单位产品机械时间定额(台班) = 1/台班产量。

由于机械必须由工人小组配合，所以完成单位合格产品的时间定额，同时应列入人工时间定额。即：

单位产品人工时间定额(工日) = 小组成员总人数/台班产量。

1.3.4.2 机械产量定额

机械产量定额是指在合理劳动组织与合理使用机械条件下，机械在每个台班时间内完成合格产品的数量。即：

机械产量定额=1/机械时间定额(台班)。

机械时间定额和机械产量定额互为倒数关系。

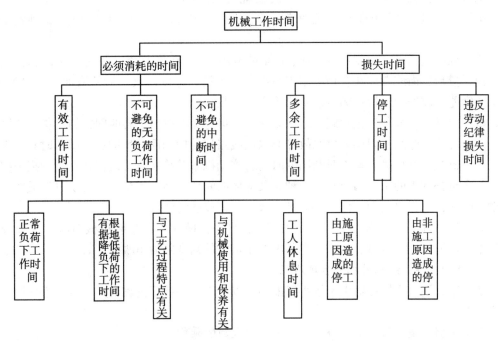

图1.4 机械工作时间分类

1.3.4.3 机械工作时间

1. 必须消耗的时间

(1)有效工作时间：包括正常负荷下的工作时间、有根据地降低负荷下的工作时间。

(2)不可避免的无负荷工作时间：指施工过程的特点所造成的无负荷下工作时间，如推土机抵达工作终端后倒车的时间、起重机吊完构件后返回构件堆放地点的时间等。

(3)不可避免的中断时间：这是与工艺过程的特点、机械使用中的保养、工人休息等有关的中断时间，如汽车装卸货物时的停车时间、给机械加油的时间、工人休息时的停机时间等。

2. 损失时间

(1)机械多余的工作时间：它指机械完成任务时无须包括的工作占用时间，例如灰浆搅拌机搅拌时多运转的时间、工人没有及时供料而使机械空运转的延续时间。

(2)机械停工时间：它是指由于施工组织不好及由于气候条件影响所引起的停工时间，如未及时给机械加水、加油而引起的停工时间。

(3)违反劳动纪律的停工时间：由于工人迟到、早退等原因引起的机械停工时间。

1.3.5 预算定额中机械台班消耗量

1.3.5.1 大型施工机械台班消耗量

如大型土石方机械，打桩、构件吊装机械等。由机械的净用量和机械幅度差数量组成。即：

机械台班消耗量＝机械净用量＋机械幅度差数量；
机械台班消耗量＝机械净用量×(1＋机械幅度差系数)。

机械净用量，即按机械台班定额确定的、为完成定额计量单位建筑安装产品所需要的台班数量。

机械幅度差，是在编制预算定额(消耗量定额)时，在按照统一劳动定额计算机械台班的消耗量后，尚应考虑在合理的施工组织条件下机械停歇因素，另外增加的台班消耗。机械幅度差，应按消耗量定额编制阶段确定的系数计算。

机械幅度差一般包括正常施工组织条件下不可避免的机械空转时间，施工技术原因的中断及合理停滞时间，因供电供水故障及水电线路移动检修而发生的运转中断时间，因气候变化或机械本身故障影响工时利用的时间，施工机械转移及配套机械相互影响损失的时间，配合机械施工的工人因与其他工种交叉造成的间歇时间，因检查工程质量造成的机械停歇的时间，工程收尾和工作量不饱满造成的机械停歇时间等。

大型机械幅度差系数为：土方机械25%，打桩机械33%，吊装机械30%。其他分部工程中如钢筋加工、木材、水磨石等各项专用机械的幅度差为10%。

1.3.5.2 按小组配用机械台班消耗量

如砂浆、混凝土搅拌机由于按小组配用，以小组产量计算机械台班产量，不另增加机械幅度差。

其中小组产量为劳动定额每工产量和小组人数的乘积。

配合机械的台班净用量＝项目内需加工材料数量÷台班产量，

其中，台班产量＝小组产量＝每工产量×小组人数；或根据劳动定额情况，综合取定台班产量。

【例1.12】 用一台20t平板拖车运输钢结构，由1名司机和5名起重工组成小组共同完成，已知调车10km以内，运距5km载重系数0.55，台班车次为4.4次/台班，试计算(1)平板拖车台班运输量和运输10t钢结构的时间定额。(2)拖运1t钢结构(吊车司机和起重工)的人工时间定额。

【解】 (1)台班运输量＝台班车次×额定载重量×载重系数＝4.4×20×0.55＝48.4t/台班；

时间定额＝1/48.4＝0.021台班/t；

运输10t钢结构时间定额＝1×10/48.4＝0.21台班/10t。

(2)吊车司机人工时间定额＝1×0.021＝0.021工日/t；

起重工人工时间定额＝5×0.021＝0.105工日/t；

拖运1t钢结构(吊车司机和起重工)的人工时间定额＝0.021＋0.105＝0.126工日/t。

或：拖运1t钢结构(吊车司机和起重工)的人工时间定额＝小组台班工日数/每台班产量＝6/48.4＝0.126工日/t。

1.3.5.3 机械台班消耗量的确定

1. 确定正常施工条件

机械操作与人工操作相比，劳动生产率在更大程度上受施工条件的影响，所以需要更好地拟定正常施工条件，主要是拟定工作地点的合理组织和拟定合理的工人编制。

2. 确定机械纯工作 1h 的正常生产率

机械纯工作 1h 的正常生产率，就是在正常施工条件下，由具备一定知识和技能的工人操作施工机械工作 1h 的劳动生产率。

机械纯工作时间，就是指机械必须消耗的净工作时间，包括：正常负荷下工作时间、有根据降低负荷下工作时间、不可避免的无负荷工作时间、不可避免的中断时间。

根据机械工作特点的不同，机械纯工作 1h 正常生产率的确定方法，也有所不同。

(1) 对于循环动作机械，确定机械纯工作 1h 正常生产率公式如下：

机械一次循环的正常延续时间 = $\sum$(各循环组成部分正常延续时间) − 交叠时间；

机械纯工作 1h 循环次数 = $\dfrac{60 \times 60(s)}{\text{一次循环的正常延续时间}}$；

机械纯工作 1h 正常生产率 = 机械纯工作 1h 循环次数 × 一次循环生产的产品数量。

(2) 对于连续动作机械，确定机械纯工作 1h 正常生产率要根据机械的类型和结构特征，以及工作过程的特点来进行。公式如下：

连续动作机械纯工作 1h 正常生产率 = $\dfrac{\text{工作时间内生产的产品数量}}{\text{工作时间(h)}}$。

3. 确定施工机械正常利用系数

又称机械时间利用系数，是指机械在工作班内工作时间的利用率。

机械正常利用系数 = $\dfrac{\text{工作班内机械纯工作时间}}{\text{机械工作班延续时间}}$。

4. 计算施工机械台班消耗量

(1) 施工机械台班产量定额：施工机械台班产量定额 = 机械纯工作 1h 正常生产率 × 工作班延续时间 × 机械正常利用系数。

(2) 施工机械台班消耗定额：机械台班消耗量 = 1/机械台班产量定额。

【例 1.13】 某砌筑 1 砖墙工程 1m³，砂浆用 400 升搅拌机现场搅拌，其资料如下：运料 200 秒，装料 40 秒，搅拌 80 秒，卸料 30 秒，正常中断 10 秒，机械利用系数 0.8，试确定机械台班消耗量(即机械时间定额)。

【解】 (1) 该搅拌机一次循环的正常延续时间 = $\sum$ 循环内各组成部分延续时间
  = 200+40+80+30+10 = 360 秒；

(2) 机械纯工作 1 小时循环次数 = 60×60(s)/360 = 10 次/h；

(3) 机械纯工作 1 小时的正常生产率 = 机械纯工作 1h 正常循环次数 × 一次循环的产品数量 = 10×0.4 = 4m³；

(该搅拌机纯工作 1 小时循环 10 次，则 1 小时正常生产率 = 10×400 = 4000L = 4m³)

(4) 该搅拌机台班产量定额 = 机械纯工作 1h 正常生产率 × 工作班延续时间 × 机械正常利用系数 = 4×8×0.8 = 25.6m³/台班；

(5) 机械时间定额 = 1/25.6 = 0.04 台班/m³。

小 结

定额，即标准或尺度，也就是数量标准。

建筑工程定额是在正常施工生产条件下，完成单位合格建筑产品所必须消耗的人、材、机以及费用的数量标准。

定额分类方式很多，可以按生产要素分类，也可按编制程序和用途分类，还可按专业分、按费用性质分、按编制单位与执行范围分。

工作时间包括定额时间(必须消耗的时间)和非定额时间(损失时间)。

施工中实体性材料的消耗由材料净用量和材料损耗量组成。实体材料的消耗量确定一般是通过现场技术测定法、实验室试验法、现场统计法和理论计算法等方法获得的。

周转性材料的耗用量是按多次使用、分次摊销的方法计算的，用摊销量表示。

人工工日消耗和机械台班消耗量的确定都要考虑幅度差。

习 题 1

1. 某砌筑 1 砖墙工程，技术测定资料如下：

(1)完成 $1m^3$ 砌体的基本工作时间为 16.6 小时(折算成一人工作)；辅助工作时间为工作班的 3%；准备与结束时间为工作班的 2%；不可避免的中断时间为工作班的 2%；休息时间为工作班的 18%；超运距运输砖每千块需耗时 2 小时；人工幅度差系数为 10%。

(2)砌墙采用 M5 水泥砂浆，砖和砂浆的损耗率分别为 3% 和 8%，完成 $1m^3$ 砌体需耗水 $0.8m^3$，其他材料占上述材料的 2%。

(3)砂浆用 400 升搅拌机现场搅拌，其资料如下：运料 200 秒，装料 40 秒，搅拌 80 秒，卸料 30 秒，正常中断 10 秒，机械利用系数 0.8，幅度差系数 15%。

在不考虑题目未给出的其他条件时，试确定：砌筑每立方米 1 砖墙的施工定额(人工、材料、机械台班消耗量)。

2. 某框架间黏土空心砖墙厚 240mm，黏土空心砖规格为 240mm×115mm×9mm。墙体净尺寸为：长 5m，高 3m。砌筑砂浆为 M5.0 混合砂浆，黏土空心砖的损耗率为 1%，砌筑砂浆损耗率为 1%。试计算每 $10m^3$ 此类型墙体空心砖、混合砂浆的净用量及消耗量。

3. 预制 $0.5m^2$ 内钢筋混凝土柱，每 $10m^3$ 砼模板一次使用量为 $10.20m^3$，周转 25 次，计算摊销量。

4. 人工挖土方(土壤系潮湿的黏性土，按土壤分类属二类土)测时资料表明，挖 $1m^3$ 需消耗基本工作时间 60min，辅助工作时间占工作班延续时间 2%，准备与结束工作时间占 2%，不可避免中断时间占 1%，休息占 20%。试确定其时间定额和产量定额。

学习单元2　人工、材料、机械台班单价

2.1　人工单价

人工单价是指一个建筑安装生产工人一个工作日在计价时应计入的全部人工费用。一般包括计时工资或计件工资、奖金、津贴、补贴、加班工资、特殊情况下支付的工资。它基本上反映了建筑安装生产工人的工资水平和一个工人在一个工作日中可以得到的报酬。

工作日，简称"工日"，是指一个工人工作一天(8h)。按照我国《劳动法》规定，一个工作日的工作时间为8h。

2.2　日工资单价的组成

人工单价的构成在各地区、各部门不完全相同，目前，我国现行规定生产工人的人工工日单价组成如下：

(1)计时工资或计件工资：是指按计时工资标准和工作时间或对已做工作按计件单价支付给个人的劳动报酬。它与工人的技术等级有关，一般来说，技术等级越高，工资越高。

(2)奖金：是指对超额劳动和增收节支支付给个人的劳动报酬。如节约奖、劳动竞赛奖等。

(3)津贴、补贴：是指为了补偿职工特殊或额外的劳动消耗和因其他特殊原因支付给个人的津贴，以及为了保证职工工资水平不受物价影响支付给个人的物价补贴。如流动施工津贴、特殊地区施工津贴、高温(寒)作业临时津贴、高空津贴等。

(4)加班工资：是指按规定支付的在法定节假日工作的加班工资和在法定日工作时间外延时工作的加班工资。

(5)特殊情况下支付的工资：是指根据国家法律、法规和政策规定，因病、工伤、产假、计划生育假、婚丧假、事假、探亲假、定期休假、停工学习、执行国家或社会义务等原因按计时工资标准或计时工资标准的一定比例支付的工资。

2.3　日工资单价的计算

日工资单价是指施工企业平均技术熟练程度的生产工人在每工作日(国家法定工作时间内)按规定从事施工作业应得的日工资总额。

日工资单价=

$$\frac{\text{生产工人平均月工资（计时、计件）}+\text{平均月补贴（奖金+津贴补贴+特殊情况下支付的工资）}}{\text{年平均每月法定工作日}}$$

其中

年平均每月法定工作日=（全年日历－法定假日）/12，

法定假日=法定节假日天数+休息日天数，

全年法定工作日 = 365（全年日历日）－ 11（法定节假日天数）－ 104（休息日天数）= 250 天，

年平均每月法定工作日=年工作日天数/12=20.83 天，

月计薪天数 = 年计薪天数/12 = 全年工作日＋法定节假日天数 =（250＋11）/12 = 21.75 天。

法定假日指双休日和法定节假日，法定节假日分别是元旦（1 天）、春节（3 天）、清明节（1 天）、国际劳动节（1 天）、端午节（1 天）、中秋节（1 天）、国庆节（3 天）。

工程造价管理机构确定日工资单价应通过市场调查，根据工程项目的技术要求，参考实物工程量人工单价综合分析确定，最低日工资单价不得低于工程所在地人力资源和社会保障部门所发布的最低工资标准的：普工 1.3 倍、一般技工 2 倍、高级技工 3 倍。

工程计价定额不可只列一个综合工日单价，应根据工程项目技术要求和工种差别适当划分多种日人工单价，确保各分部工程人工费的合理构成。

【例 2.1】 某瓦工平均月工资为 1666.4 元，月奖金补贴等为 208.3 元，求日工资单价。

【解】 日工资单价 $=\dfrac{1666.4+208.3}{20.83}=90$（元／工日）。

2.4 材料预算价格

材料费是指施工过程中耗费的原材料、辅助材料、构配件、零件、半成品或成品、工程设备的费用。工程设备是指构成或计划构成永久工程一部分的机电设备、金属结构设备、仪器装置及其他类似的设备和装置。

材料预算价格又叫材料单价，是指材料由来源地或交货地点，到达工地仓库或施工现场堆放地点后的平均出库价格，包括货源地至工地仓库之间的所有费用。内容包括材料原价、材料运杂费、运输损耗费、材料采购及保管费等四个方面。如图 2.1 所示。

2.4.1 材料原价计算

材料原价是指材料、工程设备的出厂价格或商家供应价格。

在确定材料原价时，凡同一种材料因产地、供应渠道、生产厂家不同，出现几种原价时，根据不同来源地供货数量比例，可按加权平均的方法计算其综合原价。

$$\text{加权平均材料原价} = \frac{\sum \text{各来源地材料原价} \times \text{各来源地材料数量}}{\sum \text{各来源地材料数量}}$$

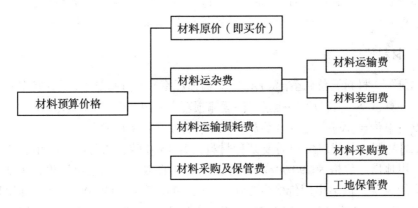

图 2.1　材料预算价格组成示意图

2.4.2　材料运杂费计算

材料运杂费是指材料、工程设备自来源地运至工地仓库或指定堆放地点所发生的除运输损耗费外的全部费用。内容包括车船运输费(运费、过路费、过桥费)、装卸费等。

材料的运输费 = $\sum$(各购买地的材料运输距离 × 运输单价 × 各地权数);

材料的装卸费 = $\sum$(各购买地的材料装卸单价 × 各地权数);

材料运杂费 = 材料运输费 + 材料装卸费。

2.4.3　材料运输损耗费计算

材料运输损耗费是指材料在运输及装卸过程中不可避免的损耗。如材料不可避免的损坏、丢失、挥发等。

材料运输损耗费 =(材料原价+材料运杂费)×运输损耗率。

2.4.4　材料采购及保管费

材料采购及保管费是指为组织采购、供应和保管材料、工程设备的过程中所需要的各项费用。包括采购费、仓储费、工地保管费、仓储损耗。

(1)材料采购费:是指采购人员的工资、异地采购材料的车船费、市内交通的费用、住勤补助费、通信费等。

(2)工地保管费:是指工地材料仓库的搭建、拆除、维修等费用,以及仓库保管人的费用、仓库材料的堆码整理费用、仓储损耗费。

建筑材料的种类、规格繁多,采购保管费不可能按每种材料在采购过程中所发生的实际费用计取,只能规定几种费率。目前由国家经委规定的综合采购保管费率为 2.5%(其中采购费率为 1%,保管费率为 1.5%)。采购及保管费率也可由各省、市、自治区建设行政主管部门制定。

由建设单位供应材料到现场仓库,施工单位只收保管费,有些地区规定在这种情况下,建设单位取其中的 20%,施工单位取其中的 80%。

采购保管费=[(材料原价+运杂费)×(1+运输损耗率)]×采购保管费率;

或采购保管费=(材料原价+运杂费+运输损耗费)×采购保管费率。

2.4.5 材料预算价格

材料单价=[(材料原价+运杂费)×(1+运输损耗率)]×(1+采购及保管费率);

或材料预算价格=材料原价+运杂费+运输损耗费+采购及保管费率;

工程设备单价=(设备原价+运杂费)×[1+采购保管费率(%)]。

【例2.2】 假设某建筑工地需要某种材料共计1500吨,该种材料有甲、乙、丙三个供货地点,甲地出厂价格为290元/吨,可供需要量的20%,乙地出厂价格为285元/吨,可供需要量的30%,丙地出厂价格为270元/吨,可供需要量的50%;又已知甲地距离施工地点30公里,乙地距离施工地点28公里,丙地距离施工地点25公里。该地区水泥汽车运输费为2元/(吨·公里),装卸费为2.5元/吨,调车费为0.8元/吨。假设该种材料的运输损耗率为1%,假设该种材料采购及保管费率为2.5%,求该种材料的预算价格。

【解】 材料原价

$$=\frac{290\times1500\times20\%+285\times1500\times30\%+270\times1500\times50\%}{1500}=278.5(元/吨);$$

加权平均运距:$30\times20\%+28\times30\%+25\times50\%=26.9$(公里);

材料运杂费:$26.9\times2+2.5+0.8=57.1$(元/吨);

运输损耗费=$(278.5+57.1)\times1\%=3.36$元/吨;

采购保管费:$(278.5+57.1+3.36)\times2.5\%=8.47$(元/吨);

材料预算价格=$278.5+57.1+3.36+8.47=347.43$(元/吨)。

2.5 施工机械台班单价

施工机械台班单价也称施工机械台班使用费,是指一台施工机械在正常运转条件下,一个工作班中所发生的全部费用。施工机械台班单价以"台班"为计量单位。一台机械工作一班(8h)就为一台班。一个台班中为使机械正常运转所支出和分摊的各种费用之和,就是施工机械台班单价,或称台班使用费。

2.5.1 施工机械台班单价的组成

施工机械台班单价由七项费用组成,按性质分为第一类费用和第二类费用。

1. 第一类费用

此类费用也称不变费用,属于分摊性质的费用,包括折旧费、大修理费、经常修理费、安拆费及场外运费。

2. 第二费用

此类费用也称可变费用,属于支出性质的费用,包括人工费、燃料动力费、养路费及车船使用税。

2.5.2 第一类费用计算

2.5.2.1 折旧费

折旧费是指施工机械在规定使用期限内，陆续收回其原值及购置资金的时间价值。

$$台班折旧费 = \frac{机械预算价格 \times (1-残值率) \times 时间价值系数}{耐用总台班}$$

或表述为

$$台班折旧费 = \frac{机械预算价格 \times (1-残值率) + 贷款利息}{耐用总台班}$$

1. 国产机械预算价格应按下列公式计算

(1) 预算价格＝机械原值+供销部门手续费和一次运杂费+车辆购置税，

国产机械的供销部门手续费和一次运杂费，按机械原值的5%计算。

(2) 国产运输机械车辆购置税＝计税价格×车辆购置税率。

2. 进口机械预算价格应按下列公式计算

预算价格＝到岸价格+关税+增值税+消费税+外贸部门手续费和国内一次运杂费+财务费+车辆购置税。

(1) 关税、增值税、消费税及财务费应执行编制期国家有关规定，并参照实际发生的费用计算。

(2) 外贸部门手续费和国内一次运杂费应按到岸价格的6.5%计算。

(3) 车辆购置税应按下列公式计算，车辆购置税应执行编制期国家有关规定。

车辆购置税＝计税价格×车辆购置税率。

计税价格＝到岸价格+关税+消费税。

3. 残值率

残值率指施工机械报废时回收其残余价值占机械原值的百分比。据机械不同类型，运输机械：2%；掘进机械：5%；其他机械：中、小型机械4%，特、大型机械3%。

4. 时间价值系数

时间价值系数指购置机械设备的资金在施工生产过程中随着时间的推移而产生的单位增值。按下列公式计算：

$$时间价值系数 = 1 + \frac{1}{2} \times 年折现率 \times (折旧年限 + 1)。$$

(1) 年折现率应按编制期银行年贷款利率确定。例如湖北目前是按中国人民银行2011年10月9日公布的存贷款利率确定，年折现率为6.9%。

(2) 折旧年限指施工机械逐年计提固定资产折旧的期限。折旧年限应在财政部规定的折旧年限范围内确定。

5. 耐用总台班

耐用总台班指施工机械从开始投入使用至报废前使用的总台班数。耐用总台班应按施工机械的技术指标及寿命期等相关参数确定。

确定折旧年限和耐用总台班时应综合考虑下列关系：

折旧年限＝耐用总台班/年工作台班，

其中，年工作台班指施工机械在年度内使用的台班数量。年工作台班应在编制期根据工作日基础上扣除规定的修理、保养及机械利用率等因素确定。

2.5.2.2 大修理费

大修理费是指施工机械按规定的大修理间隔台班进行必要的大修理，以恢复机械正常功能所需的费用。台班大修理费是机械使用期限内全部大修理费之和在台班费用中的分摊额，它取决于一次大修理费用、大修理次数和耐用总台班的数量。

$$台班大修理费 = \frac{一次大修理费 \times 寿命期内大修理次数}{耐用总台班}。$$

（1）一次大修理费指施工机械一次大修理发生的工时费、配件费、辅料费、油燃料费及送修运杂费。一次大修理费应以《全国统一施工机械保养修理技术经济定额》（以下简称《技术经济定额》）为基础，结合编制期市场价格综合确定。

（2）寿命期大修理次数指施工机械在其寿命期（耐用总台班）内规定的大修理次数。寿命期大修理次数应参照《技术经济定额》确定。

2.5.2.3 经常修理费

经常修理费指施工机械除大修理以外的各级保养和排除临时故障所需的费用。包括为保障机械正常运转所需替换设备、随机配备工具、附具的摊销和维护费用，机械运转及日常保养所需润滑与擦拭的材料费用及机械停滞期间的维护和保养费用等。分摊到台班费中，即为台班经修费。

$$台班经修费 = \frac{\sum(各级保养一次费用 \times 寿命期各级保养总次数) + 临时故障排除费}{耐用总台班}$$
$$+ (替换设备和工具附具台班摊销费 + 例保辅料费) \div 耐用总台班。$$

各级保养一次费用应以《技术经济定额》为基础，结合编制期市场价格综合确定。寿命期各级保养次数应参照《技术经济定额》确定。

临时故障排除费可按各级保养费用之和的 3% 取定。

替换设备和工具附具台班摊销费、例保辅料费的计算应以《技术经济定额》为基础，结合编制期市场价格综合确定。

当台班经常修理费计算公式中各项数值难以确定时，也可按下列公式计算：

台班经修费 = 台班大修费 × K，

式中 K—台班经常修理费系数，可按全国统一施工机械台班费用编制规则的基础数据取值。

2.5.2.4 安拆费及场外运费

安拆费指施工机械（大型机械除外）在现场进行安装与拆卸所需的人工、材料、机械和试运转费用。场外运费指施工机械整体或分体自停放地点运至施工现场或由一施工地点运至另一施工地点的运输、装卸、辅助材料及架线等费用。

安拆费及场外运费根据施工机械不同分为三种类型。

1. 计入台班单价的小型机械及部分中型机械

工地间移动较为频繁的小型机械及部分中型机械，其安拆费及场外运费应计入台班单价。

$$台班安拆费及场外运费 = \frac{一次安拆费及场外运费 \times 年平均安拆和运输次数}{年工作总台班}。$$

(1)一次安拆费应包括施工现场机械安装和拆卸一次所需的人工费、材料费、机械费及试运转费。

(2)一次场外运费应包括运输、装卸、辅助材料和架线等费用。

(3)年平均安拆次数应以《技术经济定额》为基础,由各地区(部门)结合具体情况确定。

(4)运输距离均应按25km计算。

2. 单独计算安拆费及场外运费的特、大型(包括少数中型)机械

移动有一定难度的特、大型(包括少数中型)机械,其安拆费及场外运费应单独列项计算。

单独计算的安拆费及场外运费除应计算安拆费、场外运费外,还应计算辅助设施(包括基础、底座、固定锚桩、行走轨道枕木等)的折旧、搭设和拆除等费用。运输距离均应按25km计算。

3. 不需安装、拆卸的机械

不需安装、拆卸且自身又能开行的机械和固定在车间不需安装、拆卸及运输的机械,其安拆费及场外运费不计算。

塔式起重机(包括自升式塔式起重机)、走管式及轨道式打桩机的轨道(管道)、枕木铺设、拆除、日常维护和垫层、路基的压实修筑以及塔吊固定式基础打桩或混凝土浇灌等费用未包括在定额内,发生时按具体情况另外计算。

2.5.3 第二类费用计算

1. 机上人工费

指机上司机(司炉)和其他操作人员的人工费。

台班人工费=人工消耗量×人工单价。

人工消耗量指机上司机(司炉)和其他操作人员工作日消耗量,例如湖北省机械人工单价按技工92元/工日计取。

《湖北通用安装定额》中的加工机械、焊接机械、热处理机械、探伤机械,其台班单价取定时扣除了台班人工费,因为通用安装定额的定额人工中依据包含了此台班的人工工日数量。

【例2.3】 履带式柴油打桩机6t,年工作台班230,定额编制期规定年制度工作日250天,问

(1)施工机械每年230工作台班以外,司机(司炉)和其他操作工作人员能否计取人工费?

(2)台班人工费是多少?(机上司机2人,人工单价92元/工日)

【解】 (1)人工费指机上司机(司炉)和其他操作人员的工作日人工费,不包括上述人员在施工机械规定的年工作台班以外的人工费。

故:不能计取施工机械每年230工作台班以外司机(司炉)和其他操作工作人员的人工费。

(2)台班人工费=人工消耗量×人工单价=2×92=184元。

2. 燃料动力费

燃料动力费是指施工机械在运转作业中所耗用的固体燃料(煤、木柴)、液体燃料(汽油、柴油)及水、电等费用。

台班燃料动力费 = $\sum$（燃料动力消耗量 × 燃料动力单价）。

燃料动力消耗量应根据施工机械技术指标及实测资料综合确定。

燃料动力单价应执行编制期工程造价管理部门的有关规定。

3. 税费

税费指施工机械按照国家规定应缴纳的车船使用税、保险费及年检费等。本单价中还包括第三者责任保险费用、货运补偿费等。

台班税费 = (年保险费 + 年车船使用税 + 年检测费) ÷ 年工作台班。

年车船使用税、年检费用应执行编制期有关部门的规定。年保险费执行编制期有关部门强制性保险的规定，非强制性保险不应计算在内。

【例 2.4】 某机械有关资料如下：购买价格(辆)125000元；残值率6%；耐用总台班1200台班；修理间隔台班240台班；一次性修理费用4600元；修理周期5次；经常维修系数 K = 3.93，年工作台班240台班；年检测费1200元；年车船使用税3600元；每台班消耗柴油40.03kg，柴油单价3.90元/kg；按规定年交纳保险费6000元；机上人员2人，工资30.00元/工日。试确定台班单价。

【解】 根据上述信息逐项计算如下：

折旧费 = 125000(1-6%) ÷ 1200 = 97.92 元/台班；

大修理费 = 4600×(5-1) ÷ 1200 = 15.33 元/台班；

经常修理费 = 15.33×3.93 = 60.25 元/台班；

机上人员工资 = 2.0×30.00 = 60.00 元/台班(由于2.0工日/台班，30.00元/工日)；

燃料动力费 = 40.03×3.90 = 156.12 元/台班；

检测费 = 1200 ÷ 240 = 5.00 元/台班。

车船使用税 = 3600 ÷ 240 = 15.00 元/台班；

保险费 = 6000 ÷ 240 = 25.00 元/台班；

该载重汽车台班单价 = 97.92 + 15.33 + 60.25 + 60.00 + 156.12 + 5.00 + 15.00 + 25.00
= 434.62 元/台班。

2.5.4 施工机械停滞费

此费用指由于设计或建设单位责任而造成的现场在用施工机械停滞费用。依据双方现场签证数量，按照相应的机械台班费用定额停滞费单价计取。

机械停滞费 = 台班折旧费 + 台班人工费 + 台班税费。

机械台班消耗量中已考虑了施工中合理的机械停滞时间和机械的技术中断时间，但特殊原因造成机械停滞，可以计算停滞台班，停滞台班量按实际停滞的工作日天数计算(扣除法定节假日)。机械台班是按8h计算的，一天24h，机械工作台班一天最多可计3个台班，但停滞台班一天只能计算1个。

2.5.5 施工机械租赁费

湖北省规定，施工大型机械若采用租赁方式的(需承发包双方约定)，租赁的大型机械费用按价差处理。

机械费价差=(甲乙双方商定的租赁价格或施工大型机械若采用租赁方式-定额中施工机械台班价)×定额中大型机械总台班数×租赁机械调整系数,

其中:租赁机械调整系数综合取定为0.43。

【例2.5】 某预应力砼管桩工程,桩径$\phi 600$,使用轨道式柴油打桩6t打桩施工,工程量为10000m,施工机械采用租赁方式,租赁价格为3000元/台班,如何按价差处理?

【解】 甲乙双方商定的租赁价格=3000元/台班;

轨道式柴油打桩6t定额台班取定价1819.28元/台班,

租赁的大型机械总台班数=1.00[按定额子目(G3-21)](轨道式柴油打桩6t机械含量)。

机械费价差=(3000-1819.28)×1×100×0.43=50770.96元。

2.5.6 定额调整办法

台班定额中机械分类、规格型号划分、编制规则、折旧费、大修理费、经常修理费、税费为全省统一规定,各地不得进行修改和调整。人工费、燃料动力费其消耗量数量不能调整,定额表中列出金额的安拆费及场外运输费也不能调整(指计入台班单价的安拆费及场外运费)。

根据《湖北省建设工程人工、材料、机械价格管理办法》有关规定,人工费按发布价计算,燃料动力费(柴油、汽油、电、水)按材料市场价格计算。

2.6 预算定额单价综合案例

【例2.6】 某商场柱面挂贴进口大理石工程,定额测定资料如下:

完成每平方米柱面挂贴进口大理石的基本工作时间为4.8小时;辅助工作时间、准备与结束工作时间、不可避免中断时间和休息时间分别占工作延续时间的比例为:3%、2%、1.5%和16%;

挂贴100平方米进口大理石需消耗如下材料:①水泥砂浆5.56m^3;②600mm×600mm进口大理石102m^2;③白水泥15.5kg;④铁件34.89kg;⑤塑料薄膜28.03m^2;⑥水1.57m^3;

挂贴100平方米进口大理石需200L砂浆搅拌机0.93台班;

该地区人工综合工日单价:30.00元/工日;进口大理石预算价格:480.00元/m^2;白水泥预算价格:0.56元/kg;铁件预算价格:55.3元/kg;塑料薄膜预算价格:0.90元/m^2;水预算价格:1.25元/m^3;200L砂浆搅拌机台班单价:43.80元/台班;水泥砂浆单价:168.00元/m^3。

问题:若预算定额人工幅度差为10%,不考虑辅助用工及超运距用工,试编制该单项工程的预算定额单价。

【解】 ①人工时间定额的确定

设:每平方米柱面挂贴进口大理石的工作延续时间为X,则

$X=4.8+(3\%+2\%+1.5\%+16\%)X$,

$X = 4.8 + (22.5\%)X$,

$X = 4.8/(1-22.5\%) = 6.19$(小时)。

每工日按 8 小时计算,则:每平方米人工时间定额 $= 6.19/8 = 0.77$(工日)/m^2。

②根据时间定额确定预算定额的人工消耗指标,计算人工费。

预算定额人工消耗量 = (基本用工+辅助用工+超运距用工)×(1+10%)

$\qquad = 0.77 \times (1+10\%) = 0.85$(工日);

预算定额人工费 = 人工消耗指标×工日单价×100 = 0.85×30×100 = 2250 元/100m^2。

③根据背景资料、计算材料费和机械费。

材料费 = 5.56×168+102×480+15.5×0.56+34.89×55.3+28.03×0.9+1.57×1.25

$\qquad = 51859.37$ 元/100m^2;

机械费 = 0.93×43.80 = 40.73 元/100m^2。

④每 100 平方米挂贴进口大理石预算单价。

预算单价 = 人工费+材料费+机械费

$\qquad = 2550+51859.37+40.73 = 54450.10$ 元。

2.7 工程造价信息

2.7.1 工程造价信息

工程造价信息是一切有关工程造价的特征、状态及其变动的消息的组合。广义上说,所有对工程造价的确定起控制作用的资料都称为工程造价信息,如各种定额资料、标准规范、政策文件等。这里主要是指工程造价管理机构根据调查和测算发布的建设工程人工、材料、工程设备、施工机械台班的价格信息,以及各类工程的造价指数、指标。工程造价信息的发布是为政府有关部门和社会提供公共服务,为建筑市场各方主体计价提供造价信息的专业服务,实现资源共享。

工程造价中的价格信息是国有资金投资项目编制招标控制价的依据之一,是物价变化投资价格的基础,也是投标人进行投标报价的参考。

2.7.2 工程造价指数

工程造价指数反映一定时期的工程造价相对于某一固定时期的造价变化程度的比值或比率。包括按单位或单项工程划分的造价指数、设备工器具价格指数,及按工程造价要素划分的人工、材料、机械价格指数。

工程造价指数是反映一定时期的价格变化对工程造价影响程度的一种指标,反映了价格变动趋势,是调整工程造价价差的依据之一。

小　　结

人工单价表现形式为日工资。包括计时工资或计件工资、奖金、津贴和补贴、加班工资、特殊情况下支付的工资。与工人技术水平有关。施工企业与造价管理部门的测算方法有所差异。

材料指施工过程中耗费的原材料、辅助材料、构配件、零件、半成品或成品、工程设备等。材料单价包括材料原价、材料运杂费、运输损耗费、材料采购及保管费等四个方面。

施工机械台班单价由七项费用组成，按性质分为第一类费用和第二类费用。第一类费用也称不变费用，属于分摊性质的费用，包括折旧费、大修理费、经常修理费、安拆费及场外运费。第二费用也称可变费用，属于支出性质的费用，包括人工费、燃料动力费、养路费及车船使用税。

习 题 2

1. 某装饰工平均月工资为1500元，奖金及补贴等平均每月180元，加班费平均每月100元，试计算日工资单价。

2. 某工地需水泥15000吨，有两个供货点。甲地出厂价格为320元/吨，可供需用量的40%；乙地出厂价格为300元/吨，可供需用量的60%。甲地距离工地20km，乙地距工地25km。该地区汽车运输费为0.2元/(t·km)，装卸费2元/t，厂外运输损耗为1%，采购保管费率为2.5%。试计算该水泥单价。

3. 什么是人工单价？组成内容包括哪些？如何确定？调查本地区人工单价。

4. 什么是材料单价？由哪几部分组成？

5. 什么是机械台班单价？由哪几部分组成？

学习单元 3　建筑工程预算定额应用

建筑工程预算定额一般由建筑面积计算规范、总说明、分部说明、工程量计算规则、分项工程消耗指标及基价表及附注、机械台班价格取定表、材料价格取定表、砂浆和混凝土配合比表、材料损耗率表等内容构成。

当前，我国的计价定额表现形式分两类。一类是"量价分离"的定额项目表，如 GJD-101-95《全国统一建筑工程基础定额》；一类是"量价合一"的定额单位估价表，如 2013 年版《湖北省建设工程公共专业消耗量定额及基价表》（简称 2013 湖北公共定额，余同）、《湖北省房屋建筑与装饰工程消耗量定额及基价表》（简称 2013 湖北建筑定额，余同）、《湖北省通用安装工程消耗量定额及单位估价表》（简称 2013 湖北安装定额，余同）。

预算定额既是实行工程量清单计价办法时配套的消耗量定额，也是实行定额计价办法时的基价表。应用预算定额是指根据分部分项工程项目的内容正确地套用预算定额项目，确定定额基价，计算其人、材、机的消耗量。定额的正确应用是预算的编制（工程造价的确定）是否合理的重要影响因素之一。

3.1　直接套用定额

在选择定额项目时，当工程项目的设计要求、材料种类、施工做法、技术特征和技术组织条件与定额项目的工作内容和规定相一致时，可直接套用定额。

若实际内容（设计内容）与定额内容不完全一致，但定额不允许换算时也应直接套用定额．如：2013 年《湖北省房屋建筑与装饰工程消耗量定额及基价表》中规定人工工日及单价、脚手架材料与搭设方式、机械种类、垂直运输方式、涂料操作方法等实际内容与定额不完全一致时不允许换算，应直接定额。

大多数情况下可以直接套用定额。套用定额时应注意以下几点：

（1）熟悉施工图上分项工程的设计要求、施工组织设计上分项工程的施工方法，初步选择套用项目。

（2）核对定额项目分部工程说明，定额表上工作内容、表下附注说明，材料品种和规格等内容是否与设计一致。

（3）分项工程或结构构件的工程名称和单位，应与定额一致。

【例 3.1】　M5 混合砂浆砌蒸压灰砂砖混水墙（240mm 厚），工程量 40m^3，分析所需水泥、砂、石灰膏、砖的用量。

【解】　以《2013 湖北定额》为例。查询《2013 湖北建筑定额》可知：工程设计内容与混水砖墙（1 砖）定额项目完全一致，可直接套用。应注意工程单位必须转化为与定额单位一致。

直接套用定额子目 A1-7：M5 混合砂浆砌混水砖墙(1 砖)，工程量 40.00m³；

蒸压灰砂砖：5.4 千块/10m³×40.00m³ = 21.60 千块；

M5 混合砂浆：2.25m³/10m³×40m³ = 9.00m³，查《2013 湖北公共定额》附录一砌筑砂浆配合比表子目 5-2 计算水泥、砂、石灰膏用量。

32.5 水泥：216kg/m³×9.00m³ = 1944kg；

中(粗)砂：1.18m³/m³×9.00m³ = 10.62m³；

石灰膏：0.1m³/m³×9.00m³ = 0.9m³。

3.2 预算定额的换算

设计要求的技术特征和施工做法与定额中某些子目相近，按定额规定允许换算的分项工程，可按相近的分项工程定额进行调整和换算后再使用。一般仅对需要换算的内容进行换算，不需要换算的部分保持不变。

换算基本思路：换算后的定额基价＝原定额基价+换入的费用-换出的费用。

3.2.1 换算的四种类型

1. 材料种类不同时的换算

换算公式：

换算后的定额基价＝原定额基价+定额用量×(换入材料单价-换材料单价)。

2. 规格用量不同时的换算

换算公式：

换算后的定额基价＝原定额基价+(换入消耗量-换出消耗量)×材料定额单价。

3. 乘系数换算

使用某些定额项目时，定额的一部分或全部乘以规定系数。

4. 数值增减法

数值增减法是指除上述三种情况以外的定额换算。

3.2.2 材料种类不同时的换算

常见的材料种类不同时的换算有：砌筑砂浆强度等级不同的换算、抹灰砂浆配合比不同时的换算、砼强度等级不同的换算、饰面板材(或玻璃)种类不同时的换算、砌块种类不同时的换算。

3.2.2.1 砌筑砂浆强度等级的换算

当设计图纸要求的砌筑砂浆强度等级在预算定额中缺项时，就需要调整砂浆强度等级，求出新的定额基价。

由于砂浆用量不变，所以人工、机械费不变，因而只换算砂浆强度等级和调整砂浆材料费。

砌筑砂浆换算公式：

换算后定额基价＝原定额基价+定额砂浆用量×(换入砂浆基价-换出砂浆基价)。

【例 3.2】 试求 30m³ 的 M10 水泥砂浆直形砖(混凝土实心砖 240mm×115mm×53mm)

基础的定额直接费。

【解】 套用《2013湖北建筑定额》子目 A1-1：M5水泥砂浆直形砖基础，基价 = 2696.19元/10m³，M5水泥砂浆用量：2.36m³/10m³。

定额换算(查《2013湖北公共定额》附录一砌筑砂浆配合比表)

附表子目5-8，M5水泥砂浆，基价 = 212.01元/m³；

附表子目5-10，M10水泥砂浆，基价 = 235.08元/m³；

换算后基价 = 2696.19+(235.08−212.01)×2.36 = 2750.64元/10m³，

计算定额直接费 = 3.0×2750.64 = 8251.92元。

3.2.2.2 抹灰砂浆配合比的换算

当设计图纸要求的抹灰砂浆(含楼地面、墙柱面、天棚面抹灰)配合比与定额的抹灰砂浆配合比不同时，就要进行抹灰砂浆换算。当抹灰厚度不变，只换算配合比时，人工费、机械费不变，只换算砂浆配合比和调整砂浆材料费。

抹灰砂浆配合比换算公式：

换算后定额基价 = 原定额基价+定额砂浆用量×(换入砂浆基价−换出砂浆基价)。

【例3.3】 某工程混凝土墙面的底层(15mm厚)和面层(5mm厚)抹灰设计均为1∶1∶2混合砂浆。试确定其定额基价。

【解】 依据《2013湖北建筑定额》子目，

套用子目 A14-33，混合砂浆面(mm)15+5混凝土墙，基价 = 2188.13元/100m²；

面层材料：1∶0.5∶3混合砂浆，用量 = 0.58m³/100m²；

底层材料：1∶1∶6混合砂浆，用量 = 1.73m³/100m²。

定额换算：因项目设计要求与定额子目A14-33底层和面层砂浆配合比均不同，按本定额规定，应该换算。

查《2013湖北公共定额》附录一抹灰砂浆配合比表。

附表子目6-5，1∶0.5∶3混合砂浆，单价 = 304.59元/m³；

附表子目6-13，1∶1∶6混合砂浆，单价 = 227.19元/m³；

附表子目6-9，1∶1∶2混合砂浆，单价 = 297.26元/m³；

定额子目A14-33，基价 = 2188.13+[297.26×(1.73+0.58)−(304.59×0.58
$$+227.19×1.73)]$$
$$=2305.10元/100m²。$$

3.2.2.3 砼强度等级的换算

当设计要求构件采用的混凝土强度等级(或石子粒径)与预算定额的混凝土强度等级(或石子粒径)不同时，就需要进行混凝土强度等级(或石子粒径)的换算。此时，混凝土用量不变，人工费、机械费不变，只换算混凝土强度等级(或石子粒径)。

砼强度等级换算公式：

换算定额基价 = 原定额基价+定额混凝土用量×(换入混凝土的基价−换出混凝土的基价)。

【例3.4】 某工程现浇混凝土有梁板，混凝土设计为C30，试确定其定额基价。

【解】 依据《2013湖北建筑定额》，查定额子目A2-38有梁板C20现浇混凝土。

定额子目A2-38，基价 = 4117.23元/10m³；

C20碎石混凝土(坍落度30~50,石子最大粒径20mm)用量:10.15m³/10m³;

查《2013湖北公共定额》附录一碎石混凝土配合比表。

附表子目1-44 C20碎石砼,坍落度30~50mm,石子最大粒径20mm,基价275.86元/m³;

附表子目1-46 C30碎石砼,坍落度30~50mm,石子最大粒径20mm,基价319.91元/m³;

定额子目A2-38换,C30有梁板,基价=4117.23+(319.91-275.86)×10.15=4564.34元/10m³。

3.2.2.4 饰面板(或基层板、玻璃等)种类的换算

当设计要求饰面板(或基层板、玻璃等)种类与预算定额中饰面板(或基层板、玻璃等)种类不同时,就需要进行饰面板(或基层板、玻璃等)种类的换算。此时,饰面板(或基层板、玻璃等)用量不变,人工费、机械费不变,只换算饰面板(或基层板、玻璃等)种类。

饰面板(或基层板、玻璃等)种类换算公式:

换算后的基价 = 原定额基价 + $\sum$ 定额用量 × (换入材料单价 - 换出材料单价)。

【例3.5】 某工程用中密度板(δ15)门窗套(无骨架)外贴枫木板(δ3),试确定其定额基价。

【解】 依据《2013湖北建筑定额》,查定额子目为A17-158门窗套(无骨架)胶合板外贴榉木板。

A17-158,基价=18051.83元/100m²;

榉木板(δ3)消耗量120m²/100m²,单价16.13元/m²;

胶合板(δ12)消耗量105m²/100m²,单价34.36元/m²;

查枫木板单价22.28元/m²;中密度板(δ15)单价43.67元/m²。

套子目A17-158换,基价=18051.83+(22.28-16.13)×120+(43.67-34.36)×105
=19773.9元/100m²。

3.2.2.5 砌块种类的换算

当设计要求砌块种类与预算定额中砌块种类不同时,就需要进行砌块种类的换算。此时,砌块用量不变,人工费、机械费不变,只换算砌块种类。

砌块种类换算公式:

换算后的基价=原定额基价+定额用量×(换入砌块单价-换出砌块单价)。

【例3.6】 某工程水泥砂浆M7.5砌圆弧形标准砖基础,试确定其定额基价。

【解】 依据《2013湖北建筑定额》,查定额子目为A1-2圆弧形砖基础水泥砂浆M5。

A1-2,基价=2807.27元/10m³;

混凝土实心砖240mm×115mm×53mm消耗量5.236千块/10m³,单价230元/千块;

M5.0水泥砂浆消耗量2.36m³/10m³,单价212.01元/m³;

查标准砖单价270元/千块;M7.5水泥砂浆221.25元/m²。

套子目A1-2换,基价=2807.27+(270-230)×5.236+(221.25-212.01)×2.36
=3038.52元/10m³。

3.2.3 规格用量不同时的换算

当设计要求材料规格(或消耗量),在预算定额中没有相符合的项目时,就需要进行规格用量不同时的换算。一般情况下,定额含量可以调整,但人工、机械用量不变(砂浆厚度调整例外)。

规格用量不同时的换算公式:

换算后基价 = 原定额基价 + $\sum$(换入消耗量 - 换出消耗量) × 材料定额单价。

3.2.3.1 定额注明厚度的砂浆厚度(含墙面地面找平层、结合层、面层砂浆)的换算

湖北省定额中,设计砂浆厚度(楼地面找平层、整体面层、块料料面层粘贴层、墙柱面砂浆)与定额取定不同时,定额允许换算的,套用相应的砂浆厚度增减定额子目。但天棚抹灰厚度不得调整。

【例3.7】 某加气混凝土砌块墙面抹灰做法为:12mm厚1:0.5:4水泥石灰混合砂浆+5mm厚1:2水泥砂浆,试确定其定额基价。

【解】 依据《2013湖北建筑定额》,查定额子目为A14-23轻质墙抹灰,水泥砂浆15+5mm知:

A14-23定额基价为2011.73元/100m²;

15mm厚1:0.5:4水泥石灰混合砂浆消耗量为1.730m³/100m²,单价268.23元/m³;

5mm厚1:2水泥砂浆消耗量为0.580m³/100m²;

查定额子目为A14-59混合砂浆1:1:6抹灰层厚度没增减1mm,知:

A14-59定额基价为71.90元/100m²;

1:1:6水泥石灰混合砂浆消耗量为0.120m³/100m²,单价227.19元/m³;

则A14-59$_{换}$,定额基价=71.90+(268.23-227.19)×0.120=76.82(元/100m²)。

所以,题目所求基价=2011.73-76.82×(15-12)=1781.27(元/100m²)。

3.2.3.2 木门窗安装用料、幕墙材的规格型号的换算

①木结构及门窗工程定额中所注明的木材断面或厚度均以毛料为准。如设计图纸注明的断面或厚度为净料时,应增加刨光损耗;板、枋材一面刨光增加3mm;两面刨光增加5mm;圆木每立方米材积增加0.05m³。

换算后木材体积=设计断面(加刨光损耗)÷定额断面×定额体积。

②幕墙工程定额使用的钢材、铝材、镀锌方钢型材、索、索具配件、拉杆、拉杆配件、玻璃肋、玻璃肋连接件、驳接抓及配件、镀锌加工件、化学螺栓、悬窗五金配件等型号、规格,如与设计不同时,可按设计规定调整,但人工、机械不变。

幕墙防火系统、防雷系统中的镀锌铁皮、防火岩棉、防火玻璃、钢材和幕墙铝合金装饰线条,如与设计不同时,可按设计规定调整,但人工、机械不变。

【例3.8】 某无窗隐框玻璃幕墙,经计算单位面积材料消耗如下:6+9A+6中空钢化镀膜玻璃为1.03m²/m²,铝合金型材为14.6kg/m²,镀锌插芯件为1.02kg/m²,硅酮结构胶为0.41支/m²,硅酮耐候胶为0.30支/m²等。试确定其定额基价。

【解】 依据《2013湖北建筑定额》,

套用定额A15-25隐框玻璃幕墙铝合金龙骨基层,基价=90956.17元/100m²,定额消

耗量及单价如下：

6+9A+6 中空钢化镀膜玻璃为 105m²/100m²，单价 300 元/m²；铝合金型材为 1055kg/100m²，单价 27.56 元/kg；镀锌插芯件为 212kg/100m²，单价 5.91 元/kg；硅酮结构胶为 195 支/100m²，单价 41.08 元/支；硅酮耐候胶为 104 支/100m²，单价 30.81 元/支；不锈钢悬窗铰链 16 寸为 13 付/100m²，单价 40 元/付；悬窗风撑为 13 付/100m²，单价 12.82 元/付；悬窗执手锁为 7 把/100m²，单价 32.25 元/把；

A15-25 换，基价 = 90956.17+(103-105)×300+(1460-1055)×27.56+(102-212)×5.91+(41-195)×41.08+(30-104)×30.81-13×40-13×12.82-7×32.25

= 91349.20 元/100m²。

3.2.3.3 饰面板(砖)规格用量的换算

面砖规格或缝宽设计与定额不同时，其块料及灰缝材料(水泥砂浆 1:1)用量允许调整，其他不变。

【例 3.9】 试求外墙贴釉面砖 150mm×75mm、灰缝 22mm(砂浆粘贴)项目的定额基价。

【解】 依据《2013 湖北建筑定额》，套用定额 A14-166，外墙贴面砖灰缝 20(砂浆粘贴)，基价 = 7460.12 元/100m²，

面砖用量：77.77m²/100m²，单价 = 32.00 元/m²；

1:1 水泥砂浆用量：0.92m³/100m²，其中灰缝砂浆用量 0.41m³/100m²，单价 = 431.84 元/m³。

调整块料和灰缝材料用量

调整后釉面砖(150×75)消耗量

$$= \frac{(0.15+0.020)\times(0.075+0.020)}{(0.15+0.022)\times(0.075+0.022)}\times 77.77 = 75.28(\text{m}^2/100\text{m}^2)。$$

设釉面砖的损耗率为 x，则

$$\frac{100\times 0.15\times 0.075}{(0.15+0.02)\times(0.075+0.02)}\times(1+x) = 77.770，$$

解得 $x = 11.643\%$。

根据换算前后灰缝(面砖)厚度相等的原则，可得：

$$\text{灰缝 1:1 水泥砂浆消耗量} = \frac{100-\dfrac{75.28}{1.11643}}{100-\dfrac{77.77}{1.11643}}\times 0.41 = 0.44\text{m}^3，$$

套子目 A14-166 换，基价 = 7460.12+[(75.28-77.77)×32+(0.44-0.41)×431.84]

= 7393.40(元/100m²)。

特别提醒：镶贴块料面层(含石材、块料)定额项目内，均未包括打底抹灰的工作内容。打底抹灰按如下方法套用定额：

按打底抹灰砂浆的种类，套用一般抹灰相应子目，再套用 A14-71 光面变麻面子目(扣、减表面压光费用)。抹灰厚度不同时，按一般抹灰砂浆厚度每增减子目进行调整。

3.2.3.4 龙骨间距、规格的换算

隔墙(间壁)、隔断(护壁)、天棚等定额项目中,龙骨间距、规格如与设计不同时,定额用量可以调整,但人工、机械不变。

墙面龙骨长度计算:根据计算的墙面长宽尺寸,按竖向龙骨和横向龙骨分部计算。天棚龙骨长度计算:根据计算的天棚长宽尺寸,按纵向龙骨和横向龙骨分部计算。计算面积以计算时取定墙面或天棚面积计算。

3.2.3.5 砖、砌块规格的换算

定额中砖的规格按实心砖、多孔砖、空心砖三类编制,砌块的规格按小型空心砌块、加气混凝土砌块、蒸压砂加气混凝土精确砌块三类编制,各种砖、砌块定额规格如表3.1所示。如实际采用规格与定额取定不同时,含量可以调整。

表3.1　　　　　　　　　定额中砖、砌块规格取定表

砖及砌块名称	长(mm)×宽(mm)×高(mm)	损耗率
混凝土实心砖	240×115×53	2%
蒸压灰砂砖	240×115×53	2%
多孔砖	240×115×90	2%
空心砖	240×115×115	2%
小型空心砌块	390×190×190　　190×190×190 190×190×90	3%
加气混凝土砌块	600×300×100　　600×300×150 600×300×200　　600×300×250	7%
蒸压砂加气混凝土精确砌块	600×300×100　　600×300×200 600×300×250　　600×300×50	7%

3.2.3.6 门窗用量的换算

每 100 m² 门窗实际用量与定额含量不同时,定额含量可以调整,但人工、机械用量不变。定额内的五金配件含量,可按实调整。

3.2.3.7 其他项目用量的换算

货架、柜、家具、招牌、灯箱、栏杆、栏板、扶手等定额项目在实际施工中使用的材料品种、规格、用量与定额取定不同时,可以调整,但人工、机械不变。

3.2.4 乘系数换算

定额中规定的按工、料、机的一部分或全部乘以系数的分项项目,都属于乘系数换算的项目。此时,定额的一部分或全部乘以规定的系数。

换算后预算基价=调整部分消耗量×相应单价×(调整系数-1)+不调整部分原价格

或

换算后预算基价=定额基价×调整系数。

应用时要注意两点:

(1) 要区分定额系数和工程量系数,定额系数要在基价表中考虑;工程量系数应在工程量上考虑。至于某个系数是定额系数还是工程量系数,要看定额的具体规定。

(2) 要区分系数应乘在基价表的何处,是乘在工、料、机合计(即基价)上还是乘在人工、材料或机械费上。

例如,《2013 湖北定额》中注明:

(1) 单面清水砖墙(含弧形砖墙)按相应的混水砖墙定额执行,人工乘以系数 1.15。

(2) 坡度大于等于 26°34′的斜板屋面,钢筋制安工日乘以系数 1.25,砼定额工日增加 20%;坡度在 11°19′至 26°34′时砼定额工日增加 15%。

(3) 楼梯找平层按水平投影面积乘以系数 1.365,台阶找平层乘以系数 1.48。

(4) 墙面一般抹灰、镶贴块料(不含石材),当外墙施工且工作面高度在 3.6m 以上时,按以上相应项目人工乘以系数 1.25。

两面或三面凸出墙面的柱、圆弧形、锯齿形墙面等不规则墙面抹灰、镶贴块料面层按相应项目人工乘以系数 1.15,材料乘以系数 1.05。

镶贴面砖定额是按墙面考虑的,独立柱镶贴面砖按墙面相应项目人工乘以系数 1.15;零星项目镶贴面砖按墙面相应项目人工乘以系数 1.11,材料乘以系数 1.14。

(5) 轻钢龙骨、铝合金龙骨定额中为双层结构(即中、小龙骨紧贴大龙骨底面吊挂),如为单层结构时(大、中龙骨底面在同一水平上),人工乘以系数 0.85。跌级天棚其面层人工乘以系数 1.1。

(6) 木门窗中木枋木种均以一、二类种为准,如采用三、四类木种时,人工和机械乘以系数 1.24;

木结构工程木枋木种均以一、二类种为准,如采用三、四类木种时,按相应项目人工和机械乘以系数 1.35。

(7) 单层钢门窗和其他金属面,如需涂刷第二遍防锈漆时,应按相应刷第一遍定额套用,人工乘以系数 0.74,材料、机械不变。

装饰线条按墙面上直线安装考虑,如天棚安装直线形、圆弧形或其他图案者,按以下规定乘以不同系数。

【例 3.10】 某独立矩形形柱外镶贴 200mm×150mm 墙面砖(砂浆粘结),试求项目的定额基价。

【解】 依据《2013 湖北建筑定额》,

查定额子目 A14-170,基价=7535.98 元/100m²,其中:人工费:3176.16 元/100m²。

定额换算,根据定额说明,人工乘以系数 1.15。

套子目 A14-170 换,基价=7535.98+3176.16×(1.15-1)=7583.55 元/100m²。

3.2.5 数值增减法

换算后基价 = 换算前基价 $\pm \sum$ 需调整人工或材料或机械消耗量 × 相应单价 ×(调整系数 - 1)。

指上述说明之外的换算。依据《2013 湖北建筑定额》如下例。

(1) 凡以投影面积(平方米)或延长米计算的构件,如每平方米或每延长米混凝土用量(包括混凝土损耗率)大于或小于定额混凝土含量,在±10%以内时,不予调整;超过10%

时，则每增减 1m³ 混凝土（±10%以外部分），其人工、材料、机械按表 3.2 规定另行计算。

表 3.2　　　　　　　　　　混凝土含量超范围人材机调整表

名　称	人　工	材　料	机　械	
现场搅拌混凝土	2.61 工日	混凝土 1m³	搅拌机 0.1 台班	电 0.8 度
商品混凝土	1.7 工日	混凝土 1m³		

（2）天棚吊筋安装，如在混凝土板上钻眼、挂筋者，按相应项目每 100m² 增加人工 3.4 工日；如在砖墙上打洞搁放骨架者，按相应天棚项目每 100m² 增加人工 1.4 工日；上人形天棚骨架吊筋为射钉者，每 100m² 应减去人工 0.25 工日，减少吊筋 3.8kg，钢板增加 27.6kg，射钉增加 585 个。

【例 3.11】　某现浇楼梯为 C20 商品砼，经测算该楼梯砼的单位消耗量为 0.28m³/m²。试确定其基价。

【解】　查《2013 湖北定额》A2-113，基价 = 1136.59 元/10m²，C20 商品砼用量：2.43m³/10m²，

楼梯商品砼的实际用量 = 0.28×10 = 2.8m³/10m²。

判断基价是否调整：

2.8-2.43×1.1 = 0.127>0%，所以子目 A2-113 基价应调整。

基价换算（人工分割：普工/技工 = 2.02/1.65 = 0.55/0.45），

人工费调增 = 0.127×1.7×(0.55×60+0.45×92) = 16.06 元/10m²；

套 A2-113 换，换算后基价 = 原定额基价 + 基价调整 = 1136.59 + 16.06 = 1152.65 元/10m²。

3.3　补　充　定　额

如果设计采用的某些新材料、新结构、新技术等分项工程未编入现行定额中，也没有相近的定额项目可以参照，则必须编制补充定额，经主管部门审批后进行套用。补充的方法一般有两种：

1. 定额代换法

利用性质相似、材料大致相同，施工方法又很接近的定额项目，将类似项目分解套用或考虑（估算）一定系数调整使用。此种方法一定要在实践中注意观察和测定，合理确定系数，保证定额的精确性，也为以后新编定额项目做准备。

2. 定额编制法

材料用量按图纸的构造作法及相应的计算公式计算，并加入规定的损耗率，或经有关技术和定额人员讨论确定；人工及机械台班使用量，可按劳动定额、机械台班使用定额计算；然后乘以人工日工资单价、材料预算价格和机械台班单价，即得到补充定额基价。

3.4 据实计算

据实计算是针对无共同规律可循且发生概率不大的项目而言,例如,《2013湖北定额》规定:"山上施工,运输车不能直接到达施工现场而发生的运输;工作面以外运输路面的维修和养护、城区环保清洁费、挖方和填方区的障碍清理、铲草皮、挖淤泥时堰塘排水等内容"发生时据实计算。

小 结

定额应用的一般情况是定额的直接套用。直接套用定额应把握的原则:①设计规定的做法与要求和定额工作内容或要求相符合时直接套用;②实际内容与定额不完全相同而定额又不允许换算时直接套用。

当设计规定的做法与要求和定额工作内容或要求不相符时涉及定额应用其他三种方法:定额的换算、定额的补充、据实计算。

对定额的换算应把握在"实际内容与定额不完全相同且定额又允许换算"的原则下进行,定额的换算四个方面:①材料种类的换算(一般价换量不变)。②材料规格、用量的换算(一般量变价不变)。③乘系数的换算。④数值增减法。

习 题 3

1. 某工程墙面(轻质砌块墙面)的抹灰设计均为1:1:6混合砂浆,厚度为底层+面层=12mm+6mm。试确定其定额基价。
2. 某工程用现浇钢筋混凝土有梁板混凝土强度等级为C30,试确定其定额基价。
3. 某外墙水泥砂浆粘贴200mm×100mm面砖,面砖灰缝宽20mm,试求该项目的定额基价。
4. 某项目的现浇C25混凝土楼梯,水平投影面积为200m^2,按图计算的楼梯混凝土体积为56m^3(未含损耗),损耗率为1.5%,试求该项目的定额直接费。
5. 某弧形墙面干挂花岗岩(密缝)400m^2(设花岗石市场价为100元/m^2),试计算该项目的定额直接费。

学习单元 4 工程量计算概述

4.1 工程量计算

完整的建筑工程计价，应该有完整的分项工程项目，也就是要针对项目划分完整的分项工程项目，这就是列项。分项工程项目是构成单位工程计价费用的最小单位。一般情况下，计价中出现了漏项或重复项目，就是指漏掉了分项工程项目或有些项目重复计算了。

工程量是指按建筑工程量计算规则计算以自然计量单位或物理计量单位所表示各分部分项工程或结构、构件的实物数量。常用的计量单位有 $10m^2$、$10m$、m^3、樘、只、座、个等。

4.1.1 工程量计算的依据

建筑工程的施工图纸、相应的标准图集、相应建筑工程量计算规则（规范），是准确列项与工程量计算的依据。

4.1.2 工程量计算的顺序

一个建筑物或构筑物是由多个分部分项工程组成的，少则几十项，多则上百项。列项与计算工程量时，为避免出现重复列项计算或漏算，应该按照一定的顺序进行。

各分部工程之间工程量的计算顺序一般有以下三种方法：

1. 规范顺序法

完全按照预算定额中分部分项工程的编排顺序进行工程量的计算。其主要优点是能依据建筑工程预算定额的项目划分顺序逐项计算，通过工程项目与定额之间的对照，能清楚地反映出已算和未算项目，防止漏项，并有利于工程量的整理与报价，此法较适合于初学者。

2. 施工顺序法

根据工程项目的施工工艺特点，按其施工的先后顺序，同时考虑到计算的方便，由基层到面层或从下至上逐层计算。此法打破了定额分章的界限，计算工作流畅，但对使用者的专业技能要求较高。

3. 统筹原理计算法

通对预算定额的项目划分和工程量计算规则进行分析，找出各建筑、装饰分项项目之间的内在联系，运用统筹法原理，合理安排计算顺序，从而达到以点带面、简化计算、节省时间的目的。此法通过统筹安排，使各分项项目的计算结果互相关联，并将后面要重复使用的基数先计算出来，一次计算、多次应用。对无法用"线"、"面"基数计算的不规则又较复杂的项目,应结合实际灵活利用分段、分层、补加、补减等方法进行计算。

实际工作中,往往综合应用上述三种方法。建筑部分工程量计算参考顺序可排列为:门窗构件统计→混凝土及钢筋混凝土工程→砌筑工程→土石方工程→金属结构工程→构件运输及安装工程→屋面工程→防腐保温隔热工程。

装饰部分工程量计算参考顺序可排列为:门窗构件统计→楼地面工程→顶棚工程→墙柱面工程→油漆、涂料、裱糊工程→其他装饰工程。

4.1.3 列项与工程量计算的注意事项

1. 房建与装饰工程计价项目完整性的判断

每个房建与装饰工程计价的分项工程项目包含了完成这个工程的全部实物工程量。因此,首先应判断按施工图计算的分项工程量项目是否完整,即是否包括了实际应完成的工程量。另外,计算出分项工程量后还应判断套用的定额是否包含了施工中这个项目的全部消耗内容。如果这两个方面都没有问题,那么,单位工程预算的项目是完整的。

2. 计量单位一致

按施工图纸计算工程量时,各分项工程量的计量单位,必须与预算定额中相应项目的计量单位一致,不能随意改变。例如:钢筋的工程量单位是"t",则计算出钢筋的长度以后还要换算成吨。

3. 计算规则一致

在计算工程量时,必须严格执行本地区现行预算定额中所规定的工程量计算规则,在计算过程中,必须严格按照图纸所注尺寸为依据进行计算,不得任意加大或缩小,任意增加或丢失,避免造成工程量计算中的误差,从而影响准确性。

4. 计算精确度一致

计算结果余数的取定直接影响工程造价的精度,在计算工程量时,计算式要明了,数据要清晰,计算的精确度一致。汇总工程量的数据一般精确到小数点后两位,钢筋、木材、金属结构及使用的贵重材料的项目可精确到小数点后三位。

5. 计算要准确,要审核

由于工程量计算的工作量较大,为了保证不重算、漏算,计算时根据项目施工图纸,严格执行本地区现行定额中所规定的工程量计算规则按一定顺序进行。所列项目与工程量计算的计算式要整齐明了,计算稿除编制者要经常查对外,有时还须提供给相关单位进行审核,计算稿中必须注明计算的构件名称、位置、编号等。在计算过程中,尽量做到结构按楼层,内装修按楼层分房间,外装修按施工层分立面计算,或按施工方案的要求分段计算,或按使用的材料不同分别进行计算。这样不仅可以防止漏算,而且还可以方便工料分析,同时可为安排施工进度计划提供数据,养成良好的计算习惯。

4.2 工程量计算中常用的基数

运用统筹原理计算法计算工程量时,我们可以借助一些重复使用的数据来实现分项工程量的计算,从而减少工作量、提高效率。那么,我们把计算分项工程量时重复使用的数据称为基数。

分项工程量计算都离不开"线"与"面"。经总结，工程量计算基数主要有外墙中心线($L_中$)、内墙净长线($L_内$)、外墙外边线($L_外$)、底层建筑面积($S_底$)，简称"三线一面"。

1. 三线一面

(1)外墙外边线($L_外$)：外墙外边线是指外墙的外侧与外侧之间的距离。

公式：每段墙的外墙外边线=外墙定位轴线长+外墙定位轴线到外墙外侧的距离。

(2)外墙中心线($L_中$)：外墙中心线是指外墙中线到中线之间的距离。

公式：每段墙的外墙中心线=外墙定位轴线长+外墙定位轴线到外墙中线的距离。

(3)内墙净长线($L_内$)：内墙净长线是指内墙与外墙(内墙)交点之间的连线距离。

公式：每段墙的内墙净长线=墙定位轴线长-墙定位轴线至所在墙体内侧的距离。

(4)一面(S)：是指建筑物的底层建筑面积。

2. 根据工程具体情况确定基数个数

假如建筑物的各层平面布置完全一样，墙厚只有一种，那么只确定外墙中心线($L_中$)，内墙净长线($L_内$)，外墙外边线($L_外$)，底层建筑面积(S底)四个数据就可以了；如果某一建筑物的各层平面布置不同，墙体厚度有两种以上，则要根据具体情况来确定该工程实际需要的基数个数。

基数统筹计算作用表如表4.1所示。

表4.1　　　　　　　　　　　　基数计算作用表

基数名称	代　号	可用以参考计算
外墙中心线	$L_中$	1)外墙地槽长 2)外墙基础垫层长 3)外墙基础长 4)外墙地圈梁、圈梁长 5)外墙防潮层长 6)外墙墙体长 7)女儿墙压顶长
内墙净长线	$L_内$	1)内墙地槽长($L_内$：修正值) 2)内墙基础垫层长($L_内$：修正值) 3)内墙基础长 4)内墙地圈梁、圈梁长 5)内墙防潮层长 6)内墙墙体长
外墙外边线	$L_外$	1)平整场地 2)外墙装饰脚手架 3)外墙抹灰、装饰 4)挑檐长
底层建筑面积	$S_底$	1)平整场地 2)室内回填土 3)室内地坪垫层、面层 4)楼面垫层、面层 5)天棚面层 6)屋面找平层，防水层、面层等

【例 4.1】 熟练掌握三线一面的计算，试计算图 4.1 的相关基数。

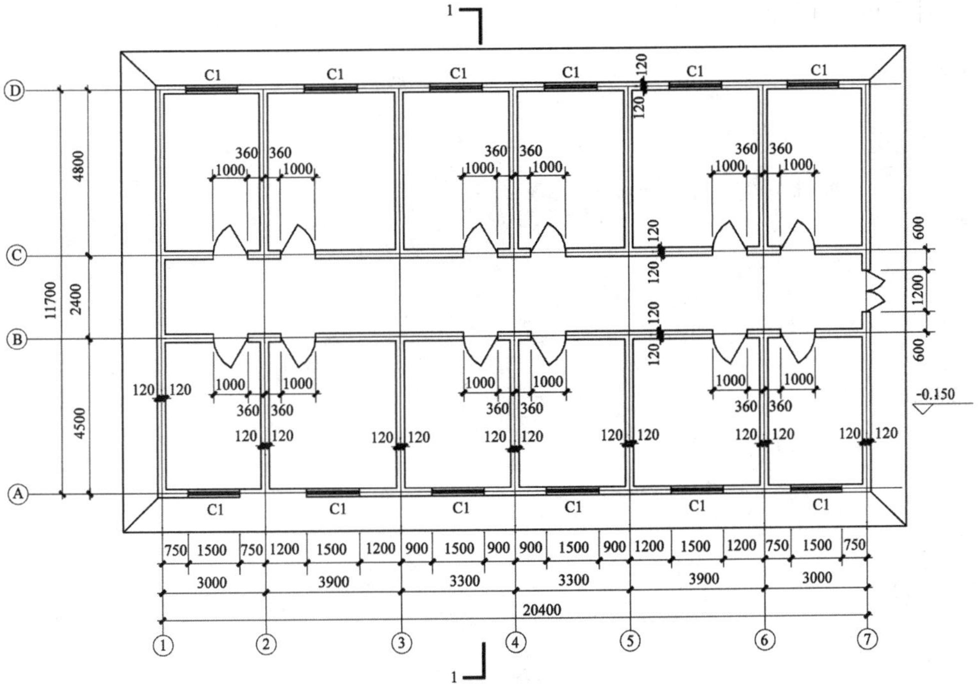

图 4.1 某工程平面图

【解】 $L_外 = [(20.4+0.24)+(11.7+024)] \times 2 = 65.16\text{m}$；
$L_中 = (20.4+11.7) \times 2 = 64.20\text{m}$；
$L_内 = (20.4-0.24) \times 2+(4.5-0.24) \times 5+(4.8-0.24) \times 5 = 84.42\text{m}$；
$S_底 = (20.4+0.24) \times (11.7+0.24) = 246.44\text{m}^2$。

小 结

工程量的计算与列项是密不可分的，我们计算的工程量是某分项项目的工程量。所以除了要熟悉工程量计算规则外，一定要熟悉定额项目的划分。否则就容易漏项或重复计算。

工程量的计算并无固定的顺序与规定的格式，唯一的原则是方便、条理清晰、明了。书中所提三种计算顺序是在此原则基础上的经验总结。统筹计算方法的基本思路是，统筹安排计算顺序，充分利用关联项目的计算结果，以点带面、简化计算、节省时间。

对于凸出墙面的构件比较多的结构而言，"三线一面"基数的应用不宜生搬硬套。

习 题 4

1. 如何运用统筹原理计算工程量？此法有何意义？

2. 工程量计算与项目列项有何关系？项目列项对计量有影响吗？
3. 计算外墙外边线有何作用？
3. 计算内墙净长线有何作用？

学习单元5　建筑面积计算

5.1　概　　述

5.1.1　建筑面积的概念

建筑面积亦称建筑展开面积,是建筑物(包括墙体)所形成的楼地面面积。建筑面积包括附属于建筑物的室外阳台、雨篷、檐廊、室外走廊、室外楼梯等,是各层面积的总和,包括有效面积和结构面积。有效面积是指建筑物各层中净面积之和,如住宅建筑中的客厅、卧室、厨房等;结构面积是指建筑物各层平面中墙、柱等结构所占面积之和。

5.1.2　建筑面积的作用

建筑面积是反映建筑物规模大小和技术特征的一项重要指标,是建筑工程量的主要指标之一,是计算单方造价的依据,是统计部门发布建筑面积的标准口径。

5.1.3　建筑面积的适用范围

新建、扩建、改建的工业与民用建筑工程建设全过程(指从项目建议书、可行性研究报告至竣工验收、交付使用的过程)的建筑面积计算,包括厂房、仓库、公共建筑、居住建筑、地铁车站等。

5.2　建筑面积计算规定

5.2.1　计算建筑面积的规定

5.2.1.1　主体建筑

(1)建筑物的建筑面积应按自然层(指按楼地面结构分层的楼层)外墙结构外围水平面积之和计算。结构层高在2.20m及以上的,应计算全面积;结构层高(指楼面或地面结构层上表面至上部结构层上表面之间的垂直距离)在2.20m以下的,应计算1/2面积。主体结构外的室外阳台、雨篷、檐廊、室外走廊、室外楼梯等按相应条款计算建筑面积。当外墙结构本身在一个层高范围内不等厚时,以楼地面结构标高处的外围水平面积计算。

【例5.1】　求图5.1的建筑面积。已知图示尺寸为中轴线标注尺寸,墙厚240mm,勒脚及以下墙厚370mm。

【解】　因单层建筑物高度超过2.2m,所以应计算全面积。地面结构标高处外围水平

面积

$S = (15-0.12\times2+0.37\times2)\times(5-0.12\times2+0.37\times2) = 85.25\text{m}^2$。

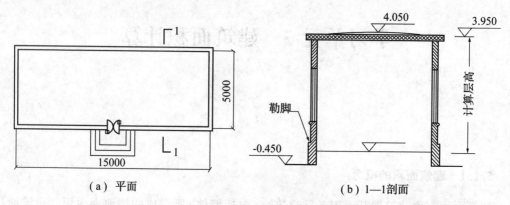

图 5.1　单层建筑物示意图

【例 5.2】　如图 5.2 所示，设第 1~5 层的层高为 3.9m，第 6 层的层高为 2.1m，经计算第 1~4 层每层的外墙外围面积为 1166.60m²，第 5、6 层每层的外墙外围面积为 475.90m²。试计算建筑面积。

【解】　S = （第 1~4 层）1166.60×4 + （第 5 层）475.90 + （第 6 层）475.90×0.5 = 5380.25m²。

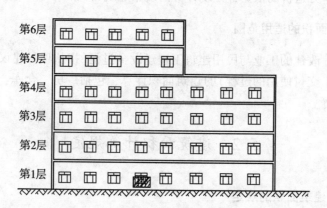

图 5.2　多层建筑物建筑面积计算示意图

(2)建筑物内设有局部楼层(如图 5.3 所示)时，对于局部楼层的二层及以上楼层，有围护结构(指围合建筑空间的墙体、门、窗)的应按其围护结构外围水平面积计算，无围护结构的应按其结构底板水平面积计算，且结构层高在 2.20m 及以上的，应计算全面积，结构层高在 2.20m 以下的，应计算 1/2 面积。

【例 5.3】　求设有局部楼层的单层平屋顶建筑物的建筑面积(图 5.4)，已知内外墙体厚度均为 240mm，图中 L = 6600mm，B = 4800mm，a = 2200mm，b = 1900mm，h_1 = 3300mm，h_2 = 8600mm。平面尺寸均标至墙外边线。

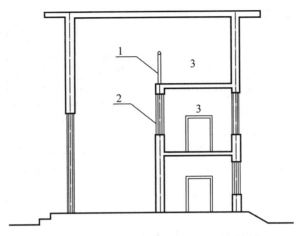

1—围护设施；2—围护结构；3—局部楼层

图 5.3 建筑物内的局部楼层

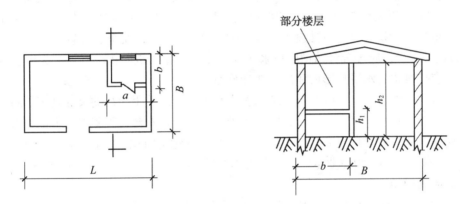

图 5.4 有局部楼层的单层平屋顶建筑物示意图

【解】 一层建筑面积 $S_1=6.6×4.8=31.68\text{m}^2$；

楼隔层部分建筑面积 $S_2=2.2×1.9=4.18\text{m}^2$；

该建筑物全部建筑面积 $S=S_1+S_2=31.68+4.18=35.86\text{m}^2$。

5.2.1.2 坡屋顶

对于形成建筑空间的坡屋顶，结构净高（指楼面或地面结构层上表面至上部结构层下表面之间的垂直距离）在 2.10m 及以上的部位应计算全面积；结构净高在 1.20m 及以上至 2.10m 以下的部位应计算 1/2 面积；结构净高在 1.20m 以下的部位不应计算建筑面积。

【例 5.4】 根据图 5.5 计算该坡屋面的建筑面积。

【解】 根据建筑面积计算规定，先计算净高 1.2m、2.1m 处与外墙外边线的距离。根据屋面的坡度（1∶2），计算出建筑物的建筑面积。

(1) 净高在 1.2~2.1m 之间

$S_1=2.7×(6.3+0.3)×2×0.5=19.44\text{m}^2$。

(2) 净高大于 2.1m

$S_2=5.4×(6.9+0.3)=38.88\text{m}^2$。

51

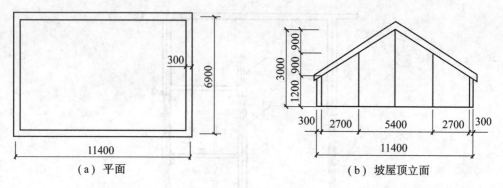

(a) 平面　　　　　　　　　　(b) 坡屋顶立面

图 5.5　某坡屋面示意图

即该建筑物总建筑面积为：$S_1+S_2=58.32\text{m}^2$。

5.2.1.3　场馆看台下

对于场馆看台下的建筑空间，结构净高在 2.10m 及以上的部位应计算全面积；结构净高在 1.20m 及以上至 2.10m 以下的部位应计算 1/2 面积；结构净高在 1.20m 以下的部位不应计算建筑面积。室内单独设置的有围护设施(指为保障安全而设置的栏杆、栏板等围挡)的悬挑看台，应按看台结构底板水平投影面积计算建筑面积。有顶盖无围护结构的场馆看台应按其顶盖水平投影面积的 1/2 计算面积。

场馆看台下的建筑空间因其上部结构多为斜板，所以采用净高的尺寸划定建筑面积的计算范围和对应规则。室内单独设置的有围护设施的悬挑看台，因其看台上部设有顶盖且可供人使用，所以按看台板的结构底板水平投影计算建筑面积。"有顶盖无围护结构的场馆看台"所称的"场馆"为专业术语，指各种"场"类建筑，如：体育场、足球场、网球场、带看台的风雨操场等。

【例 5.5】　如图 5.6 所示的看台长 100m。试计算建筑面积。

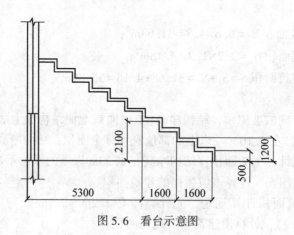

图 5.6　看台示意图

【解】　$S=100\times 5.3+100\times 1.6\times 0.5=610\text{m}^2$。

5.2.1.4　地下室、半地下室

地下室、半地下室应按其结构外围水平面积计算。结构层高在 2.20m 及以上的，应

计算全面积；结构层高在 2.20m 以下的，应计算 1/2 面积。地下室示意图如图 5.7 所示。

地下室指室内地平面低于室外地平面的高度超过室内净高的 1/2 的房间。半地下室指室内地平面低于室外地平面的高度超过室内净高的 1/3，且不超过 1/2 的房间。

出入口外墙外侧坡道有顶盖的部位，应按其外墙结构外围水平面积的 1/2 计算面积。出入口坡道分有顶盖出入口坡道和无顶盖出入口坡道，出入口坡道顶盖的挑出长度，为顶盖结构外边线至外墙结构外边线的长度；顶盖以设计图纸为准，对后增加及建设单位自行增加的顶盖等，不计算建筑面积。顶盖不分材料种类（如钢筋混凝土顶盖、彩钢板顶盖、阳光板顶盖等）。地下室出入口如图 5.8 所示。

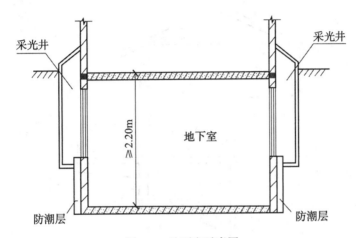

图 5.7 地下室示意图

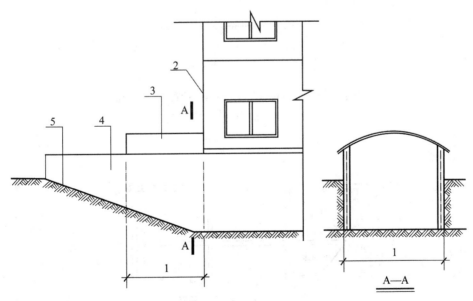

1—计算 1/2 投影面积部位；2—主体建筑；3—出入口顶盖；
4—封闭出入口侧墙；5—出入口坡道

图 5.8 地下室出入口

5.2.1.5 建筑物架空层、坡地的建筑物吊脚架空层

建筑物架空层(指仅有结构支撑而无外围护结构的开敞空间层)及坡地建筑物吊脚架空层,应按其顶板水平投影计算建筑面积。结构层高在 2.20m 及以上的,应计算全面积;结构层高在 2.20m 以下的,应计算 1/2 面积。

本条既适用于建筑物吊脚架空层、深基础架空层建筑面积的计算,也适用于目前部分住宅、学校教学楼等工程在底层架空或在二楼或以上某个甚至多个楼层架空,作为公共活动、停车、绿化等空间的建筑面积的计算。架空层中有围护结构的建筑空间按相关规定计算。建筑物吊脚架空层如图 5.9 所示,坡地建筑物吊脚架空层如图 5.10 所示。

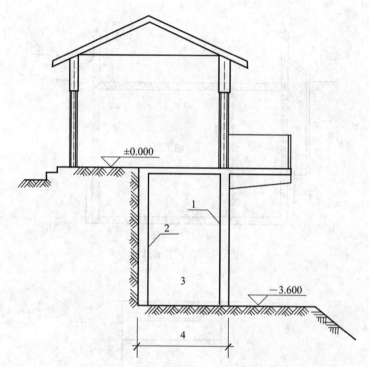

1—柱;2—墙;3—吊脚架空层;4—计算建筑面积部位

图 5.9　建筑物吊脚架空层

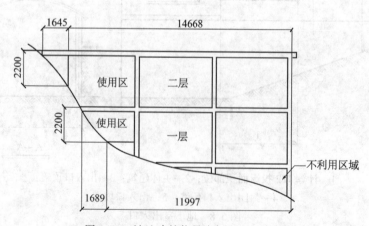

图 5.10　坡地建筑物吊脚架空层示意图

【例5.6】 如图5.11所示的深基础架空层，设计要求该空间，试计算建筑面积。

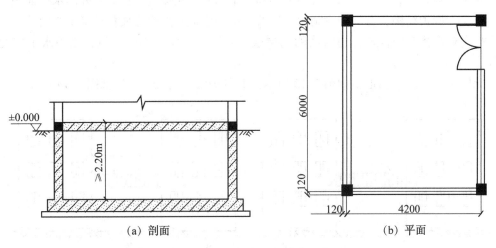

(a) 剖面　　　　　　　　　(b) 平面

图5.11　深层基础架空层建筑示意图

【解】 $S=(4.2+0.24)\times(6+0.24)=27.71\text{m}^2$。

5.2.1.6　建筑物的门厅、大厅、回廊

建筑物的门厅、大厅应按一层计算建筑面积，门厅、大厅内设置的走廊应按走廊结构底板水平投影面积计算建筑面积。结构层高在2.20m及以上的，应计算全面积；结构层高在2.20m以下的，应计算1/2面积。

【例5.7】 计算如图5.12所示回廊的建筑面积。设回廊的水平投影宽度为2.0m。

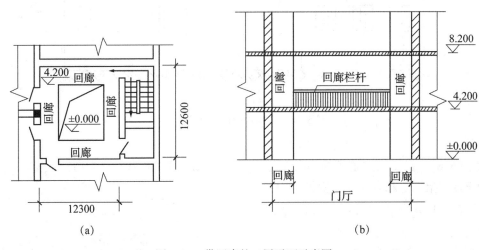

(a)　　　　　　　　　　　　(b)

图5.12　带回廊的二层平面示意图

【解】 回廊层高4.0m>2.2m，则回廊面积为
$S=12.30\times12.60-(12.30-2.0\times2)\times(12.60-2.0\times2)=83.60\text{m}^2$。

5.2.1.7 建筑物间架空走廊

对于建筑物间的架空走廊,有顶盖和围护结构的,应按其围护结构外围水平面积计算全面积;无围护结构、有围护设施的,应按其结构底板水平投影面积计算1/2面积。

架空走廊指专门设置在建筑物的二层或二层以上,作为不同建筑物之间水平交通的空间。

无围护结构的架空走廊如图5.13所示。有围护结构的架空走廊如图5.14所示。

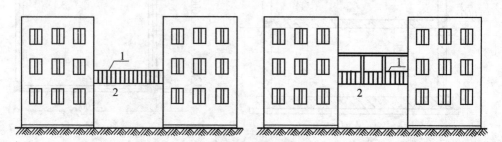

1—栏杆;2—架空走廊
图5.13 无围护结构的架空走廊

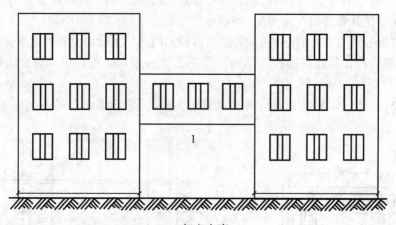

1—架空走廊
图5.14 有围护结构的架空走廊

【例5.8】 已知架空走廊的层高3m,求架空走廊的建筑面积(图5.15)。

【解】 架空走廊有顶盖有围护结构,

$S = (6-0.24) \times (3+0.24) = 18.66 m^2$。

5.2.1.8 走廊、檐廊

有围护设施的室外走廊(挑廊),应按其结构底板水平投影面积计算1/2面积;有围护设施(或柱)的檐廊,应按其围护设施(或柱)外围水平面积计算1/2面积。

走廊指建筑物中的水平交通空间。挑廊指挑出建筑物外墙的水平交通空间。檐廊指建筑物挑檐下的水平交通空间。檐廊是附属于建筑物底层外墙有屋檐作为顶盖,其下部一般有柱或栏杆、栏板等的水平交通空间。檐廊如图5.16所示。

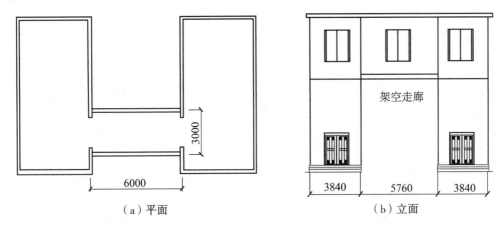

(a) 平面　　　　　　　　(b) 立面

图 5.15　有架空走廊建筑的示意图

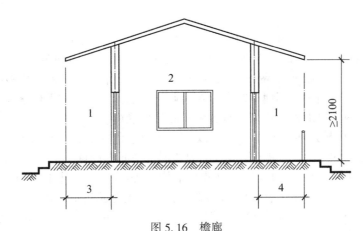

图 5.16　檐廊
1—檐廊；2—室内；3—不计算建筑面积部位；4—计算 1/2 建筑面积部位

5.2.1.9　立体书库、立体仓库、立体车库

对于立体书库、立体仓库、立体车库，有围护结构的，应按其围护结构外围水平面积计算建筑面积；无围护结构、有围护设施的，应按其结构底板水平投影面积计算建筑面积。无结构层的应按一层计算，有结构层的应按其结构层(指整体结构体系中承重的楼板层)面积分别计算。结构层高在 2.20m 及以上的，应计算全面积；结构层高在 2.20m 以下的，应计算 1/2 面积。

本条主要规定了图书馆中的立体书库、仓储中心的立体仓库、大型停车场的立体车库等建筑的建筑面积计算规定。起局部分隔、存储等作用的书架层、货架层或可升降的立体钢结构停车层均不属于结构层，故该部分分层不计算建筑面积。

【例 5.9】　求货台的建筑面积(图 5.17)。

【解】　$S = 4.5 \times 1 \times 5 \times 0.5 \times 5 = 56.25 \text{m}^2$。

5.2.1.10　有围护结构的舞台灯光控制室

有围护结构的舞台灯光控制室，应按其围护结构外围水平面积计算。结构层高在 2.20m 及以上的，应计算全面积；结构层高在 2.20m 以下的，应计算 1/2 面积。

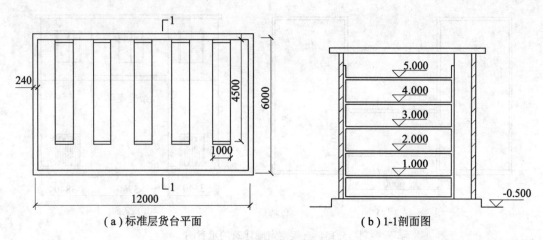

(a) 标准层货台平面   (b) 1-1剖面图

图 5.17 货台建筑示意图

5.2.1.11 建筑物外有围护结构的落地橱窗、凸(飘)窗、门斗

(1)附属在建筑物外墙的落地橱窗(指突出外墙面且根基落地的橱窗),应按其围护结构外围水平面积计算。结构层高在 2.20m 及以上的,应计算全面积;结构层高在 2.20m 以下的,应计算 1/2 面积。落地橱窗是指在商业建筑临街面设置的下槛落地、可落在室外地坪也可落在室内首层地板,用来展览各种样品的玻璃窗。

(2)窗台与室内楼地面高差在 0.45m 以下且结构净高在 2.10m 及以上的凸(飘)窗(指凸出建筑物外墙面的窗户),应按其围护结构外围水平面积计算 1/2 面积。凸窗(飘窗)既作为窗,就有别于楼(地)板的延伸,也就是不能把楼(地)板延伸出去的窗称为凸窗(飘窗)。凸窗(飘窗)的窗台应只是墙面的一部分且距(楼)地面应有一定的高度。

(3)门斗(指建筑物入口处两道门之间的空间)应按其围护结构外围水平面积计算建筑面积,且结构层高在 2.20m 及以上的,应计算全面积;结构层高在 2.20m 以下的,应计算 1/2 面积。门斗如图 5.18 所示。

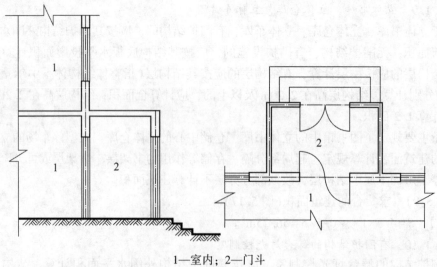

1—室内;2—门斗

图 5.18 门斗

【例 5.10】 求门斗和水箱间的建筑面积(图 5.19)。

【解】 门斗面积：$S = 3.5 \times 2.5 = 8.75\text{m}^2$。

水箱间面积：$S = 2.5 \times 2.5 \times 0.5 = 3.13\text{m}^2$。

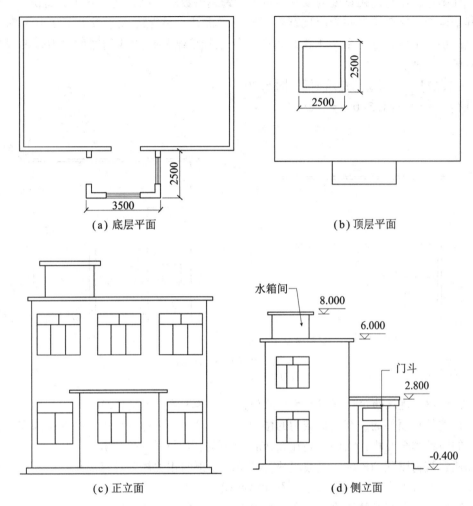

图 5.19 门斗、水箱间建筑示意图

5.2.1.12 门廊、雨篷

(1)门廊(指建筑物入口前有顶棚的半围合空间)应按其顶板的水平投影面积的 1/2 计算建筑面积。门廊是在建筑物出入口，无门、三面或二面有墙，上部有板(或借用上部楼板)围护的部位。

(2)有柱雨篷应按其结构板水平投影面积的 1/2 计算建筑面积；无柱雨篷的结构外边线至外墙结构外边线的宽度在 2.10m 及以上的，应按雨篷结构板的水平投影面积的 1/2 计算建筑面积。

雨篷是指建筑物出入口上方、凸出墙面、为遮挡雨水而单独设立的建筑部件。雨篷划分为有柱雨篷(包括独立柱雨篷、多柱雨篷、柱墙混合支撑雨篷、墙支撑雨篷)和无柱雨篷(悬挑雨篷)。如凸出建筑物,且不单独设立顶盖,利用上层结构板(如楼板、阳台底板)进行遮挡,则不视为雨篷,不计算建筑面积。对于无柱雨篷,如顶盖高度达到或超过两个楼层时,也不视为雨篷,不计算建筑面积。

有柱雨篷,没有出挑宽度的限制,也不受跨越层数的限制,均计算建筑面积。无柱雨篷,其结构板不能跨层,并受出挑宽度的限制,设计出挑宽度大于或等于2.10m时才计算建筑面积。出挑宽度,系指雨篷结构外边线至外墙结构外边线的宽度,为弧形或异形时,取最大宽度。

【例5.11】 求雨篷的建筑面积(图5.20)。

【解】 $S = 2.5 \times 1.5 \times 0.5 = 1.88 \text{m}^2$。

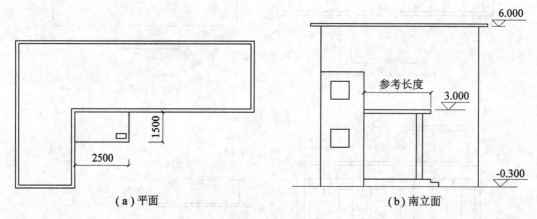

图5.20 雨篷建筑示意图

5.2.1.13 建筑物顶部有围护结构的楼梯间、水箱间、电梯机房

设在建筑物顶部的、有围护结构的楼梯间、水箱间、电梯机房等,结构层高在2.20m及以上的应计算全面积;结构层高在2.20m以下的,应计算1/2面积。

如遇建筑物屋顶的楼梯间是坡屋顶,应按坡屋顶的相关规定计算面积;单独放在建筑物屋顶上的混凝土水箱或钢板水箱,不计算面积。

5.2.1.14 设有围护结构不垂直于水平面而超出底板外沿的建筑物

围护结构不垂直于水平面的楼层,应按其底板面的外墙外围水平面积计算。结构净高在2.10m及以上的部位,应计算全面积;结构净高在1.20m及以上至2.10m以下的部位,应计算1/2面积;结构净高在1.20m以下的部位,不应计算建筑面积。如图5.21、图5.22所示。

由于目前很多建筑设计追求新、奇、特,造型越来越复杂,很多时候根本无法明确区分什么是围护结构、什么是屋顶,因此对于斜围护结构与斜屋顶采用相同的计算规则,即只要外壳倾斜,就按结构净高划分段,分别计算建筑面积。

5.2.1.15 室内楼梯间、电梯井、观光电梯井、提物井、管道井、通风排气竖井、垃圾道、附墙烟囱

建筑物的室内楼梯、电梯井、提物井、管道井、通风排气竖井、烟道,应并入建筑物的自然层计算建筑面积。结构净高在2.10m及以上的,应计算全面积;结构净高在

2.10m 以下的,应计算 1/2 面积。

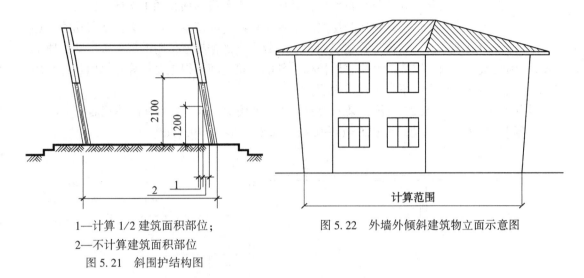

1—计算 1/2 建筑面积部位;
2—不计算建筑面积部位
图 5.21 斜围护结构图

图 5.22 外墙外倾斜建筑物立面示意图

遇跃层建筑,其共用的室内楼梯应按自然层计算面积;上下两错层户室共用的室内楼梯,应选上一层的自然层计算面积。如图 5.23 所示。建筑物的楼梯间层数按建筑物的层数计算。

有顶盖的采光井应按一层计算面积。有顶盖的采光井包括建筑物中的采光井和地下室采光井。地下室采光井如图 5.24 所示。

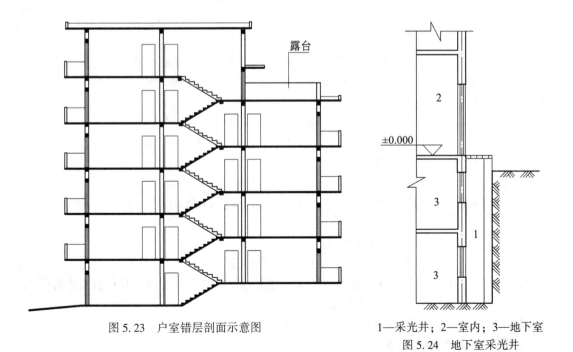

图 5.23 户室错层剖面示意图

1—采光井;2—室内;3—地下室
图 5.24 地下室采光井

5.2.1.16 室外楼梯

室外楼梯应并入所依附建筑物自然层,并应按其水平投影面积的1/2计算建筑面积。

室外楼梯作为连接该建筑物层与层之间交通不可缺少的基本部件,无论从其功能、还是工程计价的要求来说,均需计算建筑面积。层数为室外楼梯所依附的楼层数,即梯段部分投影到建筑物范围的层数。利用室外楼梯下部的建筑空间不得重复计算建筑面积;利用地势砌筑的为室外踏步,不计算建筑面积。

【例5.12】 如图5.25所示,某三层建筑物室外楼梯,求室外楼梯的建筑面积。

【解】 室外楼梯的建筑面积 $S = (4-0.12) \times 6.8 \times 0.5 \times 3 = 39.57 m^2$。

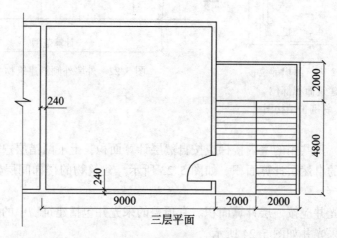

图5.25 室外楼梯建筑示意图

5.2.1.17 阳台

阳台是指附设于建筑物外墙,设有栏杆或栏板,可供人活动的室外空间。在主体结构内的阳台,应按其结构外围水平面积计算全面积;在主体结构外的阳台,应按其结构底板水平投影面积计算1/2面积。

建筑物的阳台,不论其形式如何,均以建筑物主体结构为界分别计算建筑面积。

【例5.13】 某住宅楼平面图如图5.26所示。已知内外墙厚均为240mm,设有封闭阳台,试计算图中阳台的建筑面积。

【解】

$S = (3.5+0.24) \times (2-0.12) \times 0.5 \times 2 + 3.5 \times (1.8-0.12) \times 0.5 \times 2 + (5+0.24) \times (2-0.12) \times 0.5 = 17.84 m^2$。

即该建筑物中阳台的建筑面积为17.84m^2。

5.2.1.18 车棚、货棚、站台、加油站、收费站等

有顶盖无围护结构的车棚、货棚、站台、加油站、收费站等,应按其顶盖水平投影面积的1/2计算建筑面积。(不考虑有没有柱)

【例5.14】 求站台的建筑面积(图5.27)。

【解】 $S = 6.5 \times 2.5 \times 0.5 = 8.125 m^2$。

5.2.1.19 幕墙

以幕墙作为围护结构的建筑物,应按幕墙外边线计算建筑面积。装饰性幕墙不应计算

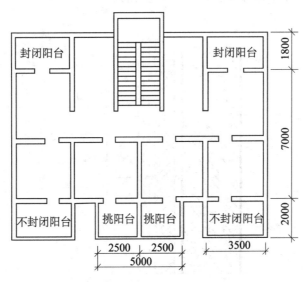

图 5.26 建筑物阳台平面示意图

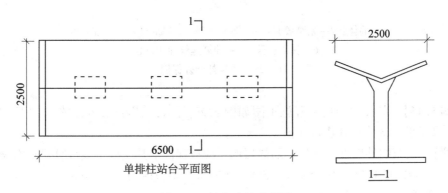

图 5.27 站台建筑示意图

建筑面积。

5.2.1.20 保温隔热层

建筑物的外墙外保温层,应按其保温材料的水平截面积计算,并计入自然层建筑面积。

建筑物外墙外侧有保温隔热层的,保温隔热层以保温材料的净厚度乘以外墙结构外边线长度并按建筑物的自然层计算建筑面积,其外墙外边线长度不扣除门窗和建筑物外已计算建筑面积构件(如阳台、室外走廊、门斗、落地橱窗等部件)所占长度。当建筑物外已计算建筑面积的构件(如阳台、室外走廊、门斗、落地橱窗等部件)有保温隔热层时,其保温隔热层也不再计算建筑面积。外墙是斜面者按楼面楼板处的外墙外边线长度乘以保温材料的净厚度计算。外墙外保温以沿高度方向满铺为准,某层外墙外保温铺设高度未达到全部高度时(不包括阳台、室外走廊、门斗、落地橱窗、雨篷、飘窗等),不计算建筑面积。保温隔热层的建筑面积是以保温隔热材料的厚度来计算的,不包含抹灰层、防潮层、保护层(墙)的厚度。建筑外墙外保温如图 5.28 所示。

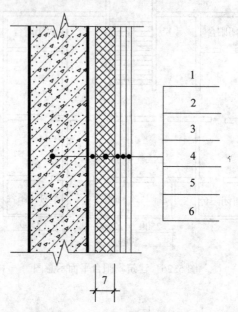

1—墙体；2—粘结胶浆；3—保温材料；4—标准网；5—加强网；
6—抹面胶浆；7—计算建筑面积部位

图 5.28 建筑外墙外保温

【例 5.15】 某砖混结构工程施工图如图 5.29 所示，层高>2.2m，外墙外保温 50mm 厚 XPS 保温板，试计算其建筑面积。

【解】 建筑物外墙外侧有保温隔热层的，应按保温隔热层外边线计算建筑面积，
$S = (3.6×3+0.185×2+0.05×2)×(5.80+0.185×2+0.05×2) = 70.66m^2$，
即该建筑物的建筑面积为 70.66m²。

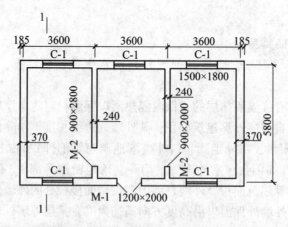

图 5.29 某砖混结构施工标准层平面图

5.2.1.21 变形缝

与室内相通的变形缝，应按其自然层合并在建筑物建筑面积内计算。对于高低联跨的建筑物，当高低跨内部连通时，其变形缝应计算在低跨面积内。

与室内相通的变形缝是指暴露在建筑物内，在建筑物内可以看得见的变形缝。

5.2.1.22 设备层、管道层

对于建筑物内的设备层、管道层、避难层等有结构层的楼层，结构层高在2.20m及以上的，应计算全面积；结构层高在2.20m以下的，应计算1/2面积。在吊顶空间内设置管道的，则吊顶空间部分不能被视为设备层、管道层。设备管道夹层如图5.30所示。

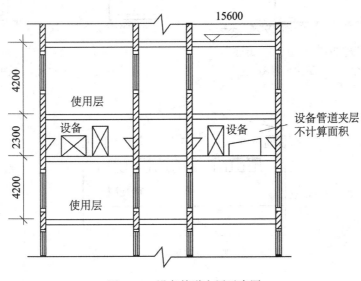

图5.30 设备管道夹层示意图

5.2.2 不计算建筑面积的范围

(1)与建筑物内不相连通的建筑部件：指的是依附于建筑物外墙外不与户室开门连通，起装饰作用的敞开式挑台(廊)、平台，以及不与阳台相通的空调室外机搁板(箱)等设备平台部件。

(2)骑楼、过街楼底层的开放公共空间和建筑物通道。

骑楼是指建筑底层沿街面后退且留出公共人行空间的建筑物，指沿街二层以上用承重柱支撑骑跨在公共人行空间之上，其底层沿街面后退的建筑物。如图5.31所示。

过街楼是指跨越道路上空并与两边建筑相连接的建筑物，当有道路在建筑群穿过时为保证建筑物之间的功能联系，设置跨越道路上空使两边建筑相连接的建筑物。如图5.32所示。

建筑物通道是指为穿过建筑物而设置的空间。

(3)舞台及后台悬挂幕布和布景的天桥、挑台等：指的是影剧院的舞台及为舞台服务的可供上人维修、悬挂幕布、布置灯光及布景等搭设的天桥和挑台等构件设施，如图5.33所示。

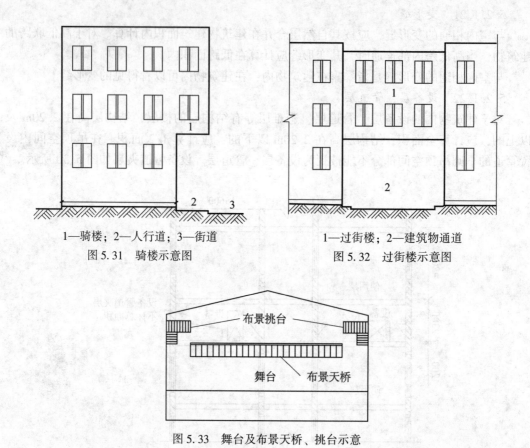

1—骑楼；2—人行道；3—街道
图5.31 骑楼示意图

1—过街楼；2—建筑物通道
图5.32 过街楼示意图

图5.33 舞台及布景天桥、挑台示意

（4）露台（设置在屋面、首层地面或雨篷上的供人室外活动的有围护设施的平台。）、露天游泳池、花架、屋顶的水箱及装饰性结构构件。

露台应满足四个条件：一是位置，设置在屋面、地面或雨篷顶，二是可出入，三是有围护设施，四是无盖，这四个条件须同时满足。如果设置在首层并有围护设施的平台，且其上层为同体量阳台，则该平台应视为阳台，按阳台的规则计算建筑面积。

（5）建筑物内的操作平台、上料平台、安装箱和罐体的平台：建筑物内不构成结构层的操作平台、上料平台（包括：工业厂房、搅拌站和料仓等建筑中的设备操作控制平台、上料平台等），其主要作用为室内构筑物或设备服务的独立上人设施，因此不计算建筑面积。如图5.34所示。

（6）勒脚（指在房屋外墙接近地面部位设置的饰面保护构造）、附墙柱（附墙柱指非结构性装饰柱）（如图5.35所示）、垛、台阶、墙面抹灰、装饰面、镶贴块料面层、装饰性幕墙，主体结构外的空调室外机搁板（箱）、构件、配件，挑出宽度在2.10m以下的无柱雨篷和顶盖高度达到或超过两个楼层的无柱雨篷。

（7）窗台与室内地面高差在0.45m以下且结构净高在2.10m以下的凸（飘）窗，窗台与室内地面高差在0.45m及以上的凸（飘）窗（如图5.36所示）。

（8）室外爬梯、室外专用消防钢楼梯（如图5.37所示）：室外钢楼梯需要区分具体用

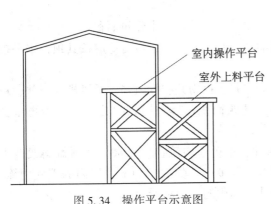

图 5.34 操作平台示意图

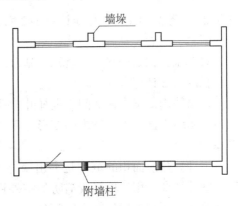

图 5.35 附墙柱、垛示意图

途,如专用于消防楼梯,则不计算建筑面积,如果是建筑物唯一通道,兼用于消防,则需要按本规范的第 3.0.20 条计算建筑面积。

(9)无围护结构的观光电梯。

(10)建筑物以外的地下人防通道,独立的烟囱、烟道、地沟、油(水)罐、气柜、水塔、储油(水)池、储仓、栈桥等构筑物。

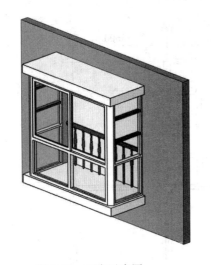

图 5.36 飘窗示意图

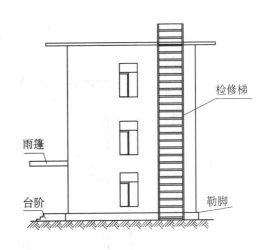

图 5.37 室外检修爬梯

小 结

有围护结构、有永久楼盖房间(含地下室、设计利用的吊脚架空层和深基础架空层、落地橱柜、门斗、挑廊、走廊、檐廊、架空走廊),层高≥2.20m 时建筑面积全算,层高<2.20m 时建筑面积算一半。

建筑物的门厅、大厅按一层计算建筑面积。

坡屋顶内和场馆看台下设计利用空间,净高超过 2.10m 的部位应计算全面积;净高在 1.20m 至 2.10m 的部位应计算 1/2 面积。

阳台、门廊、挑廊、走廊、檐廊、架空走廊等，均计算一半建筑面积。

只有永久顶盖的车棚、货棚、站台、加油站、收费站、场馆看台等应按其顶盖水平投影面积的 1/2 计算。

建筑物内的室内楼梯间、电梯井、观光电梯井、提物井、管道井、通风排水竖井、垃圾道、附墙烟囱、建筑物内的变形缝等包含在建筑面积(外墙外边线)之内，不用再单独考虑。

不计算建筑面积的范围是突出墙外的构件、平台、构筑物、无永久性顶盖的架空走廊、室外楼梯。用于检修或消防的室外钢楼梯(爬梯)、宽度在 2.1m 及以内的无柱雨篷、与建筑物内不相连通的装饰性阳台挑廊、设计不利用的坡顶和看台下。

习 题 5

1. 结合当地实际，思考入户花园、屋顶空中花园如何计算建筑面积？
2. 封闭与不封闭阳台如何计算建筑面积？顶层阳台无顶盖时是否计算建筑面积？
3. 附墙柱是否计算建筑面积？飘窗、空调板是否计算建筑面积？
4. 计算如图 5.38 所示项目的建筑面积(墙厚 240mm)。

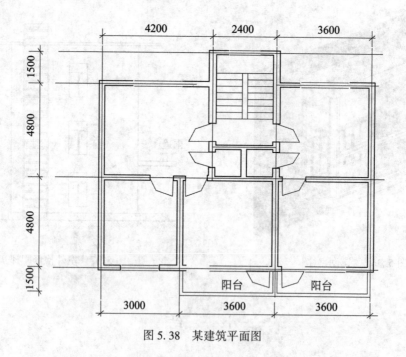

图 5.38 某建筑平面图

学习单元 6　土石方工程列项与计量

6.1　一般规定

6.1.1　主要定额项目

根据不同施工方法(人工、机械)分为:土方工程(挖一般土方,挖沟槽、基坑土方,挖淤泥、流砂)、石方工程(人工凿石、机械打眼爆破石方、挖掘机挖石渣)、土石方运输、平整场地、回填土、支挡土板等。

6.1.2　土石方工程量计算一般规则

应区分不同类别以挖掘前的天然密实体积为准计算。如遇有必须以天然密实体积折算时,可参考表6.1、表6.2所列数值换算。土壤分类见表6.3,岩石分类见表6.4。

挖土一律以设计室外地坪标高为准计算。

表6.1　　　　　　　　　　土方体积折算

天然密实度体积	虚方体积	夯实后体积	松填体积
0.77	1.00	0.67	0.83
1.00	1.30	0.87	1.08
1.15	1.50	1.00	1.25
0.92	1.20	0.80	1.00

注:1. 虚方指未经碾压,堆积时间≤1年的土壤。回填后未经夯实的体积,称为松填体积。

2. 设计密实度超过规定的,填方体积按工程设计要求执行;无设计密实度要求的,编制招标控制价时,填方体积按天然密实度体积计算,结算时应根据实际情况由发包人和承包人双方现场确认土方状态,再按此表系数执行。

表6.2　　　　　　　　　　石方体积折算系数表

石方类别	天然密实度体积	虚方体积	松填体积	码方
石方	1.0	1.54	1.31	
块方	1.0	1.75	1.43	1.67
沙夹石	1.0	1.07	0.94	

注:本表按建设部颁发《爆破工程消耗量定额》GYD-102-2008整理。

表6.3 土壤分类表

土壤分类	土壤名称	开挖方法
一、二类土	粉土、砂土(粉砂、细砂、中砂、粗砂、砾砂)、粉质黏土、弱中盐渍土、软土(淤泥质土、泥炭、泥炭质土)、软塑红黏土、冲填土	用锹,少用镐、条锄开挖。机械能全部直接铲挖满载者
三类土	黏土、碎石土(圆砾、角砾)混合土、可塑红黏土、硬塑红黏土、强盐渍土、素填土、压实填土	主要用镐、条锄,少许用锹开挖。机械需部分刨松方能满载者或可直接铲挖但不能满载者
四类土	碎石土(卵石、碎石、漂石、块石)、坚硬红黏土、超盐渍土、杂填土	全部用镐、条锄挖掘,少许用撬棍挖掘。机械普通刨松方能铲挖满载者

注:1. 本表土的名称及其含义按国家标准《岩土工程勘察规范》GB 50021—2001(2009年版)定义。

2. 干湿土的划分首先以地质勘察资料为准,含水率≥25%为湿土;或以地下常水位为准划分,地下常水位以上为干土,以下为湿土。定额是按干土编制的,如挖湿土时,人工和机械乘系数1.18,干、湿土工程量分别计算;如含水率>40%时,另行计算。采用井点降水的土方应按干土计算。

3. 挖土中遇含碎、砾石体积为31%~50%的密实黏性土或黄土时,按挖四类土相应定额项目基价乘以1.43。碎、砾石含量超过50%时,另行处理。

4. 挖土中因非施工方责任发生塌方时,除一、二类土外,三、四类土壤按降低一级土类别执行,第3条所列土壤按四类土定额项目执行,工程量均以塌方数量为准。

5. 挖密实的钢碴,按相应挖四类土定额项目执行,且人工乘以系数2.5,机械乘以系数1.5。

表6.4 岩石分类表

岩石分类		定性鉴定	岩石单轴饱和抗压强度 Rc(MPa)	代表性岩石
软质岩	极软岩	锤击声哑,无回弹,有较深凹痕,手可捏碎;浸水后,可捏成团	<5	1. 全风化的各种岩石 2. 各种半成岩
	软岩	锤击声哑,无回弹,有凹痕,易击碎;浸水后,可掰开	15~5	1. 强风化的坚硬岩或较硬岩 2. 中等风化-强风化的较软岩 3. 未风化-微风化的页岩、泥岩、泥质岩等
	较软岩	锤击声不清脆,无回弹,较易击碎;浸水后,指甲可刻出印痕	30~15	1. 中等风化-强风化的坚硬岩或较硬岩 2. 未风化-微风化的凝灰岩、千枚岩、泥灰岩、砂质岩等
硬质岩	较硬岩	锤击声较清脆,有轻微回弹,稍震手,较难击碎;浸水后,有轻微吸水反应	60~30	1. 微风化的坚硬岩 2. 未风化-微风化的大理岩、板岩、石灰岩、白云岩、钙质砂岩等
	坚硬岩	锤击声清脆,有回弹,震手,难击碎;浸水后,大多无吸水反应	>60	未风化-微风化的花岗岩、闪长岩、辉绿岩、玄武岩、安山岩、片麻岩、石英岩、石英砂岩、硅质泥岩、硅质石灰岩等

注:本表依据国家标准《工程岩体分级标准》GB50218-94 和《岩土工程勘察规范》GB50021—2001(2009年版)整理。

6.1.3 沟槽、基坑、挖土石方划分(表6.5)

凡图示沟槽底宽≤7m以内,且底长>3倍底宽为沟槽(图6.1)。

凡图示基坑底面积≤150m² 以内,且坑底的长与宽之比≤3 的为基坑(图6.2)。

表6.5 沟槽、基坑、挖土方划分表

项 目 名 称	底 宽	底长:底宽	底面积
挖沟槽	≤7m	>3	—
挖基坑	—	≤3	≤150m²
挖一般土石方(一)	>7m	>3	—
挖一般土石方(二)		≤3	>150m²
挖一般土方(三)	平整场地挖土方厚度>30cm		

 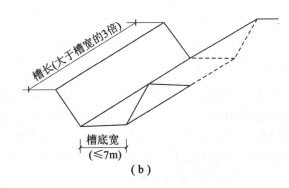

图6.1 基(沟)槽开挖

 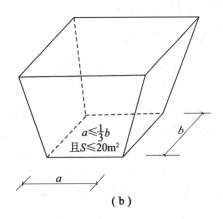

图6.2 基坑开挖

凡超过上述范围则为一般土石方,平整场地挖土方厚度在30cm 以外,也按挖一般土方计算(图6.3)。

人工山坡切土是指室外设计地坪以上，厚度超过30cm的挖土方。

图6.3 挖土方

6.1.4 机械土方

机械挖土方中需人工辅助开挖(包括切边、修整底边)，人工挖土部分按批准的施工组织设计确定的厚度计算工程量，无施工组织设计的，人工挖土厚度按30cm计算。人工挖土部分套用人工挖一般土方相应项目且人工乘以系数1.50。

推土机推土或铲运机铲土土层平均厚度小于30cm时，推土机台班用量乘以系数1.25，铲运机台班用量乘以系数1.17。

挖掘机在垫板上进行作业时，人工、机械乘以系数1.25，定额不包括垫板铺设所需的人工、材料及机械消耗。

6.1.5 其他说明

在支撑下挖土，按实挖体积人工乘以系数1.43，机械乘以系数1.2。先开挖后支撑的不属支撑下挖土。

挖桩间土方时，按实挖体积(扣除桩体所占体积，包括空钻或空挖所形成的未经回填的桩孔所占体积)，人工挖土方乘以系数1.25，机械挖土方乘以系数1.1。

挖土方时需要排除地表水称为施工排水，其费用已在费用定额中考虑，不再另行计算。在地下水位线以下施工而发生的排水称结构排水，其排水费用可按施工组织设计计算，如采用井点降水则套用井点降水的相应子目。

6.2 平整场地

平整场地是指建筑场地(以设计室外地坪为准)±30cm以内挖、填土方及找平(图6.4)。

围墙、挡土墙、窨井、化粪池等都不计算平整场地;场地按竖向布置挖填土方时,不再计算平整场地的工程量。挖、填土厚度超过±30cm时,按场地土方平衡竖向布置图另行计算。

平整场地工作内容包括就地挖、填、找平和场内杂草、树根等的清理,不包括土方的装运。打桩工程只计算一次平整场地。

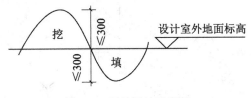

图 6.4 平整场地示意图

原土碾压按图示碾压面积以平方米计算,填土碾压按图示填土体积以立方米计算。

平整场地工程量按建筑物外墙外边线每边各增加 2m,以平方米计算。计算公式推导如图 6.5 所示。

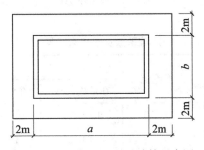

图 6.5 平整场地工程量计算示意图

公式 $S = S_{底} + 2 \times L_{外} + 16$。

上式适用范围如下:

(1) 对矩形和转角处均为 90°的凹凸形建筑平面,除了凹入宽度小于 4m 的凹形平面外,用上式计算平整场地是准确无误的。

(2) 对于转角处均为 90°的回形建筑平面和凹入宽度小于 4m 的转角处均为 90°的凹形平面,上式不适用。

(3) 对于有≠90°转角的建筑平面,用上式计算平整场地是不精确的。

(4) 对于带弧形的建筑平面,用上式计算平整场地是不准确的。

6.3 沟槽、基坑土方

6.3.1 放坡、挡土板、工作面

在场地比较开阔的情况下开挖土方时,可以优先采用放坡的方式保持边坡的稳定。放

坡的坡度以挖土深度 H 与放坡宽度 B 之比表示，即 $H:B$。为便于土方计算，常如图 6.6 所示，坡度通常用 $1:K$ 表示，K 为放坡系数，$K=B/H$，显然，$1:K=H:B$。放坡系数按设计图示尺寸计算，无明确规定时按表 6.6 规定计算。如在同一断面内遇有数类土壤，其放坡系数可按各类土占全部深度的百分比加权计算。综合放坡系数 $K=(k_1h_1+k_2h_2+\cdots+k_nh_n)/(h_1+h_2+\cdots+h_n)$。

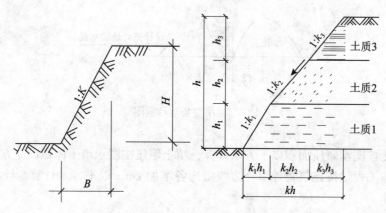

图 6.6　放坡示意图

表 6.6　　　　　　　　　　　放坡系数及起点深度表

土类别	放坡起点(m)	人工挖土	机械挖土		
			在坑内作业	在坑上作业	顺沟槽在坑上作业
一、二类土	1.20	1:0.50	1:0.33	1:0.75	1:0.50
三类土	1.50	1:0.33	1:0.25	1:0.67	1:0.33
四类土	2.00	1:0.25	1:0.10	1:0.33	1:0.25

注：沟槽，基坑中土类别不同时，分别按其放坡起点、放坡系数，依不同土类别厚度加权平均计算。

挖沟槽、基坑需支挡土板时，其宽度按图示沟槽、基坑底宽，单面加 10cm，双面加 20cm 计算。支挡土板后，不得再计算放坡工程量。

工作面是指工人施工操作或支模板所需要增加的开挖断面宽度，与基础材料和施工工序有关。

基础施工需增加的工作面，按施工组织设计规定计算，如无规定，可按表 6.7 与表 6.8 规定计算。

建筑物沟槽、基坑工作面及放坡自垫层下表面开始计算。原槽、坑作基础垫层时，放坡自垫层上表面开始计算。此处主要是考虑垫层直接在槽(坑)内浇灌砼时，不支模板。

管道结构宽：无管座按管道外径计算，有管座按管道基础外缘计算，构筑物按基础外缘计算，如设挡土板、打钢板桩则每侧增加 10cm。

表 6.7　　　　　　　　　　　　　　基础施工所需工作面宽度

基 础 类 别	每边各增加工作面宽度(mm)
砖 基 础	200
浆砌毛石，条石基础	150
混凝土基础垫层支模板	300
混凝土基础支模板	300
基础垂直面做防水层	1000(防水面层)
构筑物(无防潮层)	40
构筑物(有防潮层)	60

表 6.8　　　　　　　　管沟底部每侧工作面宽度表　　　　　　　　单位：cm

管道结构宽(cm)	混凝土管道基础 90°	混凝土管道基础大于 90°	金属管道	塑料管道
50 以内	40	40	30	30
100 以内	50	50	40	40
250 以内	60	50	40	40
250 以外	60	50	40	40

管道沟槽、给排水构筑物沟槽基坑工作面及放坡自垫层下表面开始计算。

6.3.2　挖基槽

1. 工程量计算方法

按地槽的横截面积乘以槽长以 m³ 计算，地槽中内外凸出部分(垛、附墙烟囱)体积并入地槽工程量内计算。纵横交接处产生的重复工程量不扣除(图 6.7)；平行的沟槽因放坡或留工作面而导致相交时，应考虑合并开挖，不宜按挖空气计算。公式：$V_{槽}=S_{断}×L$。

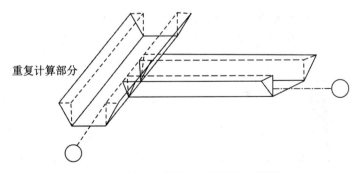

图 6.7　挖土交接处产生的重叠示意图

管道接口作业坑和沿线各种井室所需增加开挖的土方工程量：排水管道按 2.5%；排水箱涵不增加；给水管道按 1.5%计算。

2. 挖基槽槽长 L

外墙按图示中心线长度计算；内墙按图示基槽底面之间净长度计算（图 6.8）。

挖管道沟槽槽长按管道中心线长度计算。

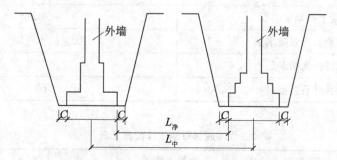

图 6.8　内墙按图示基础底面之间净长度示意图

3. 地槽的横截面面积 $S_{断}$

（1）工作面及放坡自垫层上表面开始（图 6.9）时，$S_{断}=a_1H_1+(a_2+2C+KH_2)H_2$。

（2）垫层上表面留工作面不放坡（图 6.10）时，$S_{断}=a_1H_1+(a_2+2C)H_2$。

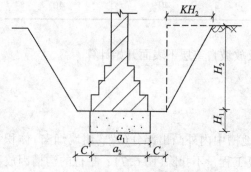 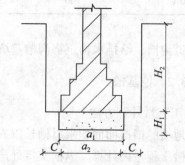

图 6.9　垫层上表面放坡地槽示意图　　　图 6.10　垫层上表面有工作面不放坡地槽示意图

（3）垫层留工作面不放坡（图 6.11）时，$S_{断}=(a+2C)H$。

（4）工作面及放坡自垫层下表面开始时（图 6.12），$S_{断}=(a+2C+KH)H$。

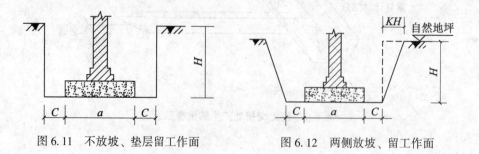

图 6.11　不放坡、垫层留工作面　　　图 6.12　两侧放坡、留工作面

(5)一侧放坡、一侧支挡土板、留工作面时(图6.13)，$S_{断}=(a+0.1+2C+KH/2)H$。
(6)两侧支挡土板、留工作面时(图6.14)，$S_{断}=(a+0.2+2C)H$。
上述公式中：C—工作面宽度(m)；K—放坡系数。

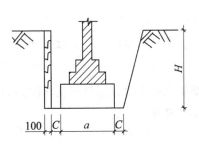

图6.13 一侧放坡一侧支挡土板、留工作面

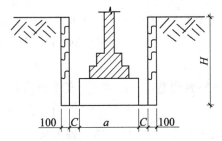

图6.14 两侧支挡土板、留工作面

【例6.1】 计算人工挖沟槽土方(图6.15)。土质类别为二类，垫层C10砼。

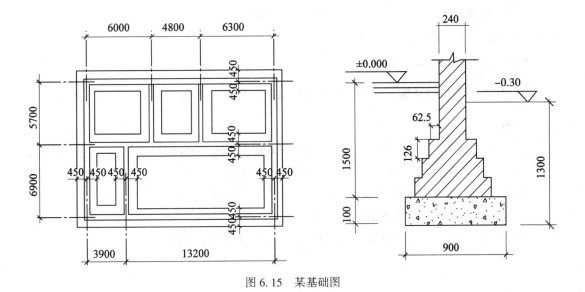

图6.15 某基础图

【解】
(1)分析：按工作面及放坡自垫层下表面开始考虑，开挖深度$H=1.3\text{m}>1.2\text{m}$，达到一、二类土放坡起点深度。一、二类土放坡系数$K=0.5$。基础宽$=0.9\text{m}$，工作面$C=0.3\text{m}$。
(2)沟槽长度计算：
①外墙中心线长$=(3.9+13.2+6.9+5.7)\times 2=59.40\text{m}$。
②内墙基础垫层净长$=(6.9-1.5)+(5.7-1.5)\times 2+(3.9+13.2-1.5)$
$=5.4+4.2\times 2+15.6=29.4\text{m}$；
合计沟槽长度$L=59.4+29.4=88.8\text{m}$。
(3)挖基槽土方量$=(b+2C+KH)\times H\times L$

$$=(0.9+2\times0.3+0.5\times1.3)\times1.3\times88.8$$
$$=248.196\text{m}^3\text{。}$$

6.3.3 挖基坑

6.3.3.1 不放坡、不支挡土板、不留工作面时

(1)长方体：设独立基础底面尺寸为 $a\times b$，基础底面至设计室外标高深度为 H，则
$$V=abH;$$
(2)圆形基坑：设独立基础底面直径为 D，基础底面至设计室外标高深度为 H，则
$$V=\pi D^2H/4 \quad \text{或} \quad V=\pi R^2H\text{。}$$

6.3.3.2 不放坡、不支挡土板、留工作面时

(1)矩形或方形基坑：$V=H(a+2C)(b+2C)$；

(2)圆形基坑、桩孔：$V=\pi(D+2C)^2H/4 \quad$ 或 $V=\pi(R+C)^2H$。

6.3.3.3 不放坡、带挡土板、留工作面时

(1)矩形或方形基坑：$V=H(a+2C+0.2)(b+2C+0.2)$；

(2)圆形基坑、桩孔：$V=\pi(R+C+0.1)^2H$。

6.3.3.4 四面放坡，留工作面时

(1)任意平面形状基坑，四周放坡形成棱台时，公式：$V=\dfrac{1}{3}h(S_\text{上}+\sqrt{S_\text{上}S_\text{下}}+S_\text{下})$。

特例：

①矩形或方形基坑(图 6.16)：$V=h(a+2C+KH)(b+2C+KH)+K^2H^3/3$；

②圆形基坑、桩孔(图 6.17)：$V=\pi h(r^2+R^2+rR)/3$。

上述式中：a—基础垫层底宽度(m)；b—基础垫层底长度(m)；C—工作面宽度(m)；h—挖土深度(m)；K—放坡系数；r—坑底半径(m)；R—坑口半径(m)($R=r+KH$)；D—圆形基坑底直径(m)；$S_\text{上}$—基坑上底面积(m^2)；$S_\text{下}$—基坑下底面积(m^2)。

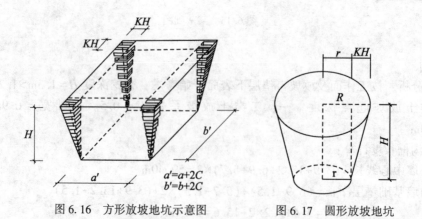

图 6.16 方形放坡地坑示意图　　图 6.17 圆形放坡地坑

(2)矩形或方形基坑，形成截头方锥体(或称梯形体)(图 6.18)时，体积公式：

$$V = \frac{1}{6}h\left(ab + (a+a')(b+b') + a'b'\right),$$

其中:两底为矩形,a'、b'、a、b 分别为上、下底边长,h 为高,图 6.18 中 a_1 为截头棱长。

(3)基坑形成拟棱台时(图 6.19)(棱台、圆台、球台、圆锥、棱柱、圆柱等都是拟棱台的特例),体积公式如下:

$$V \approx \frac{1}{6}h(S_上 + 4S_0 + S_下),$$

其中:上、下底平行,$S_上$ 为上底面积,$S_下$ 为下底面积,S_0 为中截面面积,h 为高。

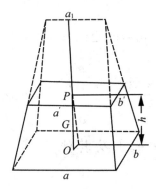

图 6.18 截头方锥体示意图

图 6.19 拟棱台示意图

【**例 6.2**】 某工程人工挖一基坑,混凝土基础长为 1.50m,宽为 1.20m,支模板浇灌,深度为 2.20m,三类土。计算人工挖基坑工程量。

【**解**】 开挖深度 $H=2.2\text{m}>1.5\text{m}$,达到三类土放坡起点深度,土放坡系数 $K=0.33$,工作面 $c=0.3\text{m}$。

算法一:

$V = (1.50+0.30×2+0.33×2.20)×(1.20+0.30×2+0.33×2.20)×2.20+1/3×0.33^2$
$\quad ×2.20^3$
$\quad = 2.826×2.526×2.20+0.3865=16.09(\text{m}^3)$。

算法二:

$S_上 = (1.50+0.30×2+0.33×2.20×2)×(1.20+0.30×2+0.33×2.20×2)=11.551(\text{m}^2)$;
$S_下 = (1.50+0.30×2)×(1.20+0.30×2)=3.78(\text{m}^2)$;
$V = \frac{1}{3}H(S_上+\sqrt{S_上 S_下}+S_下)=16.140(\text{m}^3)$。

两种算法相差值 $=0.05(\text{m}^3)$。

6.3.4 大开挖土方

基础土方大开挖计算方法同基坑。场地竖向挖土方计算方法一般可采用网格法、横断面法。

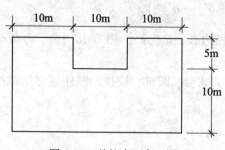

图 6.20 基坑底面布置图

修建机械上下坡的便道土方量并入土方工程量内。机械上、下行驶坡道土方,按施工组织设计计算;无施工组织设计时,可按挖方总量的3%计算,合并在土方工程量内。

【例6.3】 某大基坑底平面尺寸如图6.20所示,坑深5.5m,四边均按1:0.4的坡度放坡,求基坑开挖的土方量。

【解】
由题知,该基坑每侧边坡放坡宽度为:
$5.5×0.4 = 2.2 m$;

坑底面积为:$S_1 = 30×15 - 10×5 = 400 m^2$;

坑口面积为:$S_2 = (30+2×2.2)×(15+2×2.2) - (10-2×2.2)×5 = 639.4 m^2$;

基坑开挖土方量为:

$$V = \frac{H(S_1 + \sqrt{S_1 S_2} + S_2)}{3} = \frac{5.5(400 + \sqrt{400 × 639.4} + 639.4)}{3} = 2832.73 \ m^3。$$

6.4 土石方运输、回填土及其他

6.4.1 回填土

回填土是指建筑基础、垫层以及地下室等设计室外地坪以下需埋置的隐蔽工程完成后,在5米以内的就地取土回填的施工过程,如图6.21~图6.23所示。区分夯填、松填按图示回填体积并按下列规定,以立方米计算:

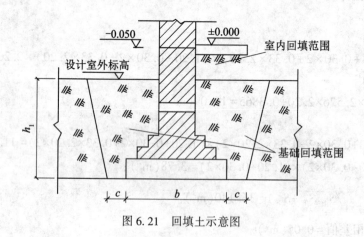

图 6.21 回填土示意图

(1)沟槽、基坑回填土,以挖方体积减去设计室外地坪以下埋设物(包括垫层、基础等)体积计算。

(2)管道沟槽回填,以挖方体积减去管径所占体积计算。管径在200mm以下的不扣除管道所占体积；管径超过 200mm 以上时扣除管道所占体积计算。管道接口作业坑和沿线各种井室所需增加开挖的土方工程量：排水管道按 2.5% 计；排水箱涵不增加；给水管道按 1.5% 计。

(3) 室内回填土，按主墙之间的面积乘以回填土厚度计算。

图 6.22　基础回填实物图

图 6.23　室内回填实物图

场地回填土 V = 挖土方 – 地下基础及垫层体积；
基础回填土 V = 基础挖方量 – 设计室外地面以下埋设物体积；
房心回填土体积 V = 主墙间净面积 × 回填厚度；
式中：回填厚度 = 室内外高差 – 地面构造层(垫层面层等)厚度。
主墙是指结构厚度在 120mm 以上的各类墙体。

6.4.2　土石方运输

6.4.2.1　余土外运

余土外运体积 = 挖土总体积 – 回填土总体积(或按施工组织设计计算)，
式中计算结果为正值时为余土外运体积，负值时为取土体积。

6.4.2.2　土方运距

土石方运距应以挖土重心至填土重心或弃土重心最近距离计算，挖土重心、填土重心、弃土重心按施工组织设计确定。如遇下列情况应增加运距：

(1) 人力及人力车运土、石方上坡坡度在 15% 以上，推土机推土、推石碴，铲运机铲运土重车上坡时，如果坡度大于 5% 时，其运距按坡度区段斜长乘以下列系数(表6.9)计算。

表 6.9　　　　　　　　　　坡度区段运距斜长数

项目	推土机、铲运机				人力及人力车
坡度(%)	5~10	15 以内	20 以内	25 以内	25 以上
系　数	1.75	2.0	2.25	2.50	5

(2)采用人力垂直运输土、石方,垂直深度每米折合水平运距7m计算,即:人力垂直运输折合水平运距=垂直深度×7。

(3)3m³拖式铲运机加27m转向距离,其余型号铲运机加45m转向距离。

【例6.4】 铲运车运土如图6.24所示,计算重车上坡运距。

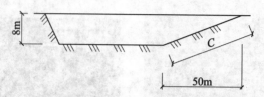

图6.24 某铲运车运土上坡示意图

【解】 坡度系数=8÷50=16%;

$c = \sqrt{8^2 + 50^2} = 50.6$,上坡运距=$c \times 2.25 = 50.6 \times 2.25 = 114$m。

6.4.3 其他

(1)基底钎探按图示基底面积计算。

(2)支挡土板面积按槽、坑单面垂直支撑面积计算。双面支撑亦按单面垂直面积计算,套用双面支挡土板定额,无论连续或断续均按定额执行。

(3)机械拆除混凝土障碍物,按被拆除构件的体积计算。

6.5 综合案例

【例6.5】 某建筑物基础平面及剖面如图6.25所示,已知设计室外地坪以下砖基础体积为15.85m³,砼垫层体积为2.86m³,室内地面厚度180mm,工作面c=300mm,土质为二类土。要求挖出的土堆于现场,回填后余土外运,试对土石方工程相关项目进行列项,并计算各分项工程量。

【解】 本工程完成的与土石方工程相关的施工内容有:平整场地、挖土、原土夯实、回填土、运土。从图中可看出,挖土的槽底宽为0.8+2×0.3=1.4m<7m,槽长大于3倍槽宽,故挖土应执行挖地槽项目,由此,原土打夯项目不再单独列项。本分部工程应列的土石方工程定额项目为:平整场地、挖地槽、基础回填土、房心回填土、运土。

(1)基数计算:

$L_{外}=(3.5 \times 2+0.24+3.3 \times 2+0.24) \times 2 = 28.16$m;

$L_{中}=(3.5 \times 2+3.3 \times 2) \times 2 = 27.2$m;

$L_{内}=3.5-0.24+3.3 \times 2-0.24 = 9.62$m;

$S_1=(3.5 \times 2+0.24) \times (3.3 \times 2+0.24) = 49.52$m²。

(2)平整场地:

$S=S_1+2 \times L_{外}+16 = 49.52+2 \times 28.16+16 = 121.84$m²。

(3)挖地槽:

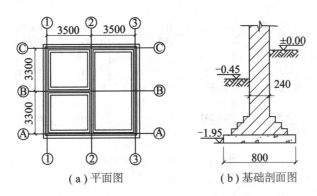

图 6.25 某建筑物基础平面及剖面图

挖槽深度 $H=1.95-0.45=1.5\text{m}>1.2\text{m}$,故需放坡开挖,放坡系数 $K=0.35$,由垫层下表面放坡,则外墙挖槽工程量

$V_1=L_{中}(a+2C+KH)H$。
　　$=27.2\times(0.8+2\times0.3+0.35\times1.5)\times1.5=78.54\text{m}^3$。

内墙挖槽工程量

$V_2=L_{内基}\times(a+2C+KH)H$
　　$=[3.3\times2-(0.4+0.3)\times2+3.5-(0.4+0.3)\times2]\times(0.8+2\times0.3+0.35\times1.5)\times1.5$
　　$=21.08\text{m}^3$。

挖地槽工程量 $V=V_1+V_2=78.54+21.08=99.62\text{m}^3$。

(4)回填土:

基础回填土=挖土体积-室外地坪下埋设的基础垫层体积
　　　　　$=99.62-15.85-2.86=80.91\text{m}^3$。

房心回填土=主墙间净面积×回填土厚度
　　　　　$=[(3.5-0.24)\times(3.3-0.24)\times2+(3.5-0.24)\times(3.3\times2-0.24)]$
　　　　　　$\times(0.45-0.18)$
　　　　　$=10.98\text{m}^3$。

或　房心回填土=$(S_1-L_{中}\times$外墙厚度$-L_{内}\times$内墙厚度$)\times$回填土厚度
　　　　　　　$=(49.52-27.2\times0.24-9.62\times0.24)\times(0.45-0.18)=10.98\text{m}^3$。

回填土工程量 $V_{回}=80.91+10.98=91.89\text{m}^3$。

(5)运土:$V_{运}=V-V_{回}=99.62-91.89\times1.15=-6.05\text{m}^3<0$。

没有余土,应为取土回运土方。

【例 6.6】 某建筑场地的大型土方方格网如图 6.26 所示,图中方格网 $a=20\text{m}$,括号内为设计标高,无括号为地面实测标高,单位 m。试计算施工标高、零线和土方工程量。

【解】 (1)求施工标高。施工标高=地面实测标高-设计标高,如图 6.25(十字左上角数字)所示。

(2)求零线。先求零点,从图 6.25 中可知 1 和 7 为零点,尚需求 8~13、8~9、4~9、5~10 上的零点,如 8~13 线上的零点为

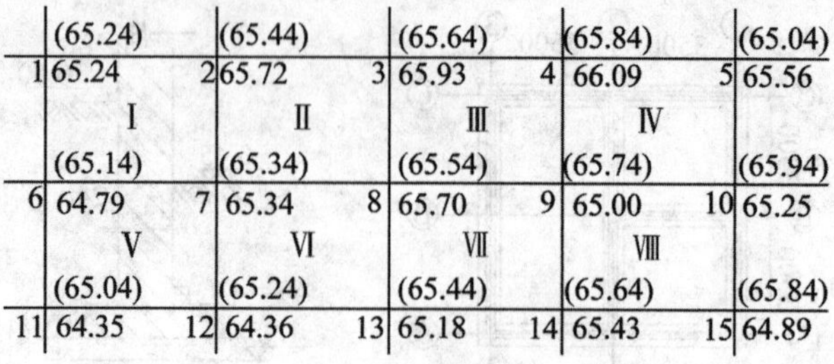

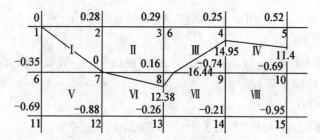

图 6.26 某场地的土方方格网

图 6.27 土方方格网(施工标高、零线)

$$x = \frac{ah_1}{h_1+h_2} = \frac{20 \times 0.16}{0.16+0.26} = 7.62 \text{m}。$$

另一段为 $a-x = 20-7.62 = 12.38$m。

求出零点后,连接各零点所得线即为零线,图上折线为零线,以上为挖方区,以下为填方区。

(3)求土方量。计算见表6.10。

表 6.10　　　　　　　　　　　土方工程量计算表

方格编号	挖方(+)	填方(-)
I	$\frac{1}{2} \times 20 \times 20 \times \frac{0.28}{3} = 18.67 \text{m}^3$	$\frac{1}{2} \times 20 \times 20 \frac{0.35}{3} = 23.33 \text{m}^3$
II	$20 \times 20 \times \frac{0.28+0.29+0.16}{4} = 73.00$	
III	$\left(20 \times 20 - \frac{1}{2} \times 16.44 \times 14.95\right) \times$ $\frac{0.16+0.29+0.25}{5} = 38.8 \text{m}^3$	$\frac{1}{2} \times 16.44 \times 14.95 \times \frac{0.74}{3} = 30.31 \text{m}^3$
IV	$\frac{1}{2} \times (5.05+8.6) \times 20 \times \frac{0.25+0.52}{4} = 26.28 \text{m}^3$	$\frac{1}{2} \times (14.95+11.4) \times 20 \times \frac{0.74+0.69}{4} = 94.20 \text{m}^3$

续表

方格编号	挖方(+)	填方(−)
V		$20\times20\times\dfrac{0.35+0.69+0.88}{4}=192.00\text{m}^3$
VI	$\dfrac{1}{2}\times20\times7.62\times\dfrac{0.16}{3}=4.06\text{m}^3$	$\dfrac{1}{2}\times(12.38+20)\times20\times\dfrac{0.88+0.26}{4}=92.28\text{m}^3$
VII	$\dfrac{1}{2}\times3.56\times7.62\times\dfrac{0.16}{3}=0.72\text{m}^3$	$\left(20\times20-\dfrac{1}{2}\times3.56\times7.62\right)\times\dfrac{0.74+0.21+0.26}{5}=93.52\text{m}^3$
VIII		$20\times20\times\dfrac{0.74+0.69+0.21+0.95}{4}=259.00\text{m}^3$
合计	161.53m³	784.64m³

需回运土方填土 784.64−161.53=623.11m³

小　　结

按图计算的土方体积(挖方、填方体积)，一般不需考虑体积折算问题。

要注意平整场地公式"$S=S_{底}+2\times L_{外}+16$"的适用范围。

关于沟槽、基坑、土方的划分标准，市政工程与建筑工程没有区别。

放坡自垫层上表面开始还是下表面开始，建筑坑槽、管道沟槽、给排水构筑物沟槽基坑工作面及放坡自垫层下表面开始计算。但原槽、坑作基础垫层时，放坡自垫层上表面开始计算。

大型土石方工程施工，为降低劳动强度、加快施工速度，应优先采用机械化作业。

(1)推土机：推土机的主要作用是单独推土、碾压，或配合挖掘机、自卸汽车进行推土。其特点是操作灵活、运转方便，既可做挖土，又可做100m距离内的运土(图6.28)。

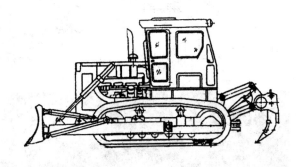

图6.28　推土机

(2)铲运机：铲运机是一种能综合完成全部土方施工工序(挖土、装土、运土、卸土、压实和平土)的机械。按行走方式分为自行式铲运机和拖式铲运机(图6.29、图6.30)。

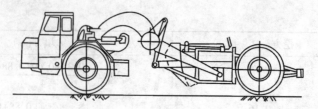

图 6.29 自行式铲运机

图 6.30 拖式铲运机

(3)单斗挖掘机:按工作装置可分为正铲、反铲、拉铲和抓铲等(图 6.31)。

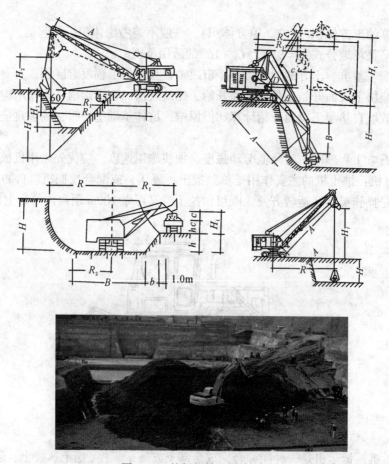

图 6.31 挖掘机挖土示意图

①正铲挖掘机：适用于开挖停机面以上的一~三类土方，工作面高度不小于1.5m的大型土方工程，挖掘力大，装车灵活方便，回转速度快，不适宜含水量大于27%的土方开挖。

②反铲挖掘机：其挖掘能力比正铲小，能挖掘停机面以下的一~二类土，宜用于开挖深度不大于4m的基坑。

习 题 6

1. 某工程如图6.32、图6.33所示，土质为坚土，试计算条形基础土石方工程量，确定定额项目。

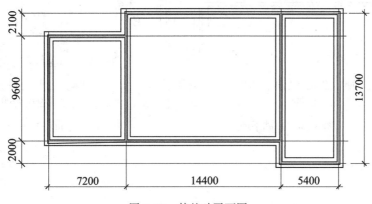

图6.32 某基础平面图

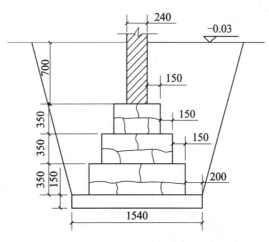

图6.33 某基础大样图(含放坡)

2. 如图6.32~图6.33所示，挖掘机大开挖土方工程，土质为普通土，自卸汽车运土，余土需运至800m处，计算挖运土工程量，确定定额项目。

3. 某厂区铺设混凝土排水管道2000m，管道公称直径800mm，用挖掘机挖沟槽深度

1.5m,土质为坚土,自卸汽车全部运至 1.8km 处,管道铺设后全部用石屑回填。求挖土及回填工程量余土运土。

4. 某工程基础平面图及详图如图 6.34、图 6.35 所示。二类土。试求人工开挖土方的工程量。

5. 某工程基础平面图及详图如图 6.34、图 6.35 所示。土类为混合土质,其中二类土深 1.4m,下面是三类土,常地下水位为 -2.40m。试求人工开挖土方的工程量。

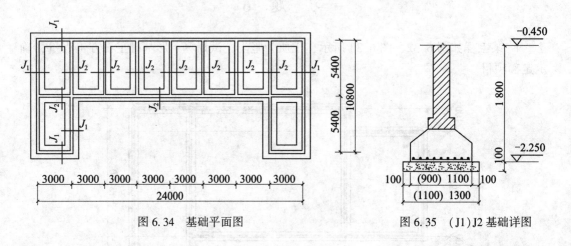

图 6.34 基础平面图　　　　图 6.35 (J1)J2 基础详图

学习单元 7 地基处理、边坡支护与桩基工程

7.1 一般规定

(1)主要定额项目:

地基处理包括:沉管灌注砂石桩(区分锤击、振动)、水泥搅拌桩(喷浆、喷粉、SMW工法桩)、高压旋喷桩(区分钻孔与喷浆)、微型桩(区分维护与承重)。

基坑与边坡支护包括:地下连续墙(导墙、成槽、清底置换、锁扣管吊拔、砼浇捣)、圆木桩、钢板桩(打、拔)、喷射混凝土护坡、锚杆、土钉、大型支撑等。

桩基工程包括:预制钢筋砼方桩(打桩、压桩、接桩)、预应力管桩(打桩、压桩)、钢管桩、凿桩头、灌注桩成孔(区分泥浆护壁、沉管、旋挖)、灌注桩后注浆)、灌注桩砼(区分沉管桩、钻孔桩、旋挖桩、冲孔桩)。

(2)灌注桩中灌注的材料用量,均已包括表 7.1 规定的充盈系数和材料损耗,实际施工中充盈系数与定额规定不同时,可以调整。

表 7.1   定额中灌注桩的充盈系数和材料损耗率表

项 目	充盈系数	损耗率(%)
打孔灌注砂桩	1.15	3.00
打孔灌注砂石桩	1.15	3.00
打孔灌注混凝土桩	1.15	1.50
钻孔灌注混凝土桩	1.15	1.50

注:其中灌注砂石桩除上述充盈系数和损耗率外,还包括级配密实系数 1.334。

灌注桩的充盈系数是指桩实际灌注的材料体积与按桩外径计算的理论体积之比($V_{实}/V_{理论}$)。若充盈系数小于 1,则说明实际灌入混凝土量小于理论计算量,说明桩身质量存在一定的缺陷。

(3)单位工程打桩工程量在表 7.2 规定以内时,其中人工、机械消耗量另按相应定额项目乘以系数 1.25 计算。单独打试桩、锚桩,按相应定额的打桩人工及机械乘以系数 1.5。

表7.2　　　　　　　　　　　桩单位工程工程量调整界限表

桩类	工程量
预制钢筋混凝土方桩	200m³
预应力钢筋混凝土管桩、空心方桩	1000m
沉管灌注混凝土桩、钻孔(旋挖成孔)灌注桩、沉管灌注砂(砂石)桩	150m³
冲孔灌注桩、水泥搅拌桩、高压旋喷桩、微型桩	100m³
钢板桩	50t

(4)在桩间补桩或在地槽(坑)中强夯后的地基上打桩时,按相应定额的打桩人工及机械乘以系数1.15,在室内打桩可另行补充。

(5)预制混凝土桩和灌注桩定额以打垂直桩为准,如打斜桩,斜度在1∶6以内时,按相应定额的人工及机械乘以系数1.25;如斜度大于1∶6,其相应定额的打桩人工及机械乘以系数1.43。

(6)其他:

①定额中金属周转材料包括桩帽、送桩器、桩帽盖、活瓣桩尖、钢管、料斗等属于周转性使用的材料。

②地基处理与桩基施工前场地平整、压实地表、地下障碍处理等,定额均未考虑,发生时另行计算。

③定额未包括送桩后孔洞填孔和隆起土壤的处理费用,如发生另行计算。

④定额未包括施工场地和桩机行驶路面的平整夯实,发生时另行计算。

7.2　地基处理

7.2.1　沉管灌注砂(砂石)桩

(1)单桩体积(包括砂桩、砂石桩)不分沉管方法均按钢管外径截面积(不包括桩箍)乘以设计桩长(不包括预制桩尖)另加加灌长度计算。

砂桩、砂石桩的体积=[设计桩长(不包括预制桩尖)+设计超灌长度]×钢管外径截面积

(2)加灌长度:设计有规定的,按设计要求计算;设计无规定的,按0.5m计算。若按设计规定桩顶标高已达到自然地坪时,不计加灌长度(各类灌注桩均同)。

(3)沉管灌注桩空打部分工程量,按打桩前的自然地坪标高至设计桩顶标高的长度减加灌长度后乘以桩截面积计算。空打部分按定额要求调整相应人工与材料等。

7.2.2　水泥搅拌桩

(1)单、双头深层水泥搅拌桩工程量,按桩长乘以桩径截面积以体积计算,桩长按设计桩顶标高至桩底长度另加0.5m计算;若设计桩顶标高至打桩前的自然地坪标高小于0.5m或已达打桩前的自然地坪标高时,另加长度应按实际长度计算或不计。

(2)SMW工法搅拌桩按桩长乘以设计截面积以体积计算。插、拔型钢工程量按设计

图示型钢重量计算。

(3)单、双头深层水泥搅拌桩,定额已综合了正常施工工艺需要的重复喷浆(粉)和搅拌。空搅部分按相应定额的人工及搅拌桩机台班用量乘以系数 0.5 计算,其他不计。

(4)水泥搅拌桩的水泥掺量按加固土重(1800kg/m³)的 13% 考虑,如设计不同时,按水泥掺量每次增减 1% 定额调整。

7.2.3 高压旋喷桩与微型桩

(1)高压旋喷桩引(钻)孔按自然地坪标高至设计桩底的长度计算,喷浆按设计加固桩截面面积乘以设计桩长计算,不扣除桩与桩之间的搭接。

高压旋喷桩,设计水泥用量与定额不同时,可以调整。

(2)压力注浆微型桩按设计长度乘以桩截面面积以体积计算。

【例 7.1】 某幢别墅工程基底为可塑黏土,不能满足设计承载力要求,采用粉喷桩进行地基处理,布置范围如图 7.1、图 7.2 所示。桩径为 400mm,水泥掺入比为 15%,上部 2m 复搅复拌(水泥掺入比为 5%),设计桩长为 10m,桩端进入硬塑黏土层不少于 1.5m,桩顶在地面以下 1.5m,桩顶采用 200mm 厚人工级配砂石(砂:碎石 = 3:7,最大粒径 30mm)褥垫层。试计算该工程粉喷桩及褥垫层工程量。

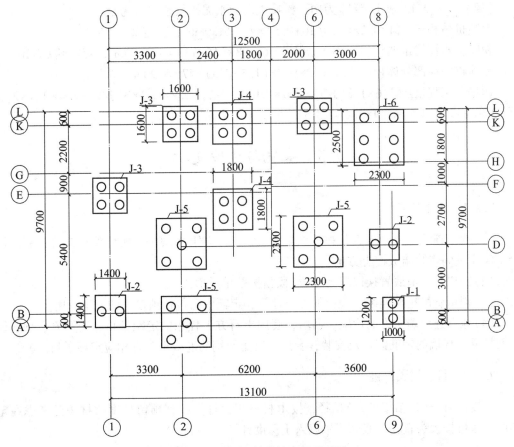

图 7.1 某别墅粉喷桩布置平面图

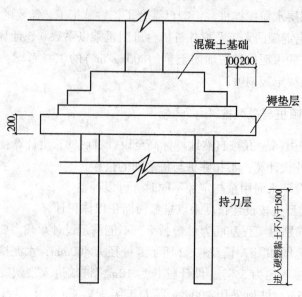

图 7.2 某别墅粉喷桩详图

【解】 以《2013 湖北定额》为例。粉喷桩定额水泥掺量按 13% 考虑。

粉喷桩体积 = 3.14×0.2×0.2×(10+0.5)×47 = 61.98m³，套定额 G2-9，

粉喷桩水泥掺量调整（每 1%）工程量 = 61.98×(15-13) = 123.96m³，套定额 G2-10，

粉喷桩空搅部分体积 = 3.14×0.2×0.2×(1.5-0.5)×47 = 5.90m³，

褥垫层工程量 = (1.6×1.8[J-1]+2.0×2.0×2[J-2]+2.2×2.2×3[J-3]+2.4×2.4×2[J-4]+2.9×2.9×3[J-5]+2.9×3.1×1[J-5])×0.2 = 14.23m³。

7.3 基坑与边坡支护

7.3.1 地下连续墙

(1)地下连续墙成槽土方量按连续墙设计长度、宽度和槽深(加超深 0.5m)计算。混凝土浇注量同连续墙成槽土方量。

(2)锁口管及清底置换以段为单位(段指槽壁单元槽段)。

(3)锁口管吊拔按连续墙段数加 1 段计算，定额中已包括锁口管的摊销费用。

(4)地下连续墙土方的运输、回填，套用土石方工程相应定额子目；钢筋笼、钢筋网片及护壁、导墙的钢筋制作及安装，套用混凝土及钢筋混凝土工程相应定额子目。

7.3.2 打、拔圆木桩

按设计桩长(包括接桩)及梢径，按木材材积表计算，其预留长度的材积已考虑在定额内。送桩按大头直径的截面积乘以入土深度计算。

7.3.3 钢板桩

(1)打、拔槽型钢板桩工程量按设计图示槽型桩钢板桩的重量计算。凡打断、打弯的桩,均需拔除重打,但不重复计算工程量。

打、拔槽型钢板桩定额仅考虑打拔费用,槽型钢板桩使用费另行计算。槽型钢板桩若为施工企业自有形式的定额按十年摊销考虑,使用费标准 8 元/(t·天),使用费=槽型钢板桩定额使用量×使用天数×使用费标准。

(2)打、拔拉森钢板桩(SP-Ⅳ型)按设计桩长计算。

7.3.4 锚杆(土钉)支护

(1)锚杆(土钉)的钻孔、灌浆按设计图示以延长米计算。锚杆(土钉)另套用混凝土及钢筋混凝土工程相应定额子目。如图 7.3 所示。

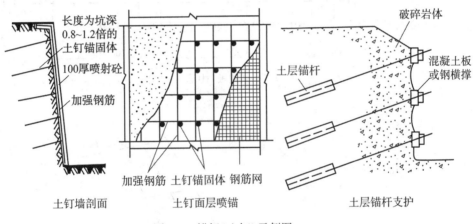

图 7.3 锚杆(土钉)示例图

(2)喷射混凝土护坡(图 7.4)。按设计图示尺寸以面积计算。喷射混凝土护坡中的钢筋网片制作、安装,套用混凝土及钢筋混凝土工程中相应定额子目。

图 7.4 铺钢筋网、喷射混凝土施工图

【例 7.2】 某边坡工程采用土钉支护,根据岩土工程勘测报告,地层为带块石的碎石土,土钉成孔直径为 90mm,采用 1 根 HRB335,直径为 25 的钢筋作为杆体,成孔深度均为 10.0m,土钉入射倾角为 15 度,杆筋送入钻孔后,灌注 M30 水泥砂浆。混凝土面板采用 C20 喷射混凝土,厚度为 120mm,如图 7.5、图 7.6 所示。试计算土钉及喷射混凝土工程量(不考虑挂网及锚杆、喷射平台等内容)。

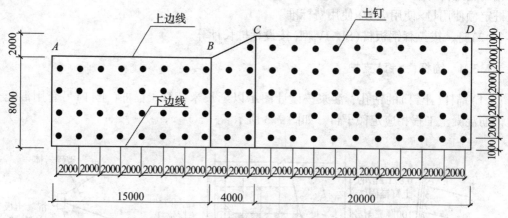

图 7.5 某边坡 AD 段立面图

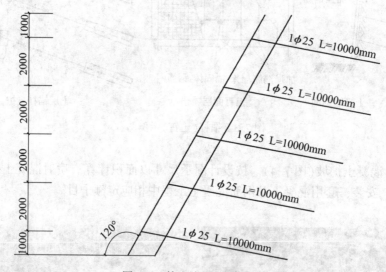

图 7.6 某边坡 AD 段剖面图

【解】 土钉工程量 = 91×10 = 910m;

$$喷射混凝土工程量 = 8 \div \sin\frac{\pi}{3} \times 15[AB 段] + (10+8) \div 2 \div \sin\frac{\pi}{3} \times 4[BC 段]$$

$$+ 10 \div \sin\frac{\pi}{3} \times 20[CD 段]$$

$$= 138.56 + 41.57 + 230.94 = 411.07 \text{m}^2。$$

7.4 预制桩

7.4.1 打(压)预制钢筋混凝土桩

(1)打(压)预制钢筋混凝土方桩按设计桩长(包括桩尖,不扣除桩尖虚体积)乘以桩截面面积计算。预制方桩如图7.7所示。

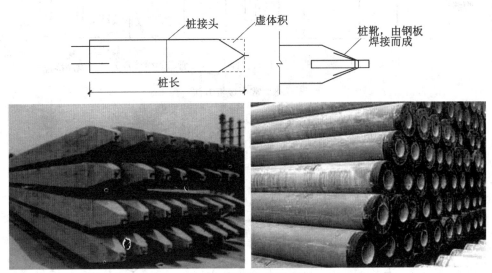

图7.7 预制方桩示意图

(2)打(压)预应力混凝土管桩按设计桩长(不包括桩尖)以延长米计算。管桩如图7.5所示。

(3)打(压)方桩、管桩,定额按外购成品构件考虑(成品价含混凝土、钢筋、模板及运输费用),且已包含了场内必需的就位供桩,不再另外计算场内运输。

(4)管桩中设计要求设置的钢骨架、钢托板分别按混凝土及钢筋混凝土工程中的桩钢筋笼和预埋铁件相应定额执行。

(5)打(压)预应力混凝土空心方桩,按打(压)预应力混凝土管桩相应定额执行。

7.4.2 送桩

打(压)桩桩架操作平台一般高于自然地面(设计室外地面)0.5m左右,为了将预制桩沉入自然地面以下一定深度的标高,必须用一节短桩压在桩顶上将其送入所需要的深度。

(1)预制钢筋混凝土方桩送桩:按桩截面面积乘以送桩长度计算。

(2)预应力混凝土管桩送桩按送桩长度以延长米计算。

(3)送桩长度按设计桩顶标高至打桩前的自然地坪标高另加0.5m计算。

7.4.3 接桩

常用接桩方法(图7.8)有焊接、法兰连接或硫磺胶泥锚接等。前二种方法适用于各类土层,后一种适用于软土层。焊接接桩:钢板宜用低碳钢,焊条宜用E43,先四角点焊固定，再对称焊接；法兰接桩：钢板和螺栓亦宜用低碳钢并紧固牢靠；硫磺胶泥锚接桩的硫磺胶泥配合比应通过试验确定。

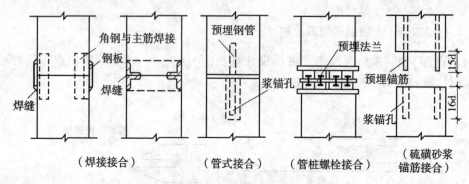

图 7.8　常用接桩方法

电焊接桩按设计图示以角钢或钢板的重量计算，如图 7.9 所示。打(压)预应力混凝

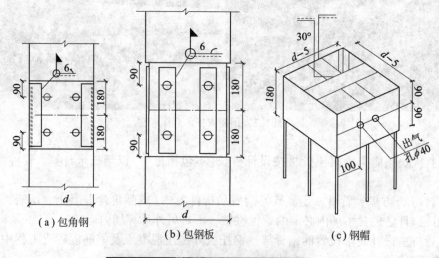

(d) 电焊钢板接头现场

图 7.9　电焊接头示意图

土管桩,定额已包括接桩费用,接桩不再计算。

电焊接头就是用角钢或钢板将上、下两节桩头的预埋钢帽对齐固定后用电焊焊牢。电焊接头定额分为包角钢和包钢板两种形式。

【例 7.3】 某工程需用如图 7.10(a)所示预制 C40 钢筋混凝土方桩 200 根,如图 7.10(b)所示预应力混凝土管桩 150 根。每根桩长 6m,若将桩全部送入地下 3.5m,包钢板焊接接桩(每个接桩钢板重 55kg),计算该工程桩基的工程量。

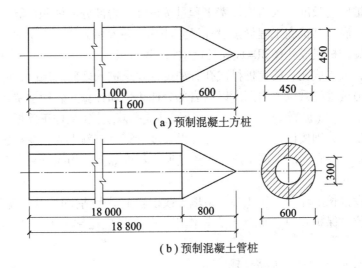

图 7.10 预制钢筋混凝土桩示意图

【解】 (1)方桩单根工程量:$V=(11+0.6)\times 0.45\times 0.45=2.35\text{m}^3$;

打桩工程量:$V_{打}=V\times$桩数$=2.35\times 200=470\text{m}^3$;

接桩工程量:$1\times 55\times 200\div 1000=11\text{t}$;

送桩工程量:$V_{送}=$桩截面面积×送桩长度×送桩数量

$\qquad =0.45\times 0.45\times(3.5+0.5)\times 200=162\text{m}^3$。

(2)管桩单根工程量:$V=18\text{m}$;

打桩工程量:$V_{打}=18\times 200=3600\text{m}$;

送桩工程量:$V_{送}=$送桩长度×送桩数量$=(3.5+0.5)\times 200=800\text{m}$。

7.4.4 其他

(1)钢管桩按成品桩考虑,以重量计算。钢管桩按电焊接桩以个计算。

(2)桩头钢筋截断、凿桩头:

①桩头钢筋截断按桩头根数计算。

②机械截断管桩桩头按管桩根数计算。

③凿桩顶混凝土按桩截面积乘以凿断的桩头长度以体积计算。

7.5 现场灌注桩

7.5.1 灌注桩成孔

1. 钻孔桩、旋挖桩机成孔灌筑桩

成孔工程量按成孔长度乘以设计桩径截面积以体积计算。成孔长度为打桩前的自然地坪标高至设计桩底的长度。入岩增加费工程量按设计入岩部分的体积计算,竣工时按实调整。设计要求扩底,其扩底工程量按设计尺寸计算,并入相应的工程量内。

钻孔桩、旋挖桩机成孔体积=成孔长度×桩径截面积。

转盘式钻孔桩机成孔、旋挖桩机成孔,如设计要求进入硬质岩层时,除按相应规则计算工程量外,另按桩径乘以入岩深度以入岩部分体积增加计算入岩增加费。

2. 冲孔桩机冲击(抓)锤冲孔灌筑桩、回转钻成孔灌筑桩(又称正反循环成孔灌筑桩)

钻孔工程量,分别按设计入土深度计算以长度计算,定额中的孔深指护筒至桩底的深度,成孔定额中同一孔内的不同土质,不论其所在深度如何,均执行总孔深定额。

3. 钢护筒

钢护筒埋设按长度计算。灌注桩在杂填土或松软土层中钻孔时,应在桩位处时埋设钢护筒,以起定位、保护孔口、维持水头等作用。其内径应比钻头大100mm,埋入土中不少于1m。

4. 泥浆池建造和拆除、泥浆运输

钻孔桩、冲孔桩、回旋钻成孔桩的泥浆池建造和拆除、泥浆运输工程量,按成孔工程量以体积计算。泥浆制作,定额按普通泥浆考虑。

5. 沉管灌注桩

沉管工程量不分沉管方法均按钢管外径截面积(不包括桩箍)乘以沉管深度以体积计算。沉管深度为打桩前的自然地坪标高至设计桩底标高(不包括预制桩尖)的长度计算。

沉管工程量=沉管深度×钢管管箍外径截面积。

夯扩桩,是在普通锤击沉管灌筑桩的基础上加以改进发展起来的一种新型桩,夯扩(单桩体积)桩工程量=桩管外径截面积×(夯扩或扩头部分高度+设计桩长+加灌长度),式中夯扩或扩头部分高度按设计规定计算。

6. 桩孔回填土工程量

按加灌长度顶面至打桩前自然地坪标高的长度乘以桩孔截面积计算。桩孔空钻部分的回填,可根据施工组织设计要求套用相应定额,填土按土方工程松填土方定额计算。

7. 注浆管、声测管工程量

按打桩前的自然地坪标高至设计桩底标高的长度另加0.2m计算。注浆管埋设定额按桩底注浆考虑,如设计采用侧向注浆,则人工和机械乘以系数1.2。

8. 桩底(侧)后注浆工程量

按设计注入水泥用量计算。

定额中不包括在钻孔中遇到障碍必须清除的工作,发生时另行计算。

7.5.2 灌注桩混凝土

1. 钻孔桩、旋挖桩、冲孔桩混凝土工程量

按设计桩长(含桩尖)增加1.0m乘以设计断面以体积计算。

钻孔桩、旋挖桩、冲孔桩混凝土=[设计长度(含桩尖)+超灌长度1.0]×桩设计断面面积。

2. 沉管灌注桩混凝土工程量

按钢管外径截面积(不包括桩箍)乘以设计桩长(不包括预制桩尖)另加加灌长度计算。

加灌长度：设计有规定的，按设计要求计算；设计无规定的，按0.5m计算。若按设计规定桩顶标高已达到自然地坪时，不计加灌长度(各类灌注桩均同)。

沉管灌注桩混凝土=[设计长度(自桩尖顶面至设计桩顶面高度)+超灌长度0.5]×钢管管箍外径截面面积。

3. 使用预制混凝土桩尖的打孔灌注混凝土桩

桩尖按钢筋混凝土分部的有关规定计算体积。预制混凝土桩尖如图7.11所示。

图7.11 预制混凝土桩尖

7.5.3 人工挖孔灌柱桩

砼护壁人工挖孔灌柱定额合并了挖土、护壁和桩芯。

红砖护壁人工挖孔灌柱桩：挖土、砌红砖护壁为一个定额，砼桩芯为另一个定额。

挖孔桩的钢筋制安、入岩增加费，另外单列项目计算。

其中的人工挖土均包括提土、运土于50m以内，排水沟修造、修正桩底、施工排水、吹风、坑内照明、安全设施搭拆等工作内容。

1. 砼护壁+桩芯

按桩芯加砼护壁的截面积乘挖孔深度(等于设计砼护壁和桩芯共有长度)计算。设计桩身为分段圆台体时，按分段圆台体体积之和，再加上桩头扩大体积计算(图7.12)。出现空段部分另行计算。

圆台体体积 $V = \dfrac{1}{3}\pi H(R^2 + r^2 + R \cdot r)$；

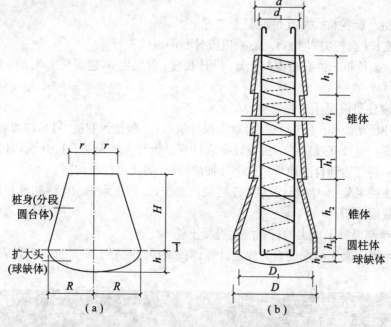

图 7.12 人工挖孔桩计算示意图

球缺体体积 $V=\frac{1}{6}\pi h(3R^2+h^2)$。

2. 红砖护壁(不含桩芯)

红砖护壁工程量按桩芯加红砖护壁的截面积乘挖孔深度(等于挖土体积)计算。

3. 砼桩芯(不含红砖护壁)

按砼桩芯截面积乘桩芯深度计算。

4. 人工挖孔桩中的砼护壁及砼桩芯的砼强度等级、种类

这几项与定额所示不同时,可以换算。

5. 人工挖孔桩入岩增加费

按设计入岩部分体积计算。孔深和设计深度包括入岩深度。

【例 7.4】 某工程采用排桩进行基坑支护,排桩采用旋挖钻孔灌注桩进行施工。场地地面标高为 495.50~496.10,旋挖桩桩径为 1000mm,桩长为 20m,采用水下商品混凝土 C30,桩顶标高为 493.50,桩数为 206 根,超灌高度不小于 1m。根据地质情况,采用 5mm 厚钢护筒,护筒长度不少于 3m。根据地质资料和设计情况,一、二类土约占 25%,三类土约占 20%,四类土约占 55%。试列出该排桩相关工程量。

【解】 场地地面标高为 495.50~496.10,平均取 495.8,则灌注桩成孔长度 = (495.8-493.50)+20=22.3m。

旋挖钻孔灌注桩成孔工程量 = (22.3+0.25)×3.14×0.5×0.5×206 = 3646.56m³;

旋挖灌注桩砼工程量 = (20+1)×3.14×0.5×0.5×206 = 3395.91m³;

截(凿)桩头工程量 = 1×3.14×0.5×0.5×206 = 161.71m³。

小　　结

预制钢筋砼方桩工程量按体积(包括桩尖长度)计算,预应力钢筋砼管桩工程量按长度(不包括桩尖长度)计算。打(压)方桩、管桩,定额按外购成品构件考虑,且已包含了场内必需的就位供桩,不再另外计算场内运输。管桩不计算接桩和场内运输。

灌注桩的钢筋笼另行计算。

沉管灌注桩(砂、砂石、砼)计算长度均不含桩尖,且要考虑0.5m的超灌长度。其他砼灌注桩的砼计算长度均含桩尖,考虑1.0m的超灌长度。砼灌注桩需单独计算成孔工程量。

人工挖孔桩设计桩身为分段圆台体时,按分段圆台体体积之和,再加上桩头扩大体积计算。砼护壁的挖孔桩综合挖土、护壁、桩芯为一项;砖护壁的挖孔桩综合挖土、护壁为一项,桩芯为一项。

习　　题　7

1. 某工程用截面400mm×400mm、长12m预制钢筋砼方桩280根,设计桩长24m(包括桩尖),采用轨道式柴油打桩机,土壤级别为一级土,采用包钢板焊接接桩,已知桩顶标高为-4.1m,室外设计地面标高为-0.30m,试计算桩基础的工程量。

2. 某桩基础工程,一级土,设计为预制方桩300mm×300mm,每根工程桩长18m(6+6+6),共200根。桩顶标高为-2.15m,设计室外地面标高为-0.60m,柴油打桩机施工,硫磺胶泥接头。计算场内运方桩、打桩、接桩及送桩工程量。

3. 某工程钻孔桩(图7.13)100根,设计桩径为60cm,设计桩长平均为25m,按设计要求需入微风化岩0.5m,桩顶标高为-2.5m,施工场地标高为-0.5m。泥浆运输距离为3km。混凝土为C25。计算桩基础工程量。

4. 某工程使用静压预应力管桩220根,平均桩长20m,桩径为φ400,钢桩尖每个重35kg。按设计要求桩需进入强风化岩0.5m。土壤级别综合类。计算桩基础工程量。

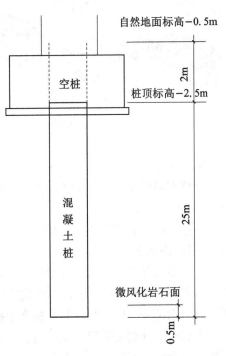

图7.13　某桩基示意图

学习单元 8 砌 筑 工 程

8.1 墙体工程量

8.1.1 计算规则

墙体按体积以立方米计算。多孔砖墙、空心砖墙(图 8.1)和空心砌块墙(图 8.2)不扣除其本身孔、空心部分体积。砌块墙中按设计规定需要镶嵌砖砌体部分,已包括在定额内,不另计算。

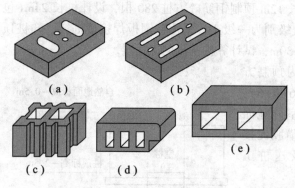

图 8.1 黏土空心砖示意图

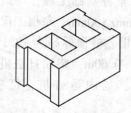

图 8.2 混凝土小型空心砌块示意图

填充墙按设计图示尺寸以填充墙外形体积计算。其中实砌部分已包括在定额内,不另计算。填充墙以填炉渣、炉渣混凝土为准,如实际使用材料与定额不同时允许换算,其他不变。

空花墙按空花部分外形体积以立方米计算,空花部分不予扣除,其中实砌体部分体积另行计算(图 8.3)。

空斗墙按外形尺寸以立方米计算,墙角、内外墙交接处、门窗洞口立边、窗台砖及屋檐处的实砌部分(图 8.4)已包括在定额内,不另行计算。但窗间墙、窗台下、楼板下、梁头下等实砌部分,应另行计算,按零星砌体定额项目列项。

围墙以设计长度乘以高度按面积计算。高度以设计室外地坪至围墙顶面计算,围墙顶面按如下规定:有砖压顶算至压顶顶面;无压顶算至围墙顶面;其他材料压顶算至压顶底面。围墙定额中已综合了柱、压顶、砖拱等因素,不另计算。围墙按实心砖砌体编制,如砌空花、空斗等其他砌体围墙,可分别按墙身、压顶、砖柱等套用相应定额。

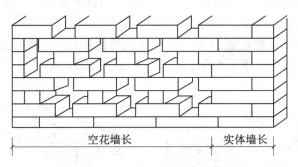

图 8.3 空花墙与实体墙划分示意图

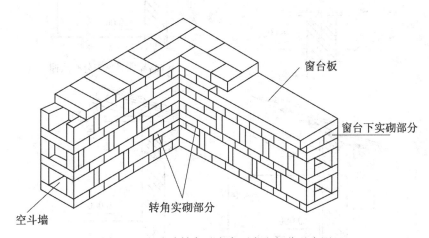

图 8.4 空斗墙转角及窗台下实砌部分示意图

砖砌体均包括了原浆勾缝用工，加浆勾缝时，另按相应定额计算。单面清水砖墙(含弧形砖墙)按相应的混水砖墙定额执行，人工乘以系数 1.15。砖砌圆弧形空花、空心砖墙及圆弧形砌块砌体墙按直形墙相应定额项目人工乘以系数 1.10。

8.1.2 计算公式

墙体工程量=(墙体的长度×墙体的高度-门窗洞口所占的面积)×墙体的厚度-嵌入墙身柱、梁所占体积。

框架间砌体，以框架间的净空面积乘以墙厚计算。

1. 墙的长度

外墙长度按外墙中心线长度计算；

内墙长度按内墙净长线计算。

2. 墙身高度计算

(1)外墙墙身高度：斜(坡)屋面无檐口天棚者算至屋面板底；有屋架，且室内外均有天棚者，算至屋架下弦底面另加 200mm；无天棚者算至屋架下弦底加 300mm，出檐宽度超过 600mm 时，应按实砌高度计算；平屋面算至钢筋混凝土板面。如图 8.5 所示。

(2)内墙墙身高度：位于屋架下弦者，其高度算至屋架下弦底；无屋架者算至天棚底另加 100mm；有钢筋混凝土楼板隔层者算至板面；有框架梁时算至梁底面。

(3) 内、外山墙墙身高度：按其平均高度计算。

(4) 女儿墙高度：从屋面板上表面算至女儿墙顶面（如有混凝土压顶时算至压顶下面），然后分别按不同墙厚并入外墙计算。

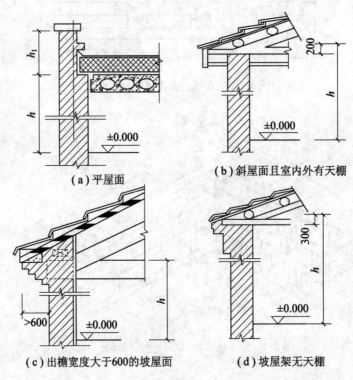

图 8.5 不同情况下的外墙高度

3. 砌体厚度

标准砖（混凝土实心砖、蒸压灰砂砖等）以 240mm×115mm×53mm 为准，其砌体计算厚度，按表 8.1 计算。使用非标准砖时，其砌体厚度应按砖实际规格和设计厚度计算。

表 8.1　　　　　　　　　　标准砖砌体计算厚度

砖数厚度	1/4	1/2	3/4	1.00	1.5	2	2.5	3
计算厚度(mm)	53	115	180	240	365	490	615	740

4. 扣减与增加的相关规定

应扣除：门窗洞口、过人洞、空圈、嵌入墙身的钢筋混凝土柱、梁（包括过梁、圈梁、挑梁）、砖平（弧）拱、钢筋砖过梁和凹进墙内的壁龛、管槽、暖气槽、消火栓箱所占体积。

不扣除：梁头、内外墙板头（图 8.6）、檩头、垫木、木楞头、沿椽木、木砖、门窗走头(图 8.7)、砖墙内的加固钢筋、木筋、铁件、钢管及单个面积在 $0.3m^2$ 以内的孔洞等所占的体积。

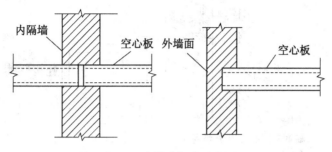

图 8.6　内外墙板头示意图

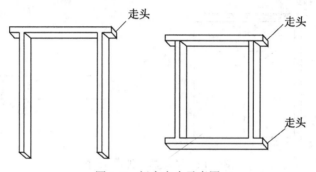

图 8.7　门窗走头示意图

不增加：突出墙面的窗台虎头砖(图 8.8)、压顶线(图 8.9)、山墙泛水(图 8.10)、烟囱根(图 8.11)、门窗套(图 8.12)及三块砖以内的腰线和挑檐等体积(图 8.13 和图 8.14)。

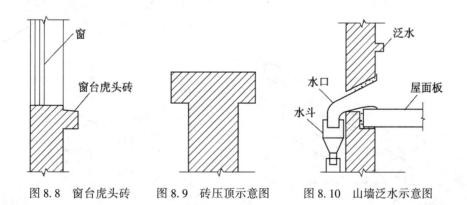

图 8.8　窗台虎头砖　　图 8.9　砖压顶示意图　　图 8.10　山墙泛水示意图

增加：附墙砖垛、三块砖以上的腰线和挑檐等体积。附墙烟囱(包括附墙通风道、垃圾道)按其外形体积计算，并入所依附的墙体积内，不扣除单个孔洞横截面在 $0.1m^2$ 以内的体积，但孔洞内的抹灰工程量亦不增加。

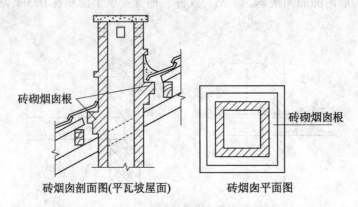

图 8.11　砖烟囱平面剖面示意图

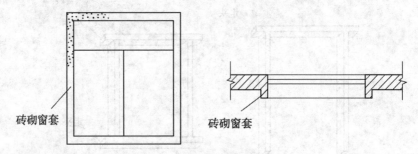

图 8.12　窗套立面剖面示意图

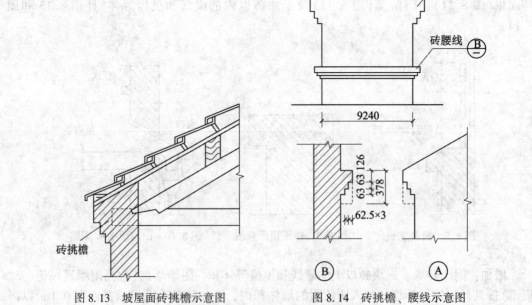

图 8.13　坡屋面砖挑檐示意图　　　　图 8.14　砖挑檐、腰线示意图

5. 基础与墙(柱)身的划分：

(1)基础与墙(柱)身使用同一种材料时，以设计室内地面为界(有地下室者，以地下室室内设计地面为界)，以下为基础，以上为墙(柱)身。如图 8.15 所示。

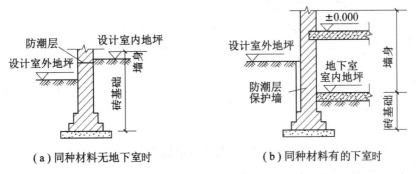

图 8.15　同一种材料基础与墙身的划分

(2)基础与墙身使用不同材料时，位于设计室内地面±300mm 以内时，以不同材料为分界线，超过±300mm 时，以设计室内地面为分界线。如图 8.16 所示。

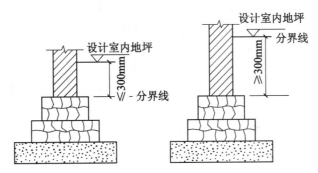

图 8.16　不同材料基础与墙身的划分

(3)砖、石围墙，以设计室外地坪为界，以下为基础，以上为墙身。

8.2　砖基础工程量

砖基础工程量按体积以立方米计算。
条形基础的工程量＝基础断面积×基础的长度。
基础长度：外墙基础按外墙中心线长度计算；
　　　　　内墙基础按内墙基础墙净长计算。
不予扣除：基础大放脚T形接头处的重叠部分(图 8.17)以及嵌入基础的钢筋、铁件、管道、基础防潮层及单个面积在 0.3m² 以内孔洞所占体积。
不增加：靠墙暖气沟的挑砖。
增加：附墙垛基础宽出部分(图 8.18)体积。

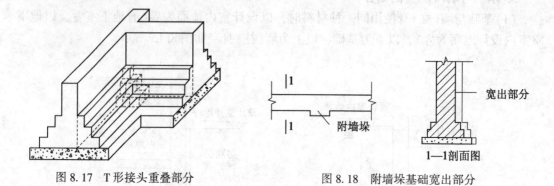

图 8.17　T形接头重叠部分　　　　图 8.18　附墙垛基础宽出部分

基础断面积=基础墙墙厚×基础高度+大放脚增加面积。
大放脚增加面积(图 8.19)可查表 8.2。

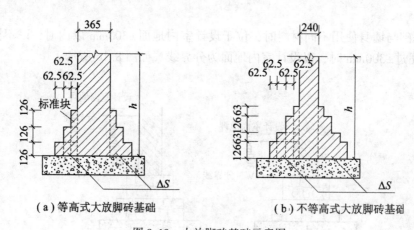

(a) 等高式大放脚砖基础　　　　(b) 不等高式大放脚砖基础

图 8.19　大放脚砖基础示意图

表 8.2　　　　　等高、不等高砖基础大放脚增加断面积表

放脚层数	增加断面(m²)	
	等高	不等高
一	0.0158	0.0158
二	0.0473	0.0394
三	0.0945	0.0788
四	0.1575	0.1260
五	0.2363	0.1890
六	0.3308	0.2599
七	0.4410	0.3465
八	0.5670	0.4411
九	0.7088	0.5513
十	0.8663	0.6694

8.3 其他构件工程量

1. 砖柱

砖柱按实砌体积以立方米计算，柱基套用相应基础项目。清水方砖柱按混水方砖柱定额执行，人工乘以系数 1.06。

2. 砖平碹、钢筋砖过梁

按图示尺寸以立方米计算。如设计无规定时，砖平碹(图 8.20)按门窗洞口宽度两端共加 100mm 乘以高度(门窗洞口宽小于 1500mm 时，高度为 240mm，洞口宽大于 1500mm 时，高度为 365mm)计算；砖弧碹(图 8.21)长度按弧形中心线计算，高度取定同砖平碹。钢筋砖过梁(图 8.22)按门窗洞口宽度两端共加 500mm，高度按 440mm 计算。钢筋砖过梁定额子目中已包含钢筋，含量不同可调整。

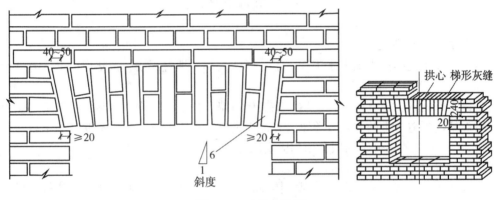

图 8.20 砖平碹示例

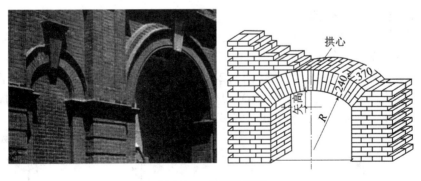

图 8.21 砖弧碹示例

砖平碹工程量=(门窗洞口宽度+100mm)×高度×厚度；
砖弧碹工程量=弧碹中心线长×高度×厚度；
钢筋砖过梁工程量=(门窗洞口宽度+500mm)×440mm×厚度。

3. 砖砌台阶

按水平投影面积计算(不含梯带或台阶挡墙，也称牵边)。最上层台阶踏步外沿向平台内 300mm 为平台与台阶的分界。

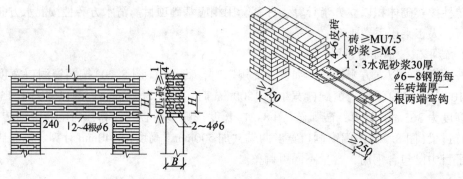

图 8.22 钢筋砖过梁示例

4. 检查井、化粪池

适用建设场地范围内上下水工程。不分形状大小、埋置深浅、按垫层以上实有外形体积计算。

定额工作内容：土方挖、运、填、垫层板、墙、顶盖、粉刷及刷热沥青等全部工料在内。不包括池顶盖板上的井盖及盖座、井池内进排水套管、支架及钢筋铁件的工料。化粪池容积 50m³ 以上的，分别列项套用相应定额计算。

5. 砖砌锅台、炉灶

不分大小，均按图示外形尺寸以实体体积计算，扣除各种空洞的体积。执行零星砌体定额。锅台一般指大食堂、餐厅里用的锅灶；炉灶一般指住宅里每户用的灶台。

6. 地垄墙

按实砌体积套用砖基础定额。

砖砌挡土墙按实砌体积计算，两砖以上执行砖基础定额，两砖以内执行砖墙定额。

砖水箱内外壁，区分不同壁厚执行相应的砖墙定额。

7. 厕所蹲台(图 8.23)、水槽腿(图 8.24)、煤箱、暗沟、台阶挡墙或梯带(图 8.25)、花台、花池及支撑地楞的砖墩(图 8.26)，房上烟囱及毛石墙的门窗立边、窗台虎头砖

按实砌体积，以立方米计算，执行零星砌体定额。

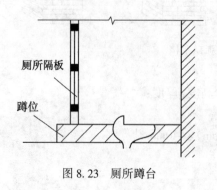

图 8.23 厕所蹲台

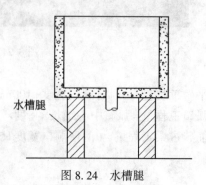

图 8.24 水槽腿

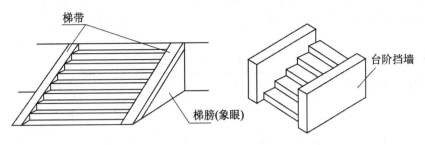

图 8.25 台阶挡墙和梯带

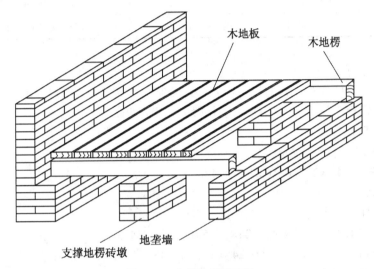

图 8.26 支撑地楞的砖墩

8. 砖砌地沟

按墙基、墙身合并以立方米计算。

【例 8.1】 某办公室平面图及其剖面图如图 8.27 所示，有关尺寸见表 8.3，已知内外墙厚均 240mm，层高 3.2m，板厚 100mm，内外墙上均设 QL，与板顶平，洞口上部设置

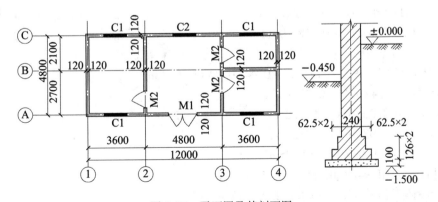

图 8.27 平面图及其剖面图

111

GL(洞口宽度在 1m 以内的采用钢筋砖 GL，洞口宽度在 1m 上外的采用钢筋砼 GL)，外墙转角设置 GZ。试根据已知条件对砌筑工程列项，并计算分项工程量。

表 8.3 门窗及构件尺寸表

门窗名称	洞口尺寸	构件名称		构件尺寸或体积
M1	1800×2400	板底 GZ		$0.08m^3$/根(±0.00 下)； $0.18m^3$/根(±0.00 上)
m²	1000×2400	板底 QL	外墙	$L_中×0.24×0.2$
C1	1800×1800		内墙	$L_内×0.24×0.2$
C2	2100×1800	钢筋砼 GL		(洞口宽+0.5)×0.24×0.18

【解】 （1）列项。

本工程所完成的砌筑工程的施工内容的：砖基础、砖墙、钢筋砖 GL，所以本任务应列的砌筑工程定额项目为：砖基础、内外砖墙、钢筋砖 GL。

（2）计算基数。

$L_中 = (12+4.8)×2 = 33.6m$；

$L_内 = (4.8-0.24)×2+3.6-0.24 = 12.48m$。

（3）砖基础。

砖基础工程量 = 基础断面积×基础长度-GZ；

外墙砖基础工程量 = $33.6×[0.24×(1.5-0.1)+0.0473] = 12.88m^3$；

内墙砖基础工程量 = $12.48×[0.24×(1.5-0.1)+0.0473] = 4.78m^3$；

砖基础工程量 = $12.88+4.78-0.08×4 = 17.34m^3$。

（4）内外砖墙扣除门窗洞口。

240 外墙：M1：$1.8×2.4 = 4.32m^2$；C1：$1.8×1.8×4 = 12.96m^2$；

　　　　　C2：$2.1×1.8 = 3.78m^2$；

　　　　　合计 $21.06m^2$。

240 内墙：M2：$1×2.4×3 = 7.2m^2$。

（5）钢筋砼 GL。

外墙：M1：$(1.8+0.5)×0.24×0.18 = 0.1m^3$；C1：$2.3×0.24×0.18×4 = 0.4m^3$；

　　　C2：$2.6×0.24×0.18 = 0.11m^3$；

　　　合计 $0.61m^3$。

（6）钢筋砖 GL：M2：$(1+0.5)×0.44×0.24×3 = 0.48m^3$。

（7）GZ：　　$4×0.18 = 0.72m^3$。

（8）QL：外墙 $33.6×0.24×0.2 = 1.61m^3$；内墙 $12.48×0.24×0.2 = 0.6m^3$。

（9）外墙：$V = 33.6×3.2×0.24 = 25.8m^3$

扣除：MC：$21.06×0.24 = 5.05m^3$

埋件体积：GL+GZ+QL = $0.61+0.72+1.61 = 2.94m^3$

外墙墙体工程量 = $25.8-5.05-2.94 = 17.81m^3$。

（10）内墙：$V = 12.48×3.2×0.24 = 9.58m^3$；

扣除：MC：7.2×0.24=1.73m³；
埋件体积：GL+GZ+QL=0.48+0.6=1.08m³；
内墙墙体工程量=9.58-1.73-1.08=6.77m³。

(11)钢筋砖 GL 工程量=0.48m³。

8.4 砖烟囱工程量

(1)砖烟囱其筒身圆形、方形均按图示筒壁平均中心线周长乘以厚度乘以高度，并扣除筒身各种孔洞、钢筋混凝土圈梁、过梁等体积以立方米计算，其筒壁周长不同时可按下式分段计算：

$$V = \sum H \times C \times \pi D$$

式中　V—筒身体积(m)；

　　　H—每段筒身垂直高度(m)；

　　　C—每段筒壁厚度(m)；

　　　D—每段筒壁中心线的平均直径(m)。

(2)砖基础与砖筒身以砖基础大放脚的扩大顶面为界。砖基础以下的混凝土或混凝土底板按相应的定额计算。

(3)烟道、烟囱内衬按不同内衬材料并扣除孔洞后，按图示实体体积以立方米计算。

(4)烟囱内衬填料按烟囱内衬与筒身之间的中心线平均周长乘以图示宽度和筒高，并扣除各种孔洞所占体积(但不扣除连接横砖及防沉带的体积)后以立方米计算。(填料所需人工已包括在砌内衬子目内，填料按不同设计材料按实计算。)

【例 8.2】　根据图 8.28 中的有关数据和上述公式计算砖砌烟囱和圈梁工程量。

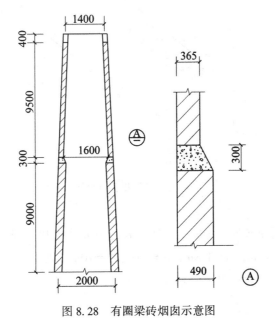

图 8.28　有圈梁砖烟囱示意图

【解】 一、砖砌烟囱工程量
(1)上段
已知：$H=9.5m$，$C=0.365m$，
求：$D=(1.40+1.60+0.365)\times1/2=1.68m$。
∴ $V_{上}=9.50\times0.365\times3.1416\times1.68=18.30m^3$。
(2)下段。
已知：$H=9.0m$，$C=0.490m$，
求：$D=(2.0+1.60+0.365\times2-0.49)\times1/2=1.92m$。
∴ $V_{下}=9.0\times0.49\times3.1416\times1.92=26.60m^3$，　∴ $V=18.30+26.60=44.90m^3$。

二、混凝土圈梁工程量
(1)上部圈梁：$V_{上}=1.40\times3.1416\times0.4\times0.365=0.64m^3$。
(2)中部圈梁：
圈梁中心直径$=1.60+0.365\times2-0.49=1.84m$；
圈梁断面积$=(0.365+0.49)\times1/2\times0.30=0.128m^2$；
$V_{中}=1.84\times3.1416\times0.128=0.74m^3$，　∴ $V=0.74+0.64=1.38m^3$。
(5)烟道砌砖：烟道与炉体的划分以第一道闸门为界，炉体内的烟道部分列入炉体工程量计算。烟道拱顶(图8.29)按实体积计算。
计算公式：$V=$圆弧长×拱厚×拱长。

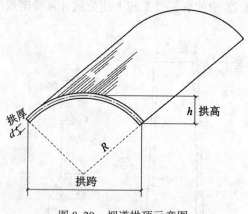

图8.29　烟道拱顶示意图

【例8.3】 某烟道拱顶厚0.18m，半径4.8m，θ角为180°，拱长10米，求拱顶体积。
【解】 已知$d=0.18m$，$R=4.8m$，$\theta=180°$，$L=10m$，则
$V=(3.1416/180)\times4.8\times180\times0.18\times10$
$=27.14m^3$。

小 结

砌体结构除另有说明者外,均以实体体积计算。要注意扣减与不扣减、增加与不增加部分。

习 题 8

1. 试求如图 8.30 所示砌筑砖基础的工程量(室内地面标高为±0.00)。

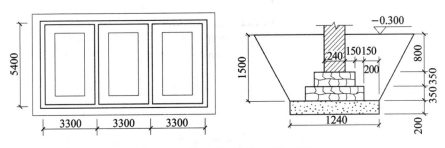

图 8.30 某建筑砖基础平面剖面图

2. 某建筑物平面图、墙体剖面图如图 8.31 所示,M7.5 混浆砌筑混水砖墙,M1:1800mm×2700mm,C1:1500mm×1800mm,试计算砌筑工程量(不考虑柱马牙槎,墙垛不伸入女儿墙),试计算墙体工程量。

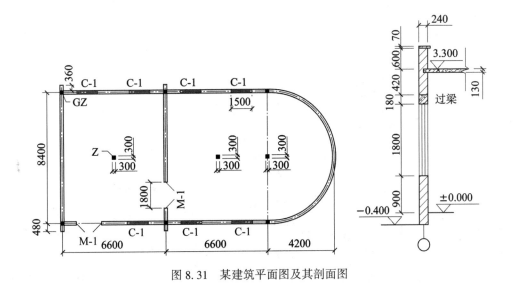

图 8.31 某建筑平面图及其剖面图

3. 如图 8.32 所示,某挡土墙工程用 M2.5 混合砂浆砌筑毛石,长度 200m,求其工程量。

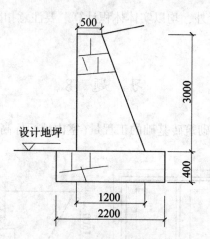

图 8.32 某挡土墙示意图(单位 mm)

学习单元 9　混凝土及钢筋混凝土

按混凝土的四种施工方式(现场搅拌混凝土、商品混凝土、集中搅拌混凝土的浇捣和预制构件成品安装)区分不同构件分别列项,其中现场搅拌混凝土、商品混凝土和集中搅拌混凝土构件习惯上统称现浇砼构件。

9.1　现浇砼构件

9.1.1　一般规定

混凝土工程量除另有规定者外,均按图示尺寸以体积计算。不扣除构件内钢筋、预埋铁件及墙、板中 0.3 平方米内的孔洞所占体积。

毛石混凝土,定额按毛石占混凝土体积的 20% 计算,如设计要求不同时,可以调整。

9.1.2　基础

按图示尺寸以体积计算。不扣除伸入承台基础的桩头所占体积。

基础与上部结构(墙、柱)的划分,以基础扩大顶面为界。

(1)基础梁:两端支承在独立柱基顶面,梁底托空,以承受上部墙体荷载,起着墙体基础作用的梁。

(2)无梁式带形基础(图 9.1(a)):是指基础底板不带梁或者梁为顶面,不凸出底板的暗梁。

$$V = \left(Bh_1 + \frac{B+b}{2}h_2\right) \times (L_{中} + L_{内}) + V_{搭}。$$

(3)有梁式带形基础(图 9.1(b)):带形基础截面呈⊥形,且配有凸出底板梁时为有梁式带形基础,其肋高与肋宽之比在 4:1 以内的按有梁带形基础计算。超过 4:1 时,其基础底板按板式基础计算,以上部分按墙计算。

肋高与肋宽之比在 4:1 以内时,$V = \left(Bh_1 + \frac{B+b}{2}h_2 + bh_3\right) \times (L_{中} + L_{内}) + V_{搭}。$

$L_{搭}$ 的计算见图 9.2 所示。

$V_{搭}$ 的计算见图 9.2 所示。

$h_3 = 0$ 时,即无梁式带形基础,$V_{搭} = L_d \dfrac{B+2b}{6}h_2$;

$h_3 \neq 0$ 时,即有梁式带形基础,$V_{搭} = L_d bh3 + L_d \dfrac{B+2b}{6}h_2$。

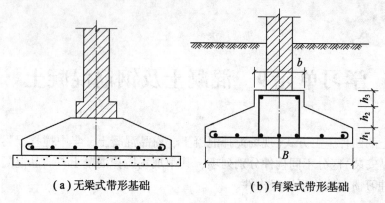

(a)无梁式带形基础　　　　(b)有梁式带形基础

图9.1　带形混凝土基础

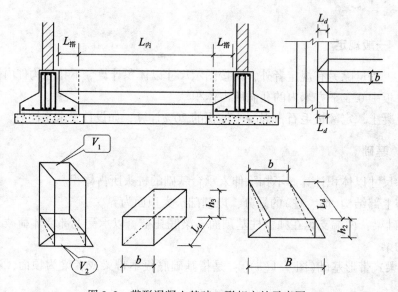

图9.2　带形混凝土基础T形相交处示意图

(4)杯形基础的颈高大于1.2m时(基础扩大顶面至杯口底面),按柱的相应定额执行,其杯口部分和基础合并按杯形基础计算。杯口基础顶面低于自然地面,填土时的围笼处理,按实计算。

(5)框架式设备基础应分别按基础、柱、梁、板相应定额计算。楼层上的设备基础按有梁板定额项目计算。

满堂基础有扩大或角锥形柱墩时,应并入满堂基础内计算。

箱式满堂基础拆开三个部分分别套用相应的满堂基础、墙、板定额计算。

【例9.1】　如图9.3所示有梁式条形基础,计算其混凝土工程量。

【解】

(1)外墙下基础:由图可以看出,该基础的中心线与外墙中心线(也是定位轴线)重合,故外墙基的计算长度可取 $L_{中}$。

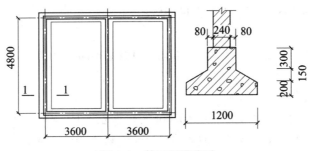

图9.3 某工程基础图

外墙基础混凝土工程量 = 基础断面积 × $L_中$
$$= [0.4×0.3+(0.4+1.2)/2×0.15+1.2×0.2]×(3.6×2+4.8)×2$$
$$= 0.48×24 = 11.52 m^3。$$

(2) 内墙下基础：

方法一（图9.4）：按斜坡中心线长度计算。

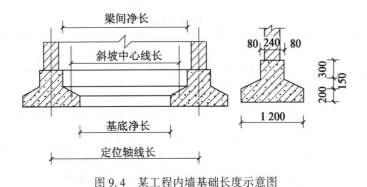

图9.4 某工程内墙基础长度示意图

梁间净长度 = 4.8−0.2×2 = 4.4m；
斜坡中心线长度 = 4.8−0.4×2 = 4.0m；
基底净长度 = 4.8−0.6×2 = 3.6m；
内墙基础混凝土工程量 = 内墙基础个部分面积×相应长度
$$= 0.4×0.3×4.4+(0.4+1.2)/2×0.15×4.0+1.2×0.2×3.6$$
$$= 0.528+0.48+0.864$$
$$= 1.872 m^3。$$

方法二：考虑搭接体积。

内墙基础净长度 = 4.8−0.6×2 = 3.6m；

内墙基础混凝土工程量 = 内墙基础截面积×内墙基础净长度 + $V_搭$
$$= 0.48×3.6+V_搭；$$

$V_搭 = L_d bh3 + L_d \dfrac{B+2b}{6} h_2 = 0.4×0.4×0.3+0.4×(1.2+2×0.4)÷6×0.15 = 0.068 m^3$；

内墙基础混凝土工程量=0.48×3.6+0.068×2=1.728=1.864m³。
方法三：直接按净长计算，不考虑搭接体积。
内墙基础净长度=4.8-0.6×2=3.6m；
内墙基础混凝土工程量=内墙基础截面积×内墙基础净长度
$$=0.48×3.6=1.728m^3$$
三种方法差异比较：
方法一与方法二比：1.872-1.864=0.008m³，误差率+0.4%。
方法三与方法二比：1.728-1.864=-0.136m³，误差率-7.3%。

9.1.3 柱

9.1.3.1 柱

柱混凝土工程量=图示断面面积×柱高。

依附柱上的牛腿的体积，并入柱身体积内计算。依附柱上的悬臂梁按单梁有关规定计算。

柱高按表9.1规定确定(图9.5)。

表9.1　　　　　　　　　　　　柱高度确定表

项目名称	计算高度
有梁板中的柱	底层应自柱基上表面至楼板上表面计算，楼层柱高由楼板顶面算至上一层楼板顶面。柱与梁板相交的部分算至柱里面。
无梁板中的柱	底层应自柱基上表面算至柱帽下边沿，楼层柱高由楼板顶面算至柱帽下边沿。
无梁或板相交的柱	自柱基上表面(或楼板上表面)至柱顶高度计算。
构造柱	砖混结构的构造柱高度，由基础顶面或地圈梁顶面(直接在砖基础上起柱时从柱底开始)算至柱顶；框架结构的构造柱高度，按框架梁之间的净高计算。

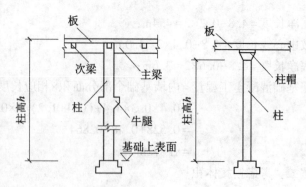

图9.5　柱高确定示意图

9.1.3.2 构造柱(图9.6)

构造柱只适用先砌墙后浇柱的情况，如构造柱为先浇柱后砌墙者，无论断面大小，均按周长1.2m以内捣制矩形柱定额执行。墙心柱按构造柱定额及相应说明执行。

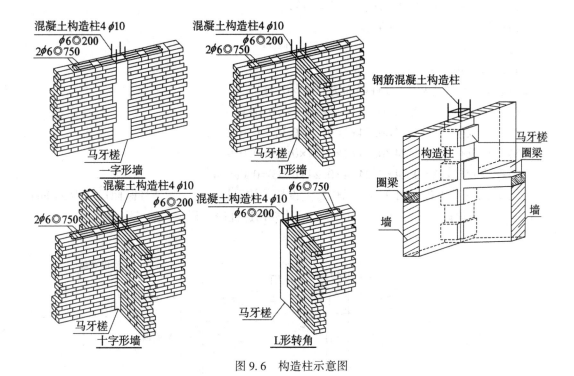

图9.6 构造柱示意图

1. 带马牙槎构造柱体积计算(图9.7)

按实体体积计算。计算式如下:

$$V_{构柱} = 柱截面积 \times 柱高 + 马牙槎的伸入部分体积$$

或

$$V_{构柱} = 构造柱计算断面积 \times 柱高。$$

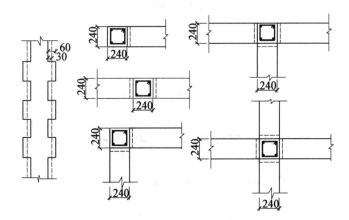

图9.7 带马牙槎构造柱计算断面示意图

常用构造柱平面布置形式一般有:门边构造柱、一字形、L形、T形、十字形等。
马牙槎咬接边数情况一般有:

(1)一边咬接：门边构造柱、一字墙端部。

(2)两边咬接：L形、一字墙。

(3)三边咬接：T形。

(4)四边咬接：十字形。

2. 构造柱计算断面积(设柱断面为 0.24×0.24)

(1)单边咬接：$S=0.24×0.24+0.24×0.03=0.0648m^2$；

(2)两边咬接：$S=0.24×0.24+2×0.24×0.03=0.072m^2$；

(3)三边咬接：$S=0.24×0.24+3×0.24×0.03=0.0792m^2$；

(4)四边咬接：$S=0.24×0.24+4×0.24×0.03=0.0864m^2$。

【例 9.2】 某工程在图 9.8 所示位置上设置了构造柱，已知构造柱断面尺寸为 240mm×240mm，柱支模高度 3m，墙厚 240mm，试计算构造柱砼工程量。

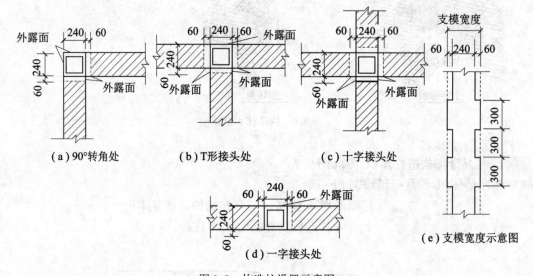

图 9.8 构造柱设置示意图

【解】 (1)90°转角处：

GZ 砼工程量=$(0.24×0.24+0.03×0.24×2)×3=0.216m^3$。

(2)T形接头处：

GZ 砼工程量=$(0.24×0.24+0.03×0.24×3)×3=0.238m^3$。

(3)十字接头处：

GZ 砼工程量=$(0.24×0.24+0.03×0.24×4)×3=0.259m^3$。

(4)一字接头处：

GZ 砼工程量=$(0.24×0.24+0.03×0.24×2)×3=0.216m^3$。

9.1.4 梁

9.1.4.1 一般规定

梁按图示断面面积乘以梁长以体积计算。

(1)主、次梁与柱连接时,梁长算至柱侧面;次梁与柱子或主梁连接时,次梁长度算至柱侧面或主梁侧面;伸入墙内的梁头应计算在梁长度内,梁头有捣制梁垫者,其体积并入梁内计算。

(2)捣制基础圈梁,套用本章捣制圈梁的定额。

(3)悬臂梁与柱或圈梁连接时,按悬挑部分计算工程量;独立的悬臂梁按整个体积计算工程量。

9.1.4.2 圈梁

按图示断面尺寸乘以梁长以立方米计算。梁长按下列规定确定:

(1)外墙按中心线长度计算,内墙按内墙净长线计算。

(2)圈梁与过梁连接者,分别套用圈梁、过梁定额;圈梁与过梁不易划分时,其过梁长度按门窗洞口外围两端共加500mm计算,其他按圈梁计算。即:

①当圈梁与过梁相互独立时:

$$V_{圈梁} = S_{断(圈梁)} \times \left(L_{外中} + L_{内净(圈梁)} - \sum L_{(构造柱)} \right)。$$

②当圈梁与过梁合一时:

$$V_{圈梁} = S_{断(圈梁)} \times \left(L_{外中} + L_{内净(圈梁)} - \sum L_{(构造柱)} - \sum L_{(过梁)} \right)。$$

圈梁与构造柱连接时,圈梁长度算至构造柱侧面。构造柱有马牙槎时,圈梁长度算至构造柱主断面(不包括马牙槎)的侧面。

③当圈梁与梁连接时:

圈梁体积应扣除伸入圈梁内的梁体积。如图9.9所示。

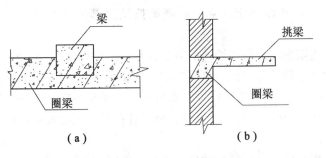

图9.9 圈梁与梁连接示意图

在圈梁部位挑出外墙的混凝土梁,以外墙外边线为界限,挑出部分按图示尺寸,以体积计算,套用单梁、连续梁定额子目。

9.1.4.3 过梁

(1)独立过梁:$V_{过梁} = S_{断(过梁)} \times L_{(过梁)}$,

其中,$L_{(过梁)}$为过梁的设计长度,若设计未规定时,按洞口宽度每边各加250mm计。过梁高按有关图集计算,过梁宽同墙厚。

(2)圈梁与过梁合一的过梁:过梁体积单独计算,此时过梁高同圈梁高。

$$V_{过梁} = S_{断(过梁)} \times (L_{(洞口宽)} + 2 \times 0.25)。$$

9.1.5 板

板按图示面积乘以板厚以立方米计算。应扣除单个面积 $0.3m^2$ 以外孔洞所占的体积。斜板坡度在 $11°19'\sim26°34'$ 时，工日增加 15%，坡度超过 $26°34'$ 时，工日增加 20%（用于一般单坡或双坡屋面，特殊斜屋面另行计算）。

1. 平板

平板指无柱无梁、四边直接搁置在圈梁或承重墙上的板，或不与板整浇的独立梁上的板。其工程量按板实体体积计算。有多种板连接时，应以墙中线划分，伸入墙内的板头并入板内计算。与圈梁相连的板算至圈梁侧边。墙与板相交，墙高算至板的底面。

当预制混凝土板需补缝时，板缝宽度超过 150mm 者，按平板相应定额执行；板缝宽度（指下口宽度）在 150mm 以内者，不计算工程量。

2. 有梁板

与现浇的梁（不含圈梁）整浇的板，均按有梁板计算。工程量以梁与板体积之和计算。与柱头重合部分体积应扣除。

3. 无梁板

无梁板指直接支承在柱帽上而没有梁的楼板结构体系，板与柱帽的总称。工程量以板体积与柱帽体积之和计算。

4. 其他板

现浇挑檐、天沟板、雨篷、阳台与板（包括屋面板、楼板）连接时，以外墙为分界线，与圈梁（包括其他梁）连接时，以梁外边线为分界线。外墙边线以外或梁外边线以外为挑檐、天沟、雨篷或阳台。

挑檐天沟按图示尺寸以体积计算。挑檐板按挑出部分体积计算，套用遮阳板定额子目。

阳台、雨篷、遮阳板均按伸出墙外的体积计算，其中伸出墙外的悬臂梁、现浇阳台的沿口梁并入相应构件体积计算。但嵌入墙内的梁按相应定额另行计算。雨篷翻边突出板面高度在 200mm 以内时，并入雨篷内计算，翻边突出板面在 600mm 以内时，翻边按天沟计算，翻边突出板面在 1200 以内时，翻边按栏板计算；翻边突出板面高度超过 1200mm 时，翻边按墙计算。

带反梁的雨篷按有梁板定额子目计算，板带上的凹阳台同现浇板带一起现浇按有梁板定额子目计算。与有梁板一起浇捣的阳台雨篷并入有梁板子目。

【例 9.3】 某屋面平面及剖面如图 9.10 所示。试计算挑檐砼工程量。

【解】 底板中心线长 =［(30+1.2-0.6)+(15+1.2-0.6)］×2=92.4m；
底板体积=92.4×0.6×0.08=4.44m^3；
挑檐立板中心线长=［(30+1.2-0.06)+(15+1.2-0.06)］×2=94.56m；
立板体积=94.56×0.06×0.32=1.82m^3。
合计：6.26m^3。

9.1.6 墙

砼墙按图示中心线长度乘以墙高及厚度以体积计算。应扣除门窗洞口及单个面积

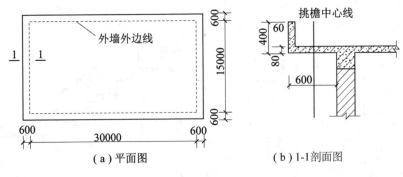

图 9.10 挑檐示意图

$0.3m^2$ 以外孔洞所占的体积。墙高度从墙基上表面或基础梁上表面算至墙顶(不计算预应力空心板端头的叠合梁),有突出墙面的梁时算至梁底。墙与板相交,墙高算至板的底面。

剪力墙带明柱(一侧或两侧突出的柱)或暗柱一次浇捣成形时,当墙净长不大于 4 倍墙厚时,套柱子目;当墙净长大于 4 倍墙厚时,按其形状套用相应墙子目。如表 9.2 所示。明柱和暗柱都属于墙体的一部分,应计算在墙体长度范围内,不再单独列项计算。

9.1.7 整体楼梯

整体楼梯包括休息平台(不含楼层平台)、平台梁、斜梁和楼梯的连接梁,按水平投影面积分层计算。楼梯踏步、踏步板、平台梁等不另计算,伸入墙内部分也不增加。当楼梯与现浇楼板有梯梁连接时,楼梯应算至梯口梁外侧(梯口梁包含在楼梯内);当无梯梁连接时,以楼梯最后一个踏步边缘加 300mm 计算。整体楼梯不扣除宽度小于 500mm 的梯井,当楼梯井宽大于 500mm 时,应扣除超出 500mm 的部分所占的面积。

楼梯基础、栏杆、扶手,应另列项目套用相应定额计算。

捣制整体楼梯,如休息平台为预制构件,仍套用捣制整体楼梯,预制构件不另计算。阳台为预制空心板时,应计算空心板体积,套用空心板相应子目。

架空式现浇室外台阶按整体楼梯计算。

【例 9.4】 计算如图 9.11 所示(平台梁宽 300mm)的现浇钢筋混凝土楼梯的混凝土工程量。若图中楼梯井宽为 700mm,工程量是多少?

【解】 (1)根据计算规则,现浇钢筋混凝土楼梯混凝土工程以图示水平投影面积计算,不扣除宽度小于 500mm 楼梯井。

楼梯混凝土工程量 $= (2.4-0.24) \times (2.34+1.34-0.12+0.3) = 8.34m^2$。

(2)楼梯井宽为 700mm 时,工程量要扣除超出 500mm 的部分

楼梯混凝土工程量 $= 8.34-2.34 \times (0.7-0.5) = 7.872m^2$。

【例 9.5】 计算如图 9.12 所示螺旋楼梯的混凝土工程量。

【解】 螺旋楼梯混凝土工程量 $= \pi(9^2-6^2) \times 90/360 = 35.33m^2$。

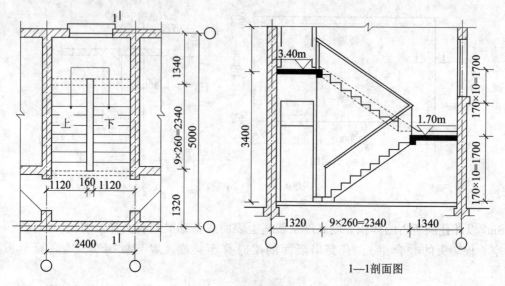

图9.11 钢筋混凝土楼梯示例

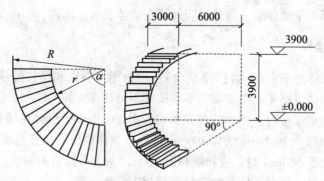

图9.12 螺旋楼梯示例

9.1.8 其他

(1)栏板按图示尺寸以体积计算,扶手以延长米计算,均包括伸入墙内部分。楼梯的栏板和扶手长度,如图集无规定时,按水平长度乘以1.15系数计算。栏板(含扶手)及翻沿净高按1.2m以内考虑,超过时套用墙相应定额。

阳台扶手带花台或花池,另行计算。捣制台板套零星构件,捣制花池套池槽定额。

阳台栏板如采用砖砌、混凝土漏花(包括小刀片)、金属构件等,均按相应定额分别计算。

(2)台阶按水平投影面积计算,定额中不包括垫层及面层,应分别按相应定额执行。当台阶与平台连接时,其分界线应以最上层踏步外沿加300mm计算。平台按相应地面定额计算。架空式现浇室外台阶按整体楼梯计算。

(3)后浇墙带、后浇板带(包括主、次梁)混凝土按设计图纸以立方米计算。

(4)依附于梁(包括阳台梁、圈梁、过梁)墙上的混凝土线条(包括弧形条)按延长米计算(梁宽算至线条内侧)。依附于梁、墙上的混凝土线条适用于展开宽度为500mm以内的线条。无论是一次成形还是二次成形的现浇砼线条,均适用本规定。

(5)现浇池、槽按实际体积计算。此处指小型池槽(外形体积在2m³以内的池槽),大型池槽执行构筑物砼子目。

(6)组成飘窗的混凝土构件单独列项,有窗上部过梁、窗下部墙梁(套圈梁项目)、窗上下挑板(遮阳板子目)。

(7)现浇混凝土构件中零星构件项目,系指每件体积在0.05m³以内的未列出定额项目的构件。小立柱是指周长在48cm以内、高度在1.5m以内的现浇独立柱。

【例9.6】 某台阶平面如图9.13所示,试计算其砼工程量。

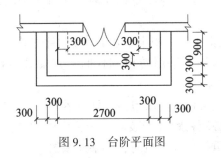

图9.13 台阶平面图

【解】 台阶与平台相连,则台阶应算到最上一层踏步外沿加300mm。
台阶模板工程量＝台阶水平投影面积
$= (2.7+0.3\times4)\times(0.9+0.3\times2)-(2.7-0.3\times2)\times(0.9-0.3) = 4.59 m^2$;
台阶砼工程量＝台阶水平投影面积＝4.59m²。

9.2 预制砼构件

预制混凝土构件定额采用成品形式,成品构件按外购列入混凝土构件安装子目,定额含量包含了构件安装的损耗。成品构件的定额取定价包括混凝土构件制作及运输、钢筋制作及运输、预制混凝土模板五项内容。

9.2.1 预制砼构件成品安装

(1)混凝土工程量除另有规定者外,均按图示尺寸实际体积计算,不扣除构件内钢筋、铁件及小于300mm×300mm以内孔洞的面积。定额已包含预制混凝土构件废品损耗率。

(2)预制钢筋混凝土工字形柱、矩形柱、空腹柱、双肢柱、空心柱、管道支架等安装,均按实际体积以柱安装计算。预制柱上的钢牛腿按铁件计算。

(3)预制钢筋混凝土多层柱安装,首层柱以实际体积按柱安装计算,二层及二层以上按每节柱实际体积套用柱接柱子目。柱接柱定额未包括钢筋焊接,发生时另行计算。
升板预制柱加固,系指预制柱安装后,至楼板提升完成时所需的加固搭设费。

(4)焊接形成的预制钢筋混凝土框架结构,其柱安装按框架柱体积计算,梁安装按框架梁体积计算。节点浇注成形的框架,按连体框架梁、柱体积之和计算。

轻板框架的混凝土梅花柱按预制异形柱,叠合梁按预制异形梁,楼梯段和整间大楼板按相应预制构件定额,缓台套用预制平板项目。

(5)长向空心板与空心板区分:按扣除空心板圆孔后每块体积以 $0.3m^3$ 为界,$0.3m^3$ 以上为长向空心板,$0.3m^3$ 以下为空心板。

阳台板吊装,如整个构件在墙面以内的重量大于挑出墙外部分重量者,叫重心在内的构件;如挑出墙外部分重量大于墙面以内重量,叫重心在外构件。

窗台板、隔板、栏板的混凝土套用小型构件混凝土子目。

(6)组合屋架安装,以混凝土部分实体体积计算,钢杆件部分不另计算。

(7)漏花空格安装,执行小型构件安装定额,其体积按洞口面积乘厚度以立方米计算,不扣除空花体积。

(8)小型构件安装,系指单位体积小于 $0.1m^3$ 的构件安装。

(9)现场预制混凝土构件若采用砖模制作时,其安装定额中的人工、机械乘以系数 1.10。

(10)定额中的塔式起重机台班均已包括在垂直运输机械费中。

(11)预制混凝土构件必须在跨外安装时,按相应的构件安装定额的人工、机械台班乘以系数 1.18,用塔式起重机、卷扬机时,不乘此系数。

9.2.2 预制钢筋混凝土构件接头灌缝

(1)钢筋混凝土构件接头灌缝,包括构件座浆、灌缝、堵板孔、塞板缝、塞梁缝等,均按预制钢筋混凝土构件实体积计算。

(2)柱与柱基灌缝,按底层柱体积计算;底层以上柱灌缝按各层柱体积计算。

(3)预制钢筋混凝土框架柱现浇接头(包括梁接头),按现浇接头设计规定断面乘以长度以体积计算,按二次灌浆定额执行。

(4)空心板堵孔的人工、材料已包括在定额内。$10m^3$ 空心板体积包括 $0.23m^3$ 预制混凝土块、2.2个工日。

9.3 构筑物混凝土工程

1. 一般规定

构筑物混凝土工程量除另有规定者外,均按图示尺寸实际体积计算,不扣除构件内钢筋、预埋铁件及单个面积 $0.3m^2$ 以内孔洞所占体积。

2. 大型池槽

大型池槽等分别按基础、墙、板、梁、柱等有关规定计算并套用相应定额项目。池槽按实体体积计算。

(1)外形体积在 $2m^3$ 以内的池槽为小型池槽。

(2)建筑物内的梁板墙结构式水池,分别套用建筑物梁、板、墙相应定额。

(3)屋顶水箱工程量包括底、壁、现浇顶盖及支撑柱等全部现浇构件,预制构件另计;砖砌支座套砌筑工程零星砌体定额。抹灰、刷浆、金属件制安等套用相应分部有关定额。

(4)储水(油)池不分平底、锥底、坡底,均按池底计算;壁基梁、池壁不分圆形壁和矩形壁,均按池壁计算;其他项目均按现浇混凝土部分相应项目计算。

3. 水塔(如图9.14所示)

(1)筒身与槽底以槽底连接的圈梁底为界,以上为槽底,以下为筒身。

(2)筒式塔身及依附于筒身的过梁、雨篷、挑檐等并入筒身体积内计算;柱式塔身,柱、梁合并计算。

(3)塔顶及槽底:塔顶包括顶板和圈梁、槽底包括底板挑出的斜壁板和圈梁等合并计算。预制倒锥壳水塔水箱组装、提升、就位、按不同容积以座计算。

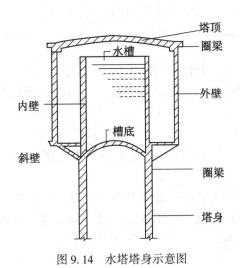

图9.14 水塔塔身示意图

4. 支架、栈桥

(1)支架均以实际体积计算(包括支架各组成部分),框架形或A字形支架应将柱、梁的体积合并计算;支架带操作平台者,其支架与操作台的体积亦合并计算。支架基础应按现浇构件的相应子目计算。

(2)栈桥:栈桥是指形状像桥的构筑物,车站、港口、矿山或工厂,用于装卸货物或上下旅客或专供施工现场交通、机械布置及架空作业用的临时桥式结构。在土木工程中,为运输材料、设备、人员而修建的临时桥梁设施。

柱与连系梁(包括斜梁)、肋梁与板体积合并,均按图示尺寸以实际体积计算。

栈桥斜梁部分,不分板顶高度,均按板高在12m以内子目执行。

顶板高度超过20m,执行每增加2m子目,此处仅指柱与连系梁的体积(不包括有梁板)。

9.4 钢筋及预埋铁件

9.4.1 计算规则

(1)钢筋工程应区别不同构件(现浇或预制)、不同钢种和规格,分别按设计长度(指钢筋中心线长度)乘以单位质量以吨计算。

坡度大于或等于26°34′的斜板屋面,钢筋制安人工乘以系数1.25。

表9.2所列构件,其钢筋可按表列系数调整人工、机械用量。

表9.2 构件钢筋系数调整表

项 目	现浇钢筋		构 筑 物			
系数范围	小型构件	小型池槽	烟囱	水塔	水塔储仓	
					矩形	圆形
人工机械调整系数	2.00	2.52	1.70	1.70	1.25	1.50

(2)计算钢筋工程量时,设计(含标准图集)已规定钢筋搭接长度的,按规定搭接长度计算,设计图纸(含标准图集)未注明的钢筋接头和施工损耗已综合在定额项目内,不另计算搭接长度。

(3)现浇构件其他钢筋:

①GBF高强薄壁管敷设按延长米计算,计算钢筋混凝土板工程量时,应扣除GBF管所占体积。

GBF高强薄壁管现浇空心楼盖是在楼板内按一定方向埋置GBF高强薄壁管内模并浇注混凝土而形成的一种空心楼板结构体系。"内模"即为埋置在现浇混凝土空心楼盖中用以形成空腔且不取出的物体。如图9.15、图9.16所示。

图9.15 现浇空心楼盖中安装完成的GBF高强复合薄壁管图片

②CL建筑体系网架板及网片安装,按设计图示尺寸以面积计算。

CL建筑结构体系(composite light-weight building system),也称为复合保温钢筋焊接网架混凝土剪力墙,CL复合剪力墙是由CL网架板(一种钢筋焊接聚苯乙烯夹心板,见图

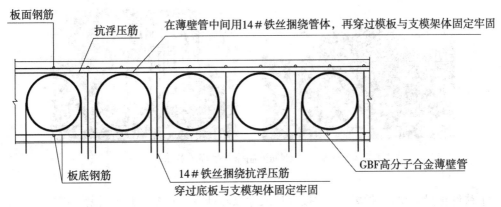

图 9.16 现浇空心楼盖构造示意图

9.17 所示)两侧浇筑混凝土后形成的。

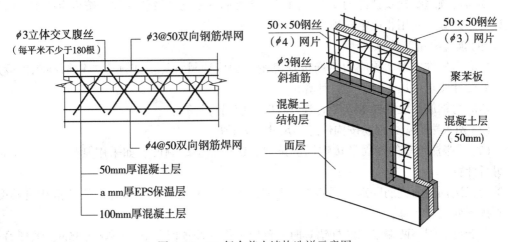

图 9.17 CL 复合剪力墙构造详示意图

(4)地基处理与边坡支护、桩基础钢筋按以下规定计算。

灌注混凝土桩的钢筋笼制作及安装,钻(冲)孔桩钢筋笼吊焊、接头,锚杆制作、安装,地下连续墙钢筋笼制作、吊运就位,按重量以吨计算。钢筋笼如图 9.18 所示。

钢筋笼 H 形钢焊接,按 H 形钢的重量以吨计算。

锚喷护壁钢筋、钢筋网按设计用量以吨计算。

(5)钢筋机械连接(指直螺纹、锥螺纹和套筒冷压钢筋接头等)、电渣压力焊接头,按个计算。

(6)植筋按根计算。植筋定额中不含钢筋费用,钢筋另按设计长度计算重量执行现浇构件钢筋定额。植筋深度应根据设计要求取定,施工中一般取 15d。

(7)砌体加固钢筋按设计用量以吨计算。

(8)钢筋混凝土构件预埋铁件按以下规定计算:

图 9.18 钢筋笼制作及吊焊示意图

①铁件重量无论何种型钢,均按设计尺寸以吨计算,焊条重量不计算。

②精加工铁件重量按毛件重量计算,不扣除刨光、车丝、钻眼部分的重量,焊条重量不计算。铁件分一般铁件和精加工铁件两种,凡设计要求刨光(或车丝或钻眼)者,均按精加工铁件项目套用。

③固定预埋螺栓及铁件的支架、固定双层钢筋的铁马凳及垫铁件,按审定的施工组织设计规定计算,套用相应定额项目。

(9)预应力钢筋计算

预应力构件中的非预应力钢筋按现浇钢筋相应项目计算。非预应力钢筋不包括冷加工,如设计要求冷加工时,另行计算。

预应力钢筋如设计要求人工时效处理时,应另行计算。

(1)先张法预应力钢筋按构件外形尺寸计算长度。

(2)后张法钢筋的锚固是按钢筋绑条焊、U形插垫编制的。如采用其他方法锚固时,应另行计算。

后张法预应力钢筋区别不同的锚具类型,以设计图规定的预应力钢筋预留孔道长度,分别按下列规定计算:

①低合金钢筋两端采用螺杆锚具时,预应力钢筋按预留孔道长度减 0.35m,螺杆另行计算。

②低合金钢筋一端采用镦头插片,另一端采用帮条锚具时,预应力钢筋增加 0.15m,两端采用帮条锚具时,预应力钢筋共增加 0.3m 计算。

③低合金钢筋一端采用镦头插片,另一端为螺杆锚具时,预应力钢筋长度按预留孔道长度计算,螺杆另行计算。

④低合金钢筋采用后张混凝土自锚时,预应力钢筋以长度增加 0.35m 计算。

⑤低合金钢筋或钢绞线采用 JM、XM、QM 型锚具,孔道长度在 20m 以内时,预应力钢筋以长度增加 1m;孔道长度在 20m 以上时,预应力钢筋以长度增加 1.8m 计算。

⑥碳素钢丝采用锥形锚具,孔道在 20m 以内时,预应力钢筋以长度增加 1.8m 计算。

⑦碳素钢丝两端采用镦粗头时,预应力钢丝以长度增加 0.35m 计算。

⑧后张法预应力钢筋项目内已包括孔道灌浆,实际孔道长度和直径与定额不同时,不作调整,按定额执行。

9.4.2 计算方法

现浇构件钢筋工程量=钢筋长度×钢筋每米重量，

式中：钢筋每米理论重量$(kg/m) = 0.006165 \times D^2$，

D—钢筋直径，计量单位为 mm。

预制构件钢筋工程量=钢筋设计中心线长度×钢筋每米重量×构件制作工程量系数。

钢筋长度按钢筋中心线计算时要考虑钢筋的弯钩增加长度（表9.3、表9.4）和弯曲调整值（量度差）问题（表9.5、表9.6）。

现浇构件钢筋长度计算与抗震等级、混凝土强度等级、钢筋直径（d）、钢筋级别、搭接形式、锚固要求、保护层厚度（h_c）等有关。钢筋的弯钩和弯折的规定及构造要求，参见《混凝土结构工程施工规范》(GB 506666—2011)、平法系列图集11G101、钢筋排布图集12G901 和《混凝土结构设计规范(GB50010—2010)》。

表9.3　　　　　　　　　纵向钢筋弯钩增加长度计算表

弯钩形式	180°($D=2.5d$)	135°($D=4d$)	90°
公　式	$1.071D+0.57d+L_p$	$0.678D+0.178d+L_p$	$0.285D-0.215d+L_p$
纵　筋	$6.25d$(HPB300 钢筋) ($L_p=3d$)	$7.9d$(机械锚固) ($L_p=5d$)	以量度差来处理更简单，此处暂不计算。

表9.4　　　　　　　　　箍筋弯钩增加长度计算表

	弯钩形式	180° (弯弧内径 D)	135° (弯弧内直径 D)			90° (弯弧内直径 D)		
	公　式	$1.071D+$ $0.57d+L_p$	$0.678D+0.178d+L_p$			$0.285D-0.215d+L_p$		
	钢筋牌号	HPB300 级钢筋 $D=2.5d$	HPB300 $D=2.5d$	335MPa级 400MPa级 钢筋 $D=5d$	500MPa 级钢筋 $D=6d$	HPB300 $D=2.5d$	335MPa级 400MPa级 钢筋 $D=5d$	500MPa 级钢筋 $D=6d$
箍筋	特殊：非抗震砌体结构等砼构件	$8.25d$ ($L_p=5d$)	$6.9d$ ($L_p=5d$)	$8.6d$ ($L_p=5d$)	$9.2d$ ($L_p=5d$)	$5.5d$ ($L_p=5d$)	$6.2d$ ($L_p=5d$)	$6.5d$ ($L_p=5d$)
	抗震构件或非抗震的框架/剪力墙/框剪/基础等结构构件		抗震 $11.9d$ ($L_p=10d$) 非抗震 $6.9d$ ($L_p=5d$)	抗震 $13.6d$ ($L_p=10d$) 非抗震 $8.6d$ ($L_p=5d$)	抗震 $14.2d$ ($L_p=10d$) 非抗震 $9.2d$ ($L_p=5d$)			

表9.5 钢筋仅一次弯折弯曲调整值

钢筋弯曲角度		30°	45°	60°	90°
弯曲调整值公式		0.006D+0.274d	0.022D+0.436d	0.054D+0.631d	0.215D+1.215d
一般情况下	HPB300级钢筋 $D=2.5d$	0.3d	0.5d	0.8d	1.8d
	335MPa、400MPa 钢筋 $D=5d$	0.3d	0.5d	0.9d	2.3d
	500MPa级钢筋 $d<28$ 时 $D=6d$	0.3d	0.6d	1.0d	2.5d
	500MPa级钢筋 $d\geqslant28$ 时 $D=7d$	0.3d	0.6d	1.0d	2.7d
	平法楼梯钢筋 $D=4d$	0.3d	0.5d	0.9d	2.1d
平法梁柱	非框梁及楼层框架梁柱 $d\leqslant25$ 时 $D=8d$	0.3d	0.6d	1.1d	2.9d
	非框梁及楼层框架梁柱 $d>25$ 或顶层框架梁柱 $d\leqslant25$ 时 $D=12d$	0.3d	0.7d	1.3d	3.8d
	顶层节点 $d>25$ 时 $D=16d$	0.4d	0.8d	1.5d	4.7d

表9.6 钢筋弯折二次弯起 30°、45°、60°的单个弯曲调整值

钢筋弯曲角度		30°	45°	60°
弯曲调整值公式		0.006D+0.14d	0.022D+0.219d	0.054D+0.342d
一般情况下	HPB300级钢筋 $D=2.5d$	0.2d	0.3d	0.5d
	335MPa、400MPa 钢筋 $D=5d$	0.2d	0.3d	0.6d
	500MPa级钢筋 $d<28$ 时 $D=6d$	0.2d	0.4d	0.7d
	500MPa级钢筋 $d\geqslant28$ 时 $D=7d$	0.2d	0.4d	0.7d
平法梁柱	非框梁及楼层框架梁柱 $d\leqslant25$ 时 $D=8d$	0.2d	0.4d	0.8d
	非框梁及楼层框架梁柱 $d>25$ 或顶层框架梁柱 $d\leqslant25$ 时 $D=12d$	0.2d	0.5d	1.0d
	顶层节点 $d>25$ 时 $D=16d$	0.2d	0.6d	1.2d

9.4.3 纵向钢筋设计中心线长度

纵向钢筋：纵向钢筋是指沿构件长度（或高度）方向设置的钢筋，其设计中心线长度计算公式如表9.7~表9.8所示。

表9.7 纵向钢筋长度计算表

钢筋种类	设计中心线长度（下料长度）
带弯钩直钢筋	构件长度-保护层厚度+弯钩增加长度
弯起钢筋	构件长度-保护层厚度-弯钩度量差值+弯起部分增加长度
弯折钢筋（或直角筋）	钢筋平直段外皮度量长+弯折长度-度量差值

表 9.8　　　　　　　　　　　弯起钢筋弯起部分增加长度计算表

弯起角度 α	30°	45°	60°
增加长度 ΔL	$0.268h_0$	$0.414h_0$	$0.575h_0$

h_0 = 弯起部分截面高度 − 2×保护层厚度。

【例 9.7】 结合图集 11G101-1 页 53 中有关内容，分析 laE 与 labE 有何关系？试推导二者的关系式。并计算某楼层框架梁纵向钢筋端支座直锚与弯锚最小长度，设钢筋为 HRB335 级，直径 18；三级抗震，混凝土强度等级为 C30，锚固区保护层厚度大于 $5d$。

【解】 （1）公式推导

由图集 11G101-1 页 53 可知：

$l_a = \zeta_a l_{ab}$，$l_{aE} = \zeta_{aE} l_a$。

又由《混凝土结构设计规范》第 11.6.7 条和图集 11G329-1 第 1~9 页知：

$l_{abE} = \zeta_{aE} l_{ab}$，

∴ $l_{aE} = \zeta_a \zeta_{aE} l_{ab} = \zeta_a l_{abE}$。

（2）查图集 11G101-1 页 53 表知满足题意的 $l_{abE} = 31d$，ζ_a 值取 0.7，

∴ 直锚时，钢筋最小锚固长度 = $\max(l_{aE}, 0.5h_c + 5d) = \max(21.7d, 0.5h_c + 5d)$；

弯锚时，钢筋最小锚固长度 = $0.4l_{abE} + 15d = 0.4 \times 31d + 15d = 27.4d$。

【例 9.8】 已知 KL1 平法配筋（一类环境）（图 9.19），计算其纵向钢筋（HRB335）工程量。

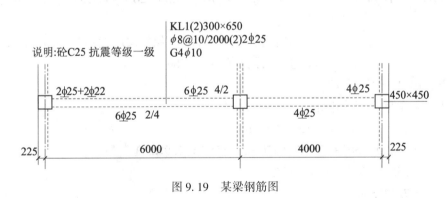

图 9.19　某梁钢筋图

【解】 将以上平法解读为截面法如图 9.20 所示，下部纵筋暂按一跨一锚固计算（也可按支座外连接考虑，通长计算）。

查 11G101-1P54 知：一类环境中，梁柱混凝土保护层厚度 h_c 为 20mm。计算时，暂不考虑实际保护层，简化为按名义保护层 20mm 考虑。

查 11G101-1P53 知：一级抗震、HRB335 钢筋 Φ≤25mm、C25 砼时抗震锚固长度 $L_{aE} = 38d$。

由图知：一跨净跨长 $L_{n1} = 6000 - 450$，二跨净跨长 $L_{n2} = 4000 - 450$。

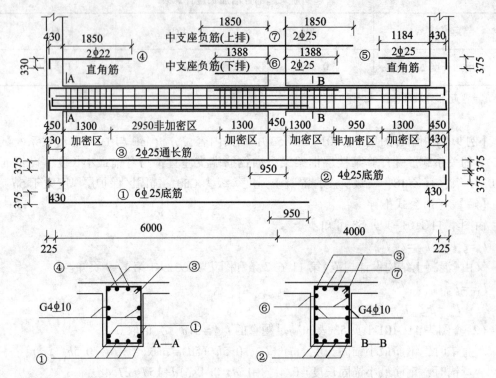

图9.20 某梁钢筋布置图

由 11G101-1P79 知：端支座宽-保护层厚度 = 450-20 = 430 < 38d = 950，端支座要弯锚，

端支座弯锚长度 = 端支座宽-保护层厚度+15d-量度差(2.9d)

中间支座直锚长度 = L_{aE} = 38d。

①筋：6Φ25 底筋(长跨)。

单根长 = 净跨长+右锚固长度+左锚固长度

$= L_{n1} + L_{aE} + (h_c - 20 + 15d - 2.9d)$

$= (6000-450) + 38×25 + (450-20+15×25-2.9×25)$

$= 5550+950+430+375-72.5$

$= 7232.5$ mm。

小计长 = 7.233m×6 = 43.398m。

②筋：4Φ25 底筋(短跨)。

单根长 = 净跨长+右锚固长度+左锚固长度

$= L_{n2} + (h_c - 20 + 15d - 2.9d) + L_{aE}$

$= (4000-450) + (450-20+15×25-2.9×25) + 38×25$

$= 3550+430+375-72.5+950 = 5232.5$ mm。

小计长 = 5.233m×4 = 20.932m。

③筋：2Φ25 通长筋。

单根长=通跨净跨长+左端锚固长度+右端锚固长度

$\qquad$ =(6000+4000-225×2)+(h_c-20+15d-2.9d)×2

$\qquad$ =9550+(450-20+375-72.5)×2

$\qquad$ =11015mm。

小计长=11.015m×2=22.030m。

④筋：2Φ22 端支座负筋。

单根长=$\dfrac{1}{3}$净跨长+锚固长

$\qquad$ =$\dfrac{1}{3}L_{n1}$+(h_c-20)+15d-2.9d

$\qquad$ =$\dfrac{1}{3}$×5550+(450-20)+15×22-2.9×22

$\qquad$ =1850+430+330-63.8

$\qquad$ =2546.2mm。

小计长=2.546m×2=5.092m。

⑤筋：2Φ25 端支座负筋。

单根长=$\dfrac{1}{3}$净跨长+锚固长

$\qquad$ =$\dfrac{1}{3}L_{n2}$+(h_c-20)+15d-2.9d

$\qquad$ =$\dfrac{1}{3}$×3550+(450-20)+15×25-2.9×25

$\qquad$ =1184+430+375-72.5

$\qquad$ =1916.5mm。

小计长=1.917m×2=3.834m。

⑥筋：中支座负筋2Φ25(下排)。

单根长=$\dfrac{1}{4}$净跨长+支座宽=$\dfrac{1}{4}L_{n1}$×2+h_c=$\dfrac{1}{4}$×5550×2+450=1388×2+450=3225mm。

小计长=3.225m×2=6.45m。

⑦筋：中支座负筋2Φ25(上排)。

单根长=$\dfrac{1}{3}$净跨长+支座宽=$\dfrac{1}{3}L_{n1}$×2+h_c=$\dfrac{1}{3}$×5550×2+450=1850×2+450=4150mm。

小计长=4.15m×2=8.30m。

⑧侧边构造筋 G4Φ10。

小计长=(构件长-保护层×2+弯钩增加长×2)×4

$\qquad$ =(6000+4000+225×2-20×2+6.25×10×2)×4

$\qquad$ =10535mm×4

$\qquad$ =42.14m。

纵向钢筋重量：
$\Phi25$：$0.006165 \times 25^2 \times (43.398+20.932+22.030+3.834+6.45+8.30)$
　　　$= 3.85 \times 104.944 = 404.034 \text{kg}$；
$\Phi22$：$0.006165 \times 22^2 \times 5.092 = 2.984 \times 5.092 = 15.195 \text{kg}$；
$\Phi10$：$0.006165 \times 10^2 \times 42.14 = 0.6165 \times 42.14 = 25.979 \text{kg}$；
合计 = 445.208 kg。

9.4.4 箍筋

箍筋是钢筋混凝土构件中形成骨架，并与混凝土一起承担剪力的钢筋，在梁、柱构件中设置。其计算公式如下：

$$箍筋长度 = 单根箍筋长度 \times 箍筋根数；$$

$$箍筋根数 = \frac{箍筋设置区域的长度}{箍筋设置间距} + 1。$$

9.4.4.1 单根箍筋长度计算

单根箍筋长度，与箍筋的设置形式有关。下面以单肢为例介绍箍筋长度的计算。双肢箍长度计算公式如下：

双肢箍长度 = 构件周长 − 8 × 混凝土保护层厚度 + 箍筋两个弯钩增加长度 − 3 × 90°弯折量度差值。

箍筋弯折量度差值如表 9.9 所示。

表 9.9　　　　　　　　　　**箍筋 90°弯折量度差值表**

钢筋牌号及弯弧内直径	HPB300 级钢筋 $D=2.5d$	HRB335MPa、400MPa 钢筋 $D=5d$	HRB500MPa 级钢筋 $D=6d$
90°弯折量度差值	1.8d	2.3d	2.5d

(1) HPB300Mpa 级光圆钢筋，135°弯钩，90°弯折，弯弧内直径为 $D=2.5d$。
双肢箍长度 = 构件周长 − 8 × 混凝土保护层 + 弯钩增加长度 − 90°弯折量度差值
　　　　　= 构件周长 − 8 × 保护层厚度 + 11.9 × 2d − 3 × 1.8 × d
　　　　　= 构件周长 − 8 × 保护层厚度 + 18.4d。

(2) HRB335Mpa 级、400Mpa 级带肋钢筋，135°弯钩，90°弯折，弯弧内直径为 $D=5d$。
双肢箍长度 = 构件周长 − 8 × 混凝土保护层 + 弯钩增加长度 − 90°弯折量度差值
　　　　　= 构件周长 − 8 × 保护层厚度 + 13.6 × 2d − 3 × 2.3 × d
　　　　　= 构件周长 − 8 × 保护层厚度 + 20.3d。

(3) HRB500Mpa 级带肋钢筋，135°弯钩，90°弯折，弯弧内直径为 $D=6d$。
双肢箍长度 = 构件周长 − 8 × 混凝土保护层 + 弯钩增加长度 − 90°弯折量度差值
　　　　　= 构件周长 − 8 × 保护层厚度 + 14.2 × 2d − 3 × 2.5 × d

=构件周长-8×保护层厚度+20.9d。

【例 9.9】 已知 KL1 平法配筋图如图 9.19 所示，计算其箍筋工程量。（一类环境）

【解】 将以上平法解读为截面法如图 9.20 所示。箍筋为 Φ8。

加密区根数=[(2×650-50)÷100+1]×4=14×4=56，

非加密区根数=[(5550-1300×2)÷200-1]+[(3550-1300×2)÷200-1]=14+4=18

小计长=[(300+650)×2-8×20-3×1.8×8+2×11.9×8]×(56+18)

= 1887.2×74 = 139652.8mm = 139.653m；

箍筋重量 = 139.653×0.006165×8^2 = 55.10kg。

9.4.4.2 螺旋箍长度计算（图 9.21）

螺旋箍长度 = $\sqrt{(螺距)^2+(\pi×螺旋直径)^2}$ × 螺旋圈数 + 上下底两圆形筋 + 弯钩；

螺旋直径=柱直径-保护层；

螺旋圈数=(柱高-保护层)/螺距。

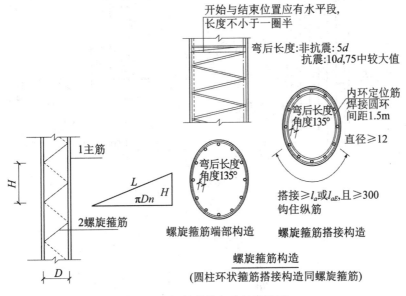

图 9.21 螺旋箍筋长度计算简图

【例 9.10】 某工程所用人工挖孔桩，如图 9.22 所示，已知桩长（含扩底）为 10m，砼保护层为 50mm，试计算钢筋工程量。

【解】 （1）纵筋：

φ14：[(10+0.6-0.1-0.05)×6+(4+0.6)×6]×1.209 = 109.173kg。

（2）加劲筋：

中心线直径 = 0.9-0.05×2-0.006×2-0.0014×2-0.0012 = 0.748m

φ12：$0.748\pi×\left(\dfrac{10-0.03×2-0.05}{2}+1\right)×0.888 = 12.514$kg。

(3)螺旋箍筋：

$$\phi 65 = \left[\frac{10-31-0.05-0.03}{0.2} \times \sqrt{0.2^2 + (0.9-0.05\times 2 - 0.006)^2 \pi^2} + \frac{3+0.1-0.03}{0.1} \right.$$
$$\left. \times \sqrt{0.1^2 + (0.9-0.05\times 2 - 0.006)^2 \pi^2} + (0.9-0.05\times 2 - 0.006) \times \pi \times 1.5 \times 2 \right.$$
$$\left. + (1.9\times 0.006 + 0.075) \times 2 \right] \times 0.261$$

$= [341 \times 2.5012 + 30.7 \times 2.4952 + 7.4795 + 0.175] \times 0.261$

$= 44.252 \text{kg}_\circ$

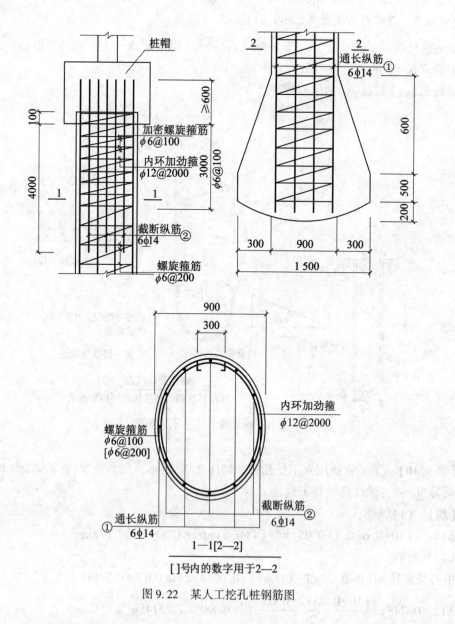

图 9.22 某人工挖孔桩钢筋图

9.5 模 板

9.5.1 现浇混凝土及钢筋混凝土模板工程量

现浇混凝土模板子目按不同构件，分别以组合钢模板、胶合板模板、木模板和滑升模板配制。使用其他模板时，可编制补充定额。

定额捣制构件均按支承在坚实的地基上考虑。如属于软弱地基、湿陷性黄土地基、冻胀性土等所发生的地基处理费用，按实结算。

9.5.1.1 一般规则

现浇混凝土及钢筋混凝土模板工程量，除另有规定者外，均应区别模板的不同材质，按混凝土与模板接触面的面积，以平方米计算。柱与梁、柱与墙、梁与梁等连接的重叠部分以及伸入墙内的梁头、板头部分，均不计算模板面积。

现浇钢筋混凝土墙、板上单孔面积在 $0.3m^2$ 以内的孔洞，不予扣除，洞侧壁模板亦不增加，但突出墙、板面的混凝土模板应相应增加；单孔面积在 $0.3m^2$ 以外时，应予扣除，洞侧壁模板并入墙、板模板工程量内计算。

基础、柱、梁、墙、板、挑檐、零星构件等的尺寸取定、构件定义与砼和钢筋砼分部工程中的规定基本相同。

1. 基础

(1) 有肋式带形基础，肋高与肋宽之比在 4∶1 以内的按有肋式带形基础计算；肋高与肋宽之比超过 4∶1 的，其底板按板式带形基础计算，以上部分按墙计算。

(2) 整板基础、带形基础的反梁、基础梁或地下室墙侧面的模板用砖侧模时，可按砖基础计算，同时不计算相应面积的模板费用。砖侧模需要粉刷时，可另行计算。

(3) 箱式满堂基础应分别按满堂基础、柱、墙、梁、板有关规定计算。

(4) 设备基础除块体外，其他类型设备基础分别按基础、梁、柱、板、墙等有关规定计算。

(5) 设备基础螺栓套留孔，分别不同深度以个计算。

(6) 带形桩承台按带形基础模板计算。

(7) 杯形基础的颈高大于 1.2m 时（基础扩大项面至杯口底面），按柱定额执行，其杯口部分和基础合并按杯形基础计算。

2. 柱

(1) 单面附墙柱并入墙内计算；双面附墙柱按柱计算（与计算混凝土时不同）。

(2) 构造柱均按图示外露部分计算模板面积。留马牙槎的按最宽面计算模板宽度。构造柱与墙接触面不计算模板面积。

3. 梁

(1) 高度大于 700mm 的深梁模板的固定，根据施工组织设计采用对拉螺栓时，可按实计算。

(2) 现浇挑梁的悬挑部分按单梁计算，嵌入墙身部分分别按圈梁、过梁计算。

(3) 钢筋混凝土墙及高度大于 700mm 的深梁模板的固定，根据施工组织设计采用对

拉螺栓时,可按实计算。对拉螺栓在组合钢模板和胶合板模板中按下列方法计算:

①使用组合钢模板时,如对拉螺栓使用在模板外侧起加固作用(周转使用的),则属组合式钢模板的配件含在定额中,不另计算。

②使用胶合板模板时,如对拉螺栓使用在模板外侧起加固作用(周转使用的),定额未包含相应内容,应另套用胶合板模板对拉螺栓加固子目。

③使用组合钢模板或胶合板模板时,如大面积模板需要加大刚度,在构件中设置对拉螺栓,并同混凝土一起现浇在构件不取出周转使用,则可根据甲方认可的施工组织设计,按实际根数计算工程量,套用刨光车丝钻眼铁件子目,模板的穿孔费用和损耗不另增加,定额中的钢支撑含量也不扣减。

4. 板

(1)平板与圈梁、过梁连接时,板算至梁的侧面。墙与板相交,墙高算至板的底面。

(2)预制板缝宽度在 60mm 以上时,按现浇平板计算;60mm 宽以下的板缝已在接头灌缝的子目内考虑,不再列项计算(与计算混凝土时的划分标准不一致)。

(3)梁中间距≤1m 或井字(梁中)面积≤5m² 时,套用密肋板、井字板定额。如图 9.23 所示。

图 9.23 密肋板示意图

(4)弧形板并入板内计算,另按弧长计算弧形板增加费。梁板结构的弧形板按有梁板计算外,另按接触面积计算弧形有梁板增加费。

5. 墙

(1)墙与梁重叠,当墙厚等于梁宽时,墙与梁合并按墙计算;当墙厚小于梁宽时,墙梁分别计算。

(2)墙与板相交,墙高算至板的底面。

(3)墙净长小于或等于 4 倍墙厚时,按柱计算;墙净长大于 4 倍墙厚,而小于或等于 7 倍墙厚时,按短肢剪力墙计算。

(4)混凝土墙按直形墙、电梯井壁、短肢剪力墙、圆弧墙,划分不同厚度,分别计算。

(5)挡土墙、地下室墙是直形的，按直形墙计；是圆弧形时按圆弧墙计；既有直形又有圆弧形时应分别计算。

【例9.11】 计算图9.24所示"L"形墙的模板，墙高为3m，图中标注单位为mm。

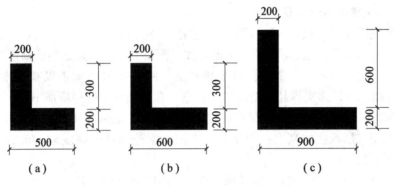

图9.24 "L"形墙示意图

【解】 ①图(a)所示墙净长=500+300=800，800/200=4，按"柱"模板计算。
模板面积=0.5×4×3=6m²。
②图(b)所示墙净长=600+300=900，900/200=4.5，按"短肢剪力墙"模板计算。
模板面积=(0.6+0.5)×2×3=6.6m²。
③图(c)所示墙净长=900+600=1500，1500/200=7.5，按"直形墙"模板计算。
模板面积=(0.9+0.8)×2×3=10.2m²。

9.5.1.2 特殊规则

(1)现浇钢筋混凝土阳台、雨篷模板，按图示外挑部分尺寸的水平投影面积计算。挑出墙外的悬臂梁及板边模板不另计算。雨篷翻边突出板面高度在200mm以内时，按翻边的外边线长度乘以突出板面高度，并入雨篷内计算；雨篷翻边突出板面高度在600mm以内时，翻边按天沟计算；雨篷翻边突出板面高度在1200mm以内时，翻边按栏板计算；雨篷翻边突出板面高度超过1200mm时，翻边按墙计算。

带反梁的雨篷按有梁板定额子目计算，板带上的凹阳台同现浇板带一起现浇按有梁板定额子目计算。与有梁板一起浇捣的阳台雨篷并入有梁板子目。

(2)楼梯模板(包括休息平台、平台梁、斜梁和楼梯的连接梁)以图示露明面尺寸的水平投影面积计算。不扣除宽度小于500mm的楼梯井，楼梯的踏步、踏步板、平台梁等侧面模板不另计算，伸入墙内部分也不增加。当楼梯与现浇楼板有梯梁连接时，楼梯应算至梯口梁外侧；当无梯梁连接时，以楼梯最后一个踏步边缘加300mm计算。

(3)混凝土台阶模板，按图示台阶尺寸的水平投影面积计算，平台沿口按300mm宽计入，台阶端头两侧不另计算模板面积。架空式混凝土台阶模板，按现浇楼梯计算。

(4)现浇混凝土明沟模板以接触面积按电缆沟子目计算；现浇混凝土散水模板按散水坡实际面积，以平方米计算。

(5)混凝土扶手模板按延长米计算。

(6)小立柱(是指周长为48cm内、高度为1.50m内的现浇独立柱)、二次浇灌模板按零星构件,以实际接触面积计算。

(7)后浇带模板及支撑超高增加费:按延长米计算(不含整板基础)。后浇带两侧面模板用钢板网时,可按每平方米(单侧面)用钢板网 1.05m²、人工 0.08 工日计算,同时不计算相应面积的模板费用。

9.5.1.3 支撑超高增加费

现浇钢筋混凝土柱、梁(不包括圈梁、过梁)、板(含现浇阳台、雨篷、遮阳板等)、墙、支架、栈桥的支模高度(即室外设计地坪或板面至上一层板底之间的高度)以 3.6m 以内为准,高度超过 3.6m 以上部分,另按超高部分的总接触面积乘以超高米数(含不足 1m,小数进位取整)计算支撑超高增加费工程量,套用相应构件每增加 1m 子目。

无地下室时,底层独立柱的支模高度取定:当基础上表面至室外地坪的高度≤1m 时,为基础上表面至二层板底的高度;当基础上表面至室外地坪的高度>1m 时,为室外设计地坪至二层板底的高度。

计算独立梁、板(含阳台板、雨篷板)等水平构件超高时,若水平构件底板最大支撑高度大于 3.6m,则按水平构件的全部接触面积计算超高,阳台板、雨篷板按水平投影面积计算超高,套板支撑超高子目。

柱模支撑超高子目适用于矩形柱、异型柱、圆形柱、构造柱等;梁模支撑超高子目适用于单梁、连续梁、拱形梁、弧形梁、异型梁,不适用圈、过梁;板模支撑超高子目适用于有梁板、无梁板、平板、拱形板、阳台板、雨篷板等;墙支撑超高子目适用于直形墙、电梯井壁、短肢剪力墙、圆弧形墙。

支撑超高增加工程量=超高米数(含不足 1m,小数进位取整)×超高部分的模板接触面积

9.5.2 预制钢筋混凝土构件模板工程量

(1)预制钢筋混凝土模板工程量除另有规定外,均按预制砼构件制作工程量计算规则,以立方米计算。

(2)小型池槽按外形体积以立方米计算。

(3)钢筋混凝土构件灌缝模板工程量同构件灌缝工程量以立方米计算。

9.5.3 构筑物钢筋混凝土模板工程量

(1)烟囱、预制倒圆锥形水塔的水箱、水塔、储水(油)池的模板工程量按混凝土构筑物工程量计算规则分别计算。

烟囱钢滑升模板项目均包括烟囱筒身、牛腿、烟道口。水塔钢滑升模板均已包括直筒、门窗洞口等模板用量。

用钢滑升模板施工的烟囱是按无井架施工计算的,并综合了操作平台,不再计算脚手架及竖井架。倒锥壳水塔塔身钢滑升模板项目,也适用于一般水塔塔身滑升模板工程。

(2)建筑物内外型体积大于 2m³ 的梁、板、墙结构式水池,应分别套用梁、板、墙相应定额。其余套用构筑物储水(油)池相应定额。

(3)储仓底板模板套用储水(油)池底板子目。

(4)支架以接触面积计算(包括支架各组成部分)。

(5)栈桥：

①柱、连系梁(包括斜梁)接触面积合并、肋梁与板的面积合并，均按图示尺寸以接触面积计算。

②栈桥斜桥部分不论板顶高度如何，均按板高在12m内子目执行。

③板顶高度超过20m，每增加2m子目，仅指柱、连系梁(不包括有梁板)。

(6)检查井、化粪池：分解成底、壁、顶三部分，分别计算其砼体积，套用对应子目。

小 结

(1)混凝土工程量的计算，除另有规定外，均按图示尺寸以"m^3"计算。

(2)钢筋工程量的计算，按理论重量以吨计算，重点解决不同形状下的钢筋长度的计算，应明确有关混凝土保护层厚度、弯钩长度、弯起钢筋增加长度、箍筋长度的计算等规定。

(3)模板工程量的计算，现浇砼构件一般是按模板与混凝土的接触面积计算，预制构件模板不计算。

习 题 9

1. 根据图9.25、图9.26计算基础混凝土、模板、钢筋工程量。混凝土强度等级C30。

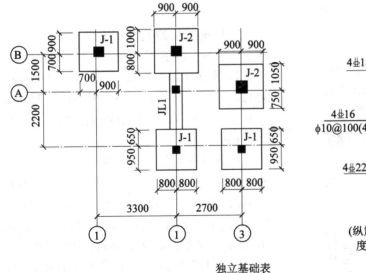

独立基础表

基础编号	基础类型	平面尺寸			基础高度			基础底板配筋	
		$B×L$	B_1	L_1	h_1	h_1	h	①	②
J-1	I	1600×1600					500	⌀12@150	⌀12@150
J-2	I	1800×1800					500	⌀12@150	⌀12@150

图9.25 基础平面图、基础梁大样图、基础表

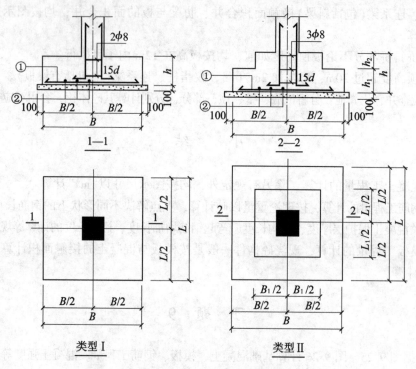

图 9.26 独立基础大样图

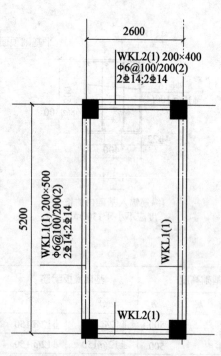

图 9.27 某屋面框架梁布置图

2. 根据图 9.27 计算屋面框架梁、板的混凝土、模板、钢筋工程量。三级抗震,混凝土强度等级 C25,柱截面尺寸为 600mm×500mm。屋面板厚 100mm,板双向底筋 φ10@150mm,负筋 φ8@200mm,温度筋 φ6@200mm。

3. 根据下列数据计算构造柱混凝土及模板工程量。90 度转角型:墙厚 240mm,柱高 12.0m,T 形接头:墙厚 240mm,柱高 15.0m;十字形接头:墙厚 365mm,柱高 18.0m;一字形:墙厚 240mm,柱高 9.5m。

4. 根据图 9.28 所示计算混凝土散水的工程量。

5. 如图 9.29 所示为一抗震柱的钢筋套箍,箍用直径 φ6 的 HPB300 圆钢制作,求单个箍筋计算长度。

6. 结合《混凝土结构工程规范》(GB 50666—2011)建立并推导箍筋 135° 弯钩增加

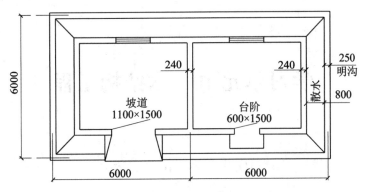

图 9.28 某建筑散水平面图

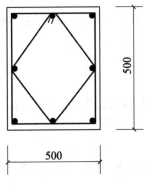

图 9.29 某柱箍筋大样图

长度计算公式,并计算抗震结构中用 HPB300 级、HRB335MPa 级、HRB400MPa 级钢筋作箍筋时,箍筋的单个弯钩增加长度。

学习单元 10　木结构工程

10.1　基本概念

10.1.1　木屋架

木屋架指全部杆件均用木材的屋架或上下弦及斜腹杆用木材，竖腹杆用圆钢制作的屋架。包括圆木屋架和方木屋架。

10.1.2　钢木屋架

钢木屋架指下弦及竖向腹杆用钢材制作的屋架。包括圆木钢木屋架和方木钢木屋架。

10.1.3　挑檐木

屋架下弦杆两端附有挑檐木，也叫附木，长度随檐口挑出尺寸而定。

10.1.4　木屋架的支撑系统

（1）水平支撑：指下弦与下弦用杆件连在一起；可于一定范围内，在屋架的上弦和下弦、纵向或横向连续布置。
（2）垂直支撑：指上弦与下弦用杆件连在一起；垂直支撑可于屋架中部连续设置，或每隔一个屋架节间设置一道剪刀撑。

10.1.5　屋面木基层

屋面木基层指坡屋面防水层(瓦)的基层，用以固定和承受防水材料。它由一系列木构件组成，故称木基层。包括屋面板(望板)、椽板、油毡、挂瓦条、顺水条。檩条单独列项计算。如图10.1所示。

10.1.6　封檐板

封檐板指钉在前后檐口的木板。如图10.2所示。

10.1.7　博风板

博风板指山墙部分与封檐板连接成人字形的木板。如图10.3所示。

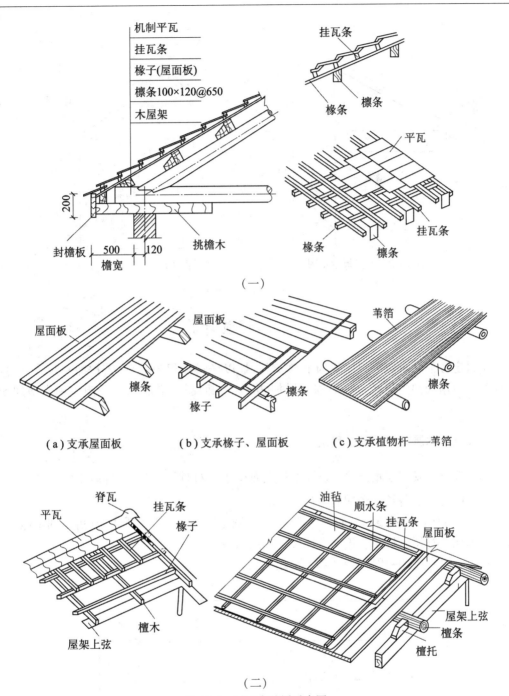

图 10.1 屋面木基层示意图

10.1.8 大刀头

大刀头又叫勾头板,指博风板两端的刀形板。如图 10.3 所示。

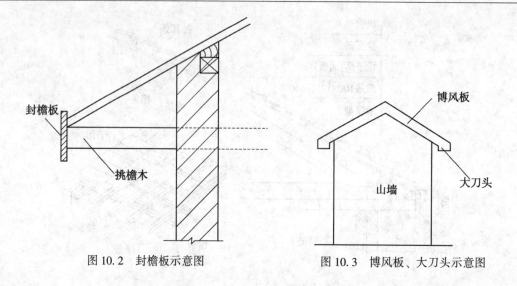

图 10.2　封檐板示意图　　　　图 10.3　博风板、大刀头示意图

10.2　工程量计算

木材定额消耗量以毛料体积为准(木梁、柱以净料体积为准),若按净料尺寸计算毛料体积,应增加刨光损耗:一面刨光增加 3mm,二面刨光增加 5mm,圆木刨光增加 5%体积。

10.2.1　木屋架制、安工程量

木屋架制、安工程量 = $\sum$ 设计毛料截面尺寸 × 杆件计算长度(即竣工体积)

定额内已含后备长度和配制损耗。

(1)应增加:与屋架相连的挑檐木、支撑(圆木屋架时,方木乘 1.70 折合圆木体积)、气楼小屋架、马尾、折角、正交半屋架。如图 10.4 所示。

竣工木料:屋架+挑檐木+支撑+各类附属屋架。

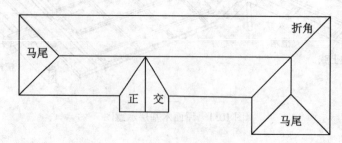

图 10.4　马尾、折角、正交示意图

(2)不计算:夹板、垫木、钢杆、铁件、螺栓。
(3)杆件计算长度 = 半跨长 A×系数(图 10.5、表 10.1)。

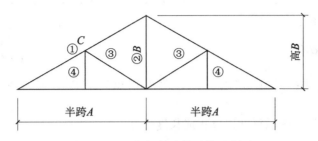

图 10.5 屋架杆件计算系数示意图

表 10.1　　　　　　　　　　　屋架杆件系数表

俗名(坡度)	坡度(B/A)	角度	上弦杆 C①	高度 B②	③	④
4 分水	0.4	21°48′	1.077	0.40	0.538	0.20
5 分水	0.5	26°34′	1.118	0.50	0.56	0.25
6 分水	0.6	30°58′	1.166	0.60	0.583	0.30

【例 10.1】 已知一圆木屋架跨度 10m，上弦、下弦、竖杆、斜杆合计木料体积(刨光净料)为 0.458m³，屋架两端各有一挑檐木，净料规格为 150mm×150mm×900mm，试计算该木屋架工程量及直接工程费。

【解】
圆木屋架上弦、下弦、竖杆、斜杆毛料体积　$0.458 \times 1.05 = 0.481 \text{m}^3$；
挑檐木方木折合圆木毛料体积：
$(0.15+0.005) \times (0.15+0.005) \times 0.9 \times 2 \times 1.7 = 0.074 \text{m}^3$；
木屋架工程量：$0.481 \text{m}^3 + 0.074 \text{m}^3 = 0.555 \text{m}^3$；
A-87 圆木屋架 10m 内 $3166.15 \times 0.555 = 1757.21$ 元。

10.2.2 檩木

檩木按毛料尺寸体积以立方米计算，简支檩长度按设计规定计算。如设计无规定者，按屋架或山墙中距增加 200mm；如两端出山墙，檩条长度算至博风板；连续檩条的长度按设计长度计算，其接头长度按全部连续檩木总体积的 5%计算。檩条托木已计入相应的檩木制作安装项目中，不另计算。单独的方木挑檐(适用山墙承重方案)，按矩形檩木计算。

10.2.3 屋面木基层

椽子、挂瓦条、檩木上钉屋面板等木基层，均按屋面的斜面积计算。天窗挑檐重叠部分按设计规定计算，屋面烟囱及斜沟部分所占面积不扣除。

10.2.4 木结构

(1)木柱、木梁均按设计断面净料以体积计算。

(2)木楼梯按设计图示尺寸以水平投影面积计算。不扣除宽度小于 300mm 的楼梯井,伸入墙内部分不计算。

10.2.5 其他构件

封檐板按图示檐口外围长度计算,博风板按斜长度计算,每个大刀头增加长度 500mm。

其他木构件按设计图示尺寸以体积或长度计算。

小　结

木屋架、木檩木工程量以毛料体积计算;木梁、柱以净料体积计算。
屋面木基层均按屋面的斜面积计算;木楼梯按设计图示尺寸以水平投影面积计算。
封檐板、博风板按长度计算。

习　题　10

1. 某工程设计有方木钢屋架一榀(如图 10.6 所示),各部分尺寸如下:下弦 L = 9000mm,A = 450mm,断面尺寸为 250mm×250mm;上弦轴线长 5148mm,断面尺寸为 200mm×200mm;斜杆轴线长 2516mm,断面尺寸为 100mm×120mm;垫木尺寸为 350mm×100mm×100mm;挑檐木长 600mm,断面尺寸为 200mm×250mm。试计算该方木钢屋架工程量。

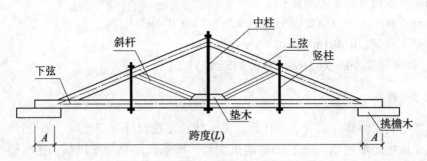

图 10.6　方木钢屋架

学习单元 11　钢结构工程

钢结构是从承重骨架的材料角度定义的,即指结构体系中主要受力构件由钢板、热轧型钢、冷加工成形的薄壁型钢以及钢索等经过加工,制作成各种基本构件,如梁、桁架、柱、板等构件,然后将这些基本构件之间按一定的连接方式(焊缝连接、螺栓连接或铆钉连接,有些钢结构还部分采用钢丝绳或钢丝束连接)连接组成。

钢结构主要应用于大跨结构、重型厂房结构、承受动力荷载及强大地震作用的结构、高层建筑、高耸结构、容器和其他构筑物(如海上采油平台钢结构等)、可拆卸、活动结构、轻型钢结构、钢-混凝土组合结构等。

在钢结构工程中,根据结构形式不同,可划分成多种类型,如门式刚架结构、框架结构、网架结构、钢管结构、索膜结构、钢平台等。

11.1　金属结构成品安装

金属结构成品安装定额仅设置金属构件安装子目,未设置金属构件制作、金属构件运输子目。金属构件安装均按工厂加工的成品列入定额,定额取定的金属构件成品价包含金属构件制作和场外运输费用。金属结构油漆,另按安装工程相应定额子目执行。

11.1.1　一般规则

金属构件成品安装,按设计图示尺寸以质量计算。不扣除孔眼的质量,焊条、铆钉、螺栓等不另增加质量。不规则或多边形钢板或其他异形均按实际尺寸计算,不再以其最大对角线乘最大宽度的矩形面积计算。如图 11.1 所示。

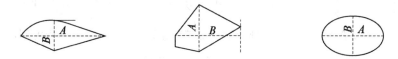

图 11.1　不规则或多边形钢板不按矩形计算

11.1.2　钢柱

依附在钢柱上的牛腿及悬臂梁等并入钢柱工程量内。钢管柱上的节点板、加强环、内衬管、牛腿等并入钢管柱工程量内。

钢柱是指用型钢钢材经切割、钻孔、拼装、焊接而成的立柱。依其拼装形式有:实腹钢柱、空腹钢柱、管形钢柱等。

实腹钢柱是指钢柱截面的中心腹部,为钢连接构件所焊接而成的立柱。如图11.2所示,(a)为直接用工字钢(也可用钢板焊接成工字形)所作成的钢柱,多用作平台柱和墙架柱;(b)为用钢板焊接两根槽钢而成,常用作厂房等截面柱;(c)为用钢板焊接两根工字钢而成的钢柱,多作阶形柱。

空腹钢柱是指钢柱截面的中心腹部为空洞形。如图11.3所示,(a)为用钢板焊接两根槽钢而成的钢柱,常用作无吊车或起重量较小的厂房柱;(b)为用钢板焊接两根工字钢而成的钢柱,一般用于起重量小于50吨的厂房柱;(c)为全用厚钢板焊接而成的钢柱,多用于起重量大于50吨的厂房柱。

管形钢柱分为钢管柱和钢管-混凝土柱。钢管柱可用钢板卷焊或采用无缝钢管制作而成,钢管-混凝土柱是在钢管内灌注混凝土而成。如图11.4所示。

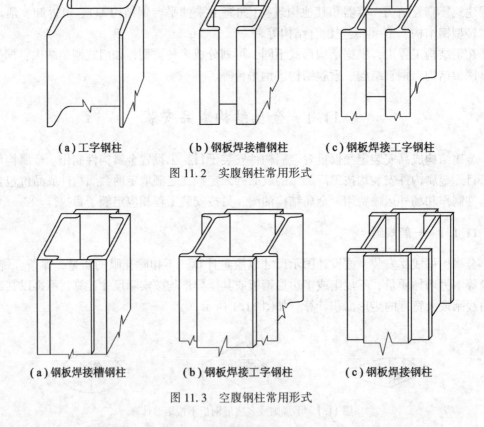

(a)工字钢柱　　　(b)钢板焊接槽钢柱　　　(c)钢板焊接工字钢柱

图11.2　实腹钢柱常用形式

(a)钢板焊接槽钢柱　　　(b)钢板焊接工字钢柱　　　(c)钢板焊接钢柱

图11.3　空腹钢柱常用形式

【例11.1】　设某厂房钢柱如图11.5所示,共8根,计算其安装工程量。

【解】　柱身=12m×2.03kg/m×8根=4034.88kg;

顶板=(0.25×0.118×0.008)×7850kg/m³×8块=14.82kg;

底板=(0.65×0.52×0.01)×7850kg/m³×8块=212.26kg;

加强板=(0.22×0.2×0.01)×7850kg/m³×16块=55.26kg(近似,应按实际尺寸计算);

(a)

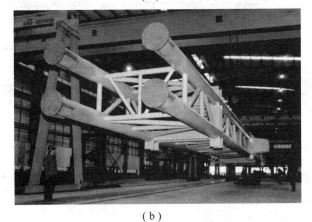

(b)

图 11.4 钢管柱

肋板=(0.15×0.2×0.01)×7850kg/m³×32 块=75.36kg(近似，应按实际尺寸计算)；
则钢柱工程量=4034.88+14.82+212.26+55.26+75.36=4392.58kg=4.39t。

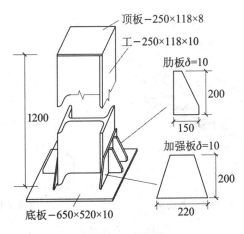

图 11.5 某钢柱

11.1.3 吊车梁、制动梁、吊车轨道

制动梁、制动板、制动桁架、车挡并入钢吊车梁工程量内。

1. 钢吊车梁

钢吊车梁是用型钢钢材制作，承托车间行走吊车的钢梁，依其截面形式分为：型钢梁、组合工形梁、箱形梁、撑杆式梁、桁架式梁等，如图 11.6 所示。一般吊车梁是安装在厂房的边(中)柱上，然后吊车横跨厂房，将轮子落在两边对称的吊车梁轨道上进行滑行。

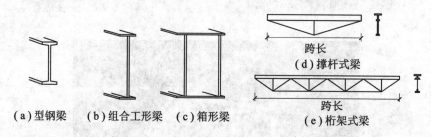

图 11.6 常用吊车梁截面形式

2. 单轨吊车梁

单轨吊车梁是悬挂在屋架杆或屋架梁上，一般不需柱。单轨吊车梁常采用普通轧制工字钢制作，起吊质量在 5t 以下。

3. 制动梁

当吊车在行驶中和行走小车制动时，会产生横向水平力而使吊车梁产生侧向弯曲，制动梁就是安置在吊车梁侧边抵抗侧向弯曲的辅助梁，如图 11.7 所示。

一般吊车梁的跨度超过 12m 或吊车为重级工作制时，均应设置制动结构。制动梁有：桁架式和板式。跨度较大时采用桁架式制动梁，跨度较小时一般采用制动板。

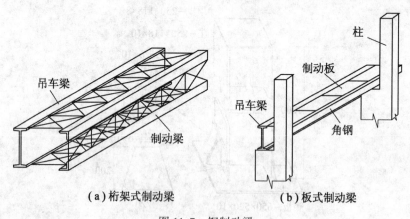

图 11.7 钢制动梁

4. 钢吊车轨道

钢吊车轨道是供吊车滑行的铁轨，常用的轨道分为：铁路钢轨(重轨)、专用吊车钢轨、方钢轨等三类，如图 11.8 所示。

5. 车挡

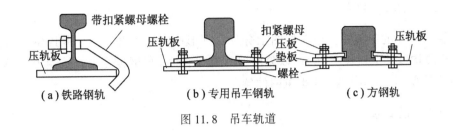

图 11.8 吊车轨道

为了操作吊车行驶安全,一般应在每条轨道端头设置阻挡构件,即"车挡",如图 11.9 所示。车挡设置在吊车轨道端头的吊车梁上,用钢板制作焊接而成。其工程量按不同尺寸车挡的钢板量计算。

11.1.4 墙架

墙架的安装工程量包括墙架柱、墙架梁及连系拉杆重量。

钢墙架是指用于热车间或高跨厂房,为了减轻墙体自重和满足车间工艺要求,采取将墙体部分制作成钢骨架,在骨架上安装薄型板材(如瓦楞铁或石棉瓦类)而成的墙体。钢墙架分为厂房端部墙架和纵向墙架。钢墙架由横梁、柱、镶边构件、拉条和抗风桁架等组成,如图 11.10 所示。钢墙架用工字钢、槽钢、角钢等各种型钢制作而成。

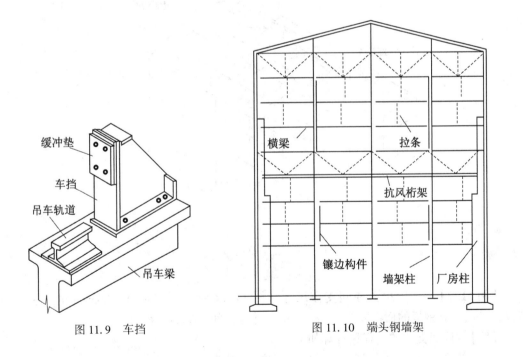

图 11.9 车挡　　　　　　图 11.10 端头钢墙架

11.1.5 钢栏杆

钢栏杆,仅适用于工业厂房中平台、操作台的钢栏杆。民用建筑中铁栏杆按其他章节有关项目计算。

11.1.6 钢漏(煤)斗

钢漏(煤)斗的工程量,矩形按图示分片,圆形按图示展开尺寸,并以钢板宽度分段计算,每段均以其上口长度(圆形以分段展开上口长度)与钢板宽度,按矩形计算,依附漏(煤)斗的型钢并入漏(煤)斗重量内计算。

11.1.7 钢支撑

钢支撑是指钢柱之间,或钢屋架之间的钢支撑,它们主要是为加强房屋的整体刚度而设置的联系构件,一般采用角钢制作而成,如图11.11所示。

柱间支撑分为:上柱支撑和下柱支撑。上柱支撑在吊车梁以上,支持截面较小。下柱支撑在吊车以下,支撑截面较大。

屋架支撑分为:上弦平面支撑,下弦平面支撑、屋架之间垂直交叉支撑、天窗上掷面支撑、天窗侧面垂直交叉支撑等。

十字支撑包括:屋架之间垂直交叉和天窗侧面垂直交叉等的钢支撑。平面组合支撑是指包括上弦平面内和下弦平面内的钢支撑。

钢系杆、钢筋混凝土组合屋架钢拉杆按钢支撑子目套用。

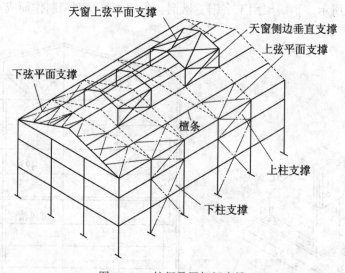

图11.11 柱间及屋架间支撑

【例11.2】 某厂房上柱间支撑尺寸如图11.12所示,共4组,L63×6的线密度为5.72kg/m,-8钢板的面密度为62.8kg/m²。计算柱间支撑的工程量。

【解】 柱间支撑的工程量计算如下:

计算公式:杆件质量=杆件设计图示长度×单位理论质量;

角钢L63×6质量=(62+2.82)1/2-0.04×2)×5.72×2=74.83kg;

-8钢板质量=0.17×0.15×62.8×4=6.41kg(近似,应按实际尺寸计算);

柱间支撑工程量=(74.83+6.41)×4=324.96kg≈0.325t。

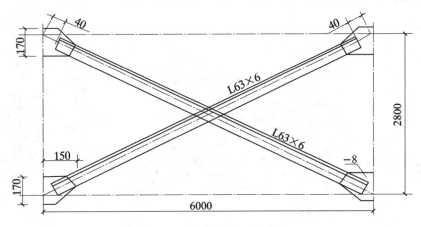

图 11.12 上柱间支撑示意图

11.1.8 H 型钢

H 型钢是最近几年所生产的一种新型型钢,其外形与工字钢相似,如图 11.13 所示。从外观形式看与普通工字钢的区别有三点,即:(1)工字钢翼缘板的外、里两个面不是平行线,靠腹板处的翼缘板较厚,翼缘板的两个边端较薄;而 H 型钢的翼缘板外、里面是平行的,板厚均匀一致。(2)工字钢翼缘板的边角为弧形,而 H 型钢翼缘板的边角是直角形。(3)H 型钢翼缘板的宽度,要较相近型号工字钢的翼缘板宽度要宽,它受力强度、抗弯、抗扭性能都较工字钢好,故广泛用于钢柱、钢梁等构件中。其工程量计算与工字钢相同。

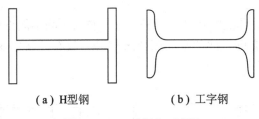

(a) H 型钢　　　　(b) 工字钢

图 11.13　H 型钢和工字钢

11.1.9　钢屋架、钢托架

1. 钢屋架

钢屋架分为:轻钢屋架和钢屋架。钢托架分为:钢托架和托架梁。

轻钢屋架——轻钢屋架是指单榀重量在 1t 以内,且用角钢或钢筋、管材作为支撑拉杆的钢屋架。特点是上下弦杆采用角钢,腹杆采用圆钢,杆件之间一般直接相互焊接,不用或少用接点钢板。

钢屋架即指普通钢屋架,它是指除轻钢屋架之外的所有钢屋架。

【例 11.3】 某榀钢屋架如图 11.14 所示,计算其工程量。
【解】

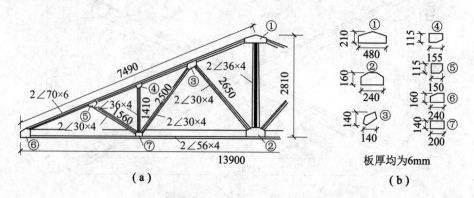

图 11.14 某钢屋架(单位:mm)

①上弦 = 7.49m×6.406kg/m×2 根×2 边 = 191.92kg;
下弦 = 13.9m×3.446kg/m×2 根 = 95.80kg;
直腹杆 = (2.81+1.41)m×2.163kg/m×2 根×2 边 = 36.51kg;
斜腹杆 = (2.65+2.5+1.56)m×1.786kg/m×2 根×2 边 = 47.94kg。
①②板 = (0.21×0.48+0.16×0.24)×0.006×2 块×7850kg/m = 13.11kg(近似,应按实际尺寸计算)。
③④⑤⑥⑦板 = (0.14×0.14+0.115×0.155+0.115×0.15+0.16×0.24+0.14×0.2)×0.006×2 块×2 边×7850kg/m = 22.81kg(近似,应按实际尺寸计算)。
则:该榀屋架工程量 = 191.92+95.80+36.51+47.94+13.11+22.81 = 408.09kg。

2. 钢托架

屋架一般都是由立柱作支撑构件,当房屋开间较大中间不能设柱时,就采用托架来支撑构件,因此,托架是支撑屋架的横向桁架式构件,故有的将实腹式托架称梁,简称托梁,如图 11.15 所示。

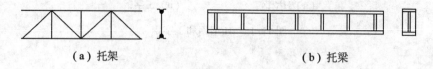

(a) 托架　　　　　　　　(b) 托梁

图 11.15 常用托架形式

11.1.10 钢 平 台

钢平台(图 11.16)根据使用荷载不同分为:一般平台、普通操作平台、重型操作平台。其中,一般平台是指荷载在 200kg/m² 以下的平台,如人行走道平台、单轨吊车检修平台等。一般用三角架、支承托等直接支撑在厂房及其他结构上。普通操作平台是指荷载在 400~800kg/m² 的平台,如一般设备检修平台、堆料操作平台等,多用型钢做主梁、小梁来承托铺板。重型操作平台是指荷载在 1000kg/m² 以上的平台，如高炉炉顶平台、炼钢车间操作平台、铸锭平台等，平台结构通常由铺板、主次梁、柱、柱间支撑，以及梯子、栏杆等组成。对受有较大动力荷载或承受重力很大的设备平台，宜与厂房柱脱开设计，直接支承于独立柱上。

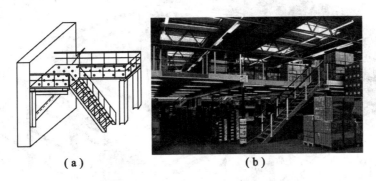

图 11.16　钢平台示意图

11.1.11　门式刚架结构

门式刚架由主刚架、支撑系统、屋盖系统或楼面系统、墙面围护系统等构成，如图 11.17 所示。

1. 主刚架

主刚架可由多个梁柱组成，一般为变截面 H 型钢，有桥式吊车时柱宜等截面；梁柱之间可通过端板以高强螺栓连接。柱脚多铰接，为平板支座，设一对或两对地脚螺栓。当有桥式吊车时柱脚宜刚接。

2. 支撑系统

柱间支撑一般由张紧的交叉圆钢或角钢组成；屋面支撑大多采用张紧的交叉圆钢；系杆采用钢管或其他型钢。如图 11.18 所示。

3. 屋盖系统或楼面系统

以 C 形或 Z 形轻钢板作檩条，屋盖系统或楼面系统用压型彩色钢板作面层（上面可浇混凝土，压型钢板既可作为钢筋，必要时也可以再配钢筋）。

4. 墙面围护

宜采用单层或夹层压型钢板和冷弯薄壁型钢墙梁，夹层板内部可充填各种保温层。也可采用砌体外墙或底部砌体上部轻质材料的外墙（≤6 度时）。山墙设抗风柱。

11.1.12　金属构件拼装台搭拆

钢柱、钢（轻钢）屋架、钢桁架、钢天窗架安装定额中，不包括拼装工序。如需拼装时，按拼装定额项目计算。

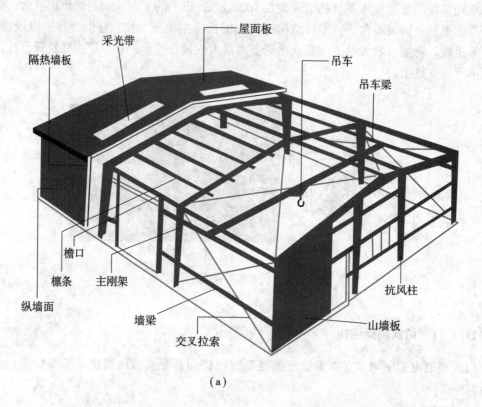

(a)

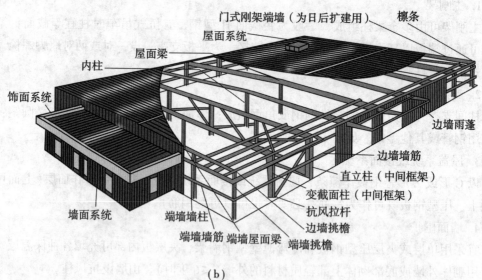

(b)

图 11.17 门式刚架组成示意图

金属结构构件现场拼装定额子目中未含现场拼装平台或胎架的搭拆，现场拼装台搭拆套用相关子目，现场拼装台架费用另行计算。

金属构件拼装台搭拆工程量同金属构件成品安装工程量。

图 11.18 支撑示意图

11.1.13 其他

构件安装定额中不包括起重机和运输机械行驶道路修整、铺垫工作的人工、材料、机械费用，发生时另行计算。

安装高度在 20m 以上时，应根据专项施工方案另行计算。

构件安装定额中不包括起重机和运输机械行驶道路修整、铺垫工作的人工、材料、机械费用，发生时另行计算。

零星钢构件是指定额未列项目且单件重量在 50kg 以内的小型构件。

构件安装定额中，不包括安装后需焊接的无损检测费。

钢构件安装定额中，不包括专门为钢构件安装所搭设的临时性脚手架、安全围护和特殊措施的费用，发生时另按有关规定计算。

小　　结

每种金属结构构件成品安装项目，按图示钢材尺寸以吨计算。焊条、铆钉、螺栓等重量不另计算。不再另外考虑金属构件的制作、运输子目。

习　题　11

1. 根据图 11.19 所示尺寸，计算柱间支撑的制作工程量。
2. 某金属构件如图 11.20 所示，底边长 1520mm，顶边长 1360mm，另一边长 800mm，底边垂直最大宽度为 840mm，厚度 10mm，求该钢板工程量。
3. 图 11.21 为某单层工业厂房门式钢架结构图，请计算 1 榀钢架 H 型钢的制作工程

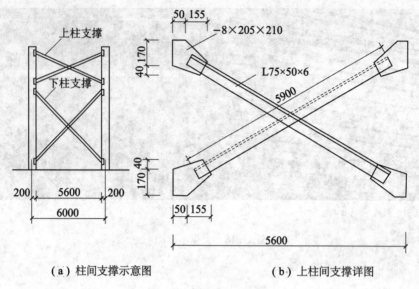

(a) 柱间支撑示意图 (b) 上柱间支撑详图

图 11.19 柱间支撑

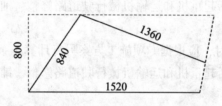

图 11.20 金属构件示意图

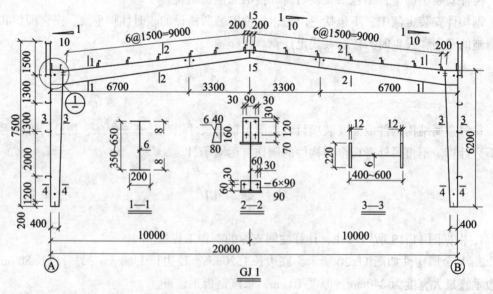

图 11.21 门式架结构(单位:mm)

量(不计算梁柱加劲肋、节点板、檩托、墙架和预埋板的工程量)。

4. 某工程钢屋架如图 11.22 所示，计算钢屋架工程量。

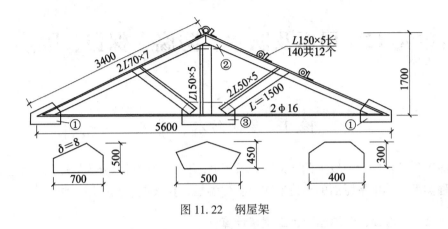

图 11.22　钢屋架

学习单元 12　屋面及防水、防腐、保温、隔热工程

12.1　屋面防水、排水

屋面工程是指屋面板以上的构造层。按形式不同,屋面可以分为坡屋面、平屋面和曲屋面三种类型。其中平屋面的构造层次有:保温层、找坡层、找平层、防水层。

12.1.1　瓦屋面、金属压型板工程量计算

瓦屋面、彩钢板(包括挑檐部分)均按斜面积计算或水平投影面积乘以屋面坡度系数(表12.1、图12.1),以平方米计算。不扣除房上烟囱、风帽底座、风道、屋面小气窗、

表 12.1　　　　　　　　　　　　屋面坡度系数表

坡	度		延尺系数 C	隔延尺系数 D
$B/A(A=1)$	$B/2A$	角度 α		
1	1/2	45°	1.4142	1.7321
0.75		36°52′	1.2500	1.6008
0.70		35°	1.2207	1.5779
0.666	1/3	33°40′	1.2015	1.5620
0.65		33°01′	1.1926	1.5564
0.60		30°58′	1.1662	1.5362
0.577		30°	1.1547	1.5270
0.55		28°49′	1.1413	1.5170
0.50	1/4	26°34′	1.1180	1.5000
0.45		24°14′	1.0966	1.4839
0.40	1/5	21°48′	1.0770	1.4697
0.35		19°17′	1.0594	1.4569
0.30		16°42′	1.0440	1.4457
0.25		14°02′	1.0308	1.4362
0.20	1/10	11°19′	1.0198	1.4283
0.15		8°32′	1.0112	1.4221
0.125		7°8′	1.0078	1.4191
0.100	1/20	5°42′	1.0050	1.4177
0.083		4°45′	1.0035	1.4166
0.066	1/30	3°49′	1.0022	1.4157

斜沟及 0.3m² 以内孔洞等所占面积，屋面小气窗的出檐部分亦不增加。屋面挑出墙外的尺寸，按设计规定计算，如设计无规定时，彩色水泥瓦按水平尺寸加 70mm 计算。

彩钢夹心板屋面按实铺面积以平方米计算。支架、铝槽、角铝等均已包含在定额内，不再另计。

其计算公式：瓦屋面、金属压型板工程量=其水平投影面积×延尺系数，

$$延尺系数 = \frac{屋面的斜面积}{坡屋面的水平投影面积}，$$

屋面斜脊系数又称隅延尺系数，用 D 表示。参见屋面坡度示意图 12.1。

计算斜脊长的公式：斜脊长=屋面水平宽×D（$S=A$ 时）。

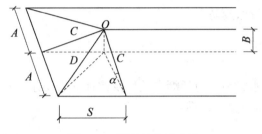

图 12.1　屋面坡度示意图

【例 12.1】　有一两坡的坡形屋面，其外墙中心线长度为 40m，宽度为 15m，四面出檐距外墙外边线为 0.3m，屋面坡度为 1∶1.333，外墙为 24 墙，试计算屋面工程量。

【解】　1. 屋面水平投影面积=长×宽；

长=40+0.12×2+0.30×2=40.84m；

宽=15+0.12×2+0.30×2=15.84m；

水平投影面积=40.84×15.84=646.91m²。

2. 屋面坡度系数

坡度为 1∶1.333=B/A=0.75/1，查表知：C=1.25，

$C=\sqrt{1+0.75^2}=1.25$。

3. 计算屋面工程量

S=646.91×1.25=808.64m²。

【例 12.2】　某四坡屋面平面如图 12.2 所示，设计屋面坡度 0.5。试计算斜面积、斜脊长、正脊长。

【解】　屋面坡度=B/A=0.5，查屋面坡度系数表得 C=1.118，

屋面斜面积=(50+0.6×2)×(18+0.6×2)×1.118=1099.04m²；

查屋面坡度系数表得 D=1.5，单面斜脊长=$A×D$=9.6×1.5=14.4m；

斜脊总长：4×14.4=57.6m；

正脊长度=(50+0.6×2)-9.6×2=32m。

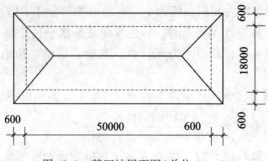

图 12.2　某四坡屋面图(单位:mm)

12.1.2　屋面卷材及涂膜防水

12.1.2.1　基本知识

1. 卷材

卷材即可卷曲的防水材料,包括沥青油毡及改性沥青防水卷材(SBS、APP)、高分子卷材(主要有橡胶类、塑料类、纤维类)。

2. 铺贴

普通油毡一般采用冷沥青胶(冷玛帝脂)逐层粘贴;改性沥青卷材和高分子卷材采用刷粘结剂铺贴;改性沥青热熔卷材采用热熔法施工,其卷材背面涂有一层软化点较高的热熔胶,铺贴时只要一边用喷灯烘烤背面,一边滚动即可粘贴。卷材铺贴时每边搭接宽约为100mm。

卷材与基层的粘贴种类分为:①满铺:全部粘贴;②空铺:仅在卷材四周粘贴;③条铺:采取条状粘贴,每卷不少于2条,每条宽不小于150mm;④点铺:采取梅花点状粘贴,每平方米不少于5点,每点面积为100mm×100mm;⑤满铺(加强型):卷材接缝除按要求搭接外,在接缝处加贴120mm宽卷材,起加强作用。

3. 涂膜

(1)涂膜组成:防水涂料结成的薄膜,在涂膜中间夹铺纤维布(无纺布、玻纤布)以加强涂膜的整体抗裂性,又叫胎布。每两层胎布之间的涂膜叫做一个涂层,涂膜由涂层和胎布叠合组成。涂膜无胎布时,即为一个涂层组成。

(2)涂层厚度:连续均匀地在作业面上满刷一层称为一遍。每个涂层经涂刷数遍而成,而涂刷遍数越多,则涂层越厚。

薄质涂料刷一至二遍的涂层厚约0.3~0.5mm。

聚氨酯防水涂料属厚质涂料,能一次结成较厚涂层。一个涂层涂刷二遍时,涂层厚度为1.5~2mm。定额中聚氨酯涂膜区分双组分和单组分,涂膜厚度有2mm和1.5mm。

因此,中南标11ZJ001中"2厚聚氨酯防水涂料"屋面,可套用《2008湖北建筑定额》子目A5-47(因《2013湖北定额》工作内容规定"刷聚氨酯二遍"为一个涂层厚2mm)。

墙地"2(或1.5mm)厚聚氨酯防水涂料"项目可套用《2013湖北定额》中墙、地面防水子目A5-135~137(刷聚氨酯二遍)。

12.1.2.2　工程量计算

卷材屋面按图示尺寸的水平投影面积乘以规定的坡度系数(表12.1)以平方米计算。

但不扣除房上烟囱、风帽底座、风道、屋面小气窗和斜沟所占的面积；屋面的女儿墙、伸缩缝和天窗等处的弯起部分，按图示尺寸并入屋面工程量计算，如图纸无规定时，伸缩缝、女儿墙的弯起部分可按 250mm 计算，天窗弯起部分可按 500mm 计算。如图 12.3 所示。

卷材屋面及卷材防水定额中已包括附加层、接缝、收头、找平层嵌缝、冷底子油打底人工、材料等，发生时不另外计算。

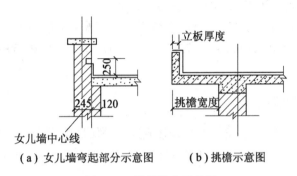

(a) 女儿墙弯起部分示意图　　(b) 挑檐示意图

图 12.3　卷材防水示意图

【例 12.3】　如图 12.4 所示：有一两坡水 SBS 卷材屋面，屋面防水层构造层次为：预制钢筋混凝土楼板、1∶2 水泥砂浆找平层、冷底油一道、3mm 厚 SBS 防水层。试计算(1) 当有女儿墙时，屋面坡度为 1∶4 时的防水层工程量；(2) 当有女儿墙且屋面坡度为 3% 时的防水层工程量；(3) 当无女儿墙有挑檐，檐宽 500mm，坡度为 3% 时的防水层工程量。

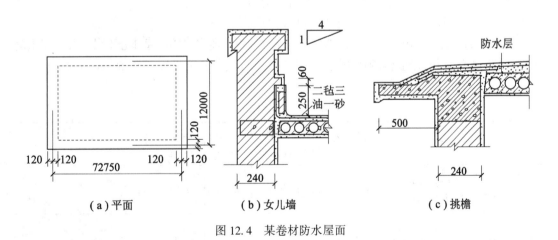

(a) 平面　　　　　(b) 女儿墙　　　　　(c) 挑檐

图 12.4　某卷材防水屋面

【解】　(1) 屋面坡度 1∶4，相应角度为 14°02′，延尺系数 $C=1.0308$，
坡屋面卷材工程量＝水平投影面积×坡度系数＋应增加的面积；
$S = (72.75-0.24) \times (12-0.24) \times 1.0308 + 0.25 \times (72.75-0.24+12-0.24) \times 2$
$= 878.98 + 42.14 = 921.12 m^2$。

(2)屋面坡度3%时,按平屋面计算
卷材工程量=女儿墙间的净面积+应增加的面积;
$S = (72.75+0.24)\times(12+0.24)-0.24\times(72.75+12)\times2+0.25\times(72.75-0.24+12-0.24)\times2$
$= 894.86m^2$
或 $S = (72.75-0.24)\times(12-0.24)+0.25\times(72.75-0.24+12-0.24)\times2$
$= 852.72+42.14 = 894.86m^2$。

(3)无女儿墙有挑檐平屋面(3%)
卷材工程量=外墙外围水平面积+L外×檐宽+4×檐宽×檐宽 (同平整场地计算方法),
$S = (72.75+0.24)\times(12+0.24)+(72.75+0.24+12+0.24)\times2\times0.5+4\times0.5\times0.5$
$= 979.63m^2$。

12.1.3 屋面刚性防水

刚性屋面、屋面砂浆找平层、水泥砂浆或细石砼保护层均按装饰装修定额楼地面工程中相应子目计算。按设计图示尺寸以面积计算,不扣除房上烟囱、风帽底座及小于$0.3m^2$以内孔洞等所占面积。

12.1.4 屋面排水工程

屋面排水方式按使用材料的不同,划分为铁皮排水、铸铁排水、玻璃钢排水、PVC系列排水等。

12.1.4.1 铁皮排水

铁皮排水按图示尺寸以展开面积计算,如图纸没有注明尺寸时,可按表12.2计算。咬口和搭接等已计入定额项目中,不另计算。计算公式如下:

铁皮排水工程量=图示个数或长度×展开面积/个或米。

水落管的长度,应由水斗的下口算至设计室外地坪。泄水口的弯起部分不另增加。当水落管遇有外墙腰线,设计规定必须采用弯管绕过时,每个弯管长度折长可按250mm计算。

表12.2 铁皮排水单体零件折算表

	名 称	单位	水落管(米)	檐沟(米)	水斗(个)	漏斗(个)	下水口(个)		
铁皮排水	水落管、檐沟、水斗、漏斗、下水口	m^2	0.32	0.30	0.40	0.16	0.45		
	天沟、斜沟、天窗窗台泛水、天窗侧面泛水、烟囱泛水、通气管泛水、滴水檐头泛水、滴水	m^2	天沟(m)	斜沟天窗窗台泛水(m)	天窗侧面泛水(m)	烟囱泛水(m)	通气管泛水(m)	滴水檐头泛水(m)	滴水(m)
			1.30	0.50	0.70	0.80	0.22	0.24	0.11

12.1.4.2 铸铁、玻璃钢、PVC水落管

铸铁、玻璃钢、PVC水落管区别不同直径按图示尺寸以延长米计算,雨水口、水斗、弯头、短管以个计算。

【例12.4】 如图12.5所示,计算某建筑物屋面采用DN100-UPVC落水管排水,设计水落管20根,水斗底标高19.6m,设计室外地坪-0.3m,试对此屋面排水系统列项并计算各分项工程量。

【解】 屋面UPVC排水施工内容包括安装雨水口、水斗、弯头、落水管四项,所以列项也同样。

落水口工程量=20个;

水斗工程量=20个;

弯头工程量=20个。

落水管按延长米计算到室外地坪 $L=(19.6+0.3) \times 20 = 398$m。

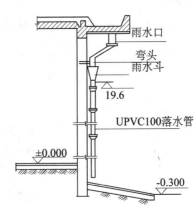

图12.5 落水管示意图

12.1.4.3 其他

(1) 彩板屋脊、天沟、泛水、包角、山头按设计长度以延长米计算,堵头已包括在定额内。

(2) 阳台PVC落水管按组计算。每组阳台出水口至水落管中以线斜长按1m计算(内含两只135°弯头,1只异径三通)。

(3) PVC阳台排水管以组计算。

12.2 其他防水工程

1. 建筑物地面防水、防潮层

按主墙间净空面积计算,扣除凸出地面的构筑物、设备基础等所占面积,不扣除柱、垛、间壁墙、烟囱及0.3m²以内孔洞所占面积。与墙面连接处高度在500mm以内者按展开面积计算,并入平面工程量内;超过500mm时,其立面部分工程量全部按立面防水层计算。

公式如下:

平面防水工程量=主墙间净面积+墙身下部500mm以内高展开面积(墙身下部防水层高大于500mm者,全部按立面)-应扣减部分。

立面防水工程量=墙身长×防水层高(或宽)。

2. 建筑物墙基防水、防潮层(图12.6)

外墙长度按中心线,内墙长度按净长线乘以宽度以平方米计算。

3. 构筑物防水层及建筑物地下室防水层

按实铺面积计算,但不扣除0.3m²以内的孔洞面积。平面与立面交接处的防水层,其上卷高度超过500mm时,按立面防水层计算。

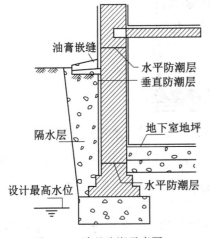

图12.6 墙基防潮示意图

12.3 变 形 缝

变形缝包括伸缩缝、沉降缝及防震缝。变形缝要区分不同材料一般以延长米计算。

变形缝定额划分为三部分：嵌(填)缝、变形缝盖板(图12.7)、止水带(图12.8)。变形缝嵌(填)缝、变形缝盖板、止水带如设计断面与定额取定不同时，材料可以调整，人工不变。

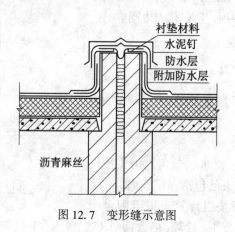

图 12.7 变形缝示意图

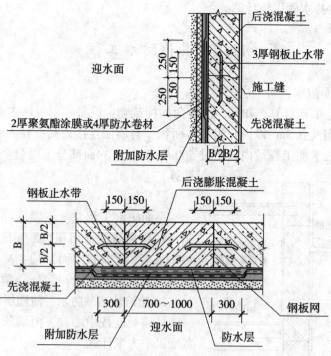

图 12.8 地下室侧墙止水带示例(上图施工缝止水带，下图后浇带止水带)

定额中变形缝分填缝(综合填缝和嵌缝)和盖缝两个部分，各部分按施工位置不同，又分平面和立面项目，计算工程量时，要注意将各部位工程量全部计算在内，如图12.7

所示。定额中盖缝内容不包括填缝工作内容。

定额合并填缝、嵌缝子目，关于填缝和嵌缝没有严格的规范解释，一般而言，填缝主要是对较大尺寸的变形缝(多通缝)的填充，而嵌缝一般是对新做缝隙(较小尺寸)的填充。

屋面分格缝可按设计分别套用分格缝上点粘300宽相应卷材及嵌缝等子目。

【**例 12.5**】 某工程地下室平面及墙身防水构造如图12.9所示。地下室底板厚400mm。求相关项目的工程量。

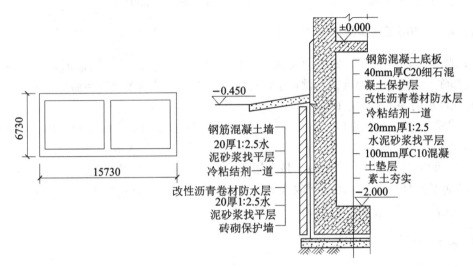

图 12.9　地下室平面及墙身防水示意图

【**解**】　由图示工程做法可知，应列项目见表12.3。

表 12.3　　　　　　　　　　　　　　工程列项表

工程做法		定额项目名称	计量单位
墙身	钢筋砼墙	砼墙	m³
	20厚1:2.5水泥砂浆找平层	水泥砂浆找平层	m²
	冷粘结剂一道	SBS防水层	m²
	SBS防水层		
	20厚1:2.5水泥砂浆找平层	水泥砂浆找平层	m²
	砖砌保护墙	1/2贴砌砖墙	m³
地面	钢筋砼底板	钢筋砼满堂基础	m³
	40厚C20细石砼保护层	C20细石砼找平层	m²
	SBS防水层	SBS防水层(平面)	m²
	冷粘结剂一道		
	20厚1:2.5水泥砂浆找平层	水泥砂浆找平层	m²
	100厚C10砼垫层	C10砼垫层	m³
	素土夯实	原土碾压	m²

地面 SBS 防水层工程量=实铺面积=15.73×6.73=105.86m²。
墙身 SBS 防水层工程量=实铺面积=$L_{外}$×实铺高度
$$=(15.73+6.73)×2×(0.4+2-0.45)=69.63m^2。$$

12.4 防腐、保温、隔热工程

防腐、保温、隔热工程分为耐酸、防腐和保温、隔热两部分。

12.4.1 防腐工程量按以下规定计算

(1)防腐工程项目应区分不同防腐材料种类及其厚度,按设计实铺面积以平方米计算。应扣除凸出地面的构筑物、设备基础等所占的面积,砖垛等突出墙面部分按展开面积计算并入墙面防腐工程量之内。

(2)踢脚板按实铺长度乘以高度以平方米计算,应扣除门洞所占面积并相应增加侧壁展开面积。

(3)平面砌筑双层耐酸块料时,按单层面积乘以系数2.0计算。

(4)防腐卷材接缝、附加层、收头等人工、材料,已计入在定额中,不再另行计算。

(5)硫磺胶泥二次灌缝按实际体积计算。

12.4.2 保温、隔热工程

保温层是指为使室内温度不至散失太快,而在各基层上(楼板、墙身等)设置的起保温作用的构造层;隔热层是指减少地面、墙体或层面导热性的构造层。定额中的保温、隔热工程选用于中温、低温及恒温的工业厂(库)房隔热以及一般保温工程,其定额项目划分为屋面、天棚、墙体、楼地面及柱。

工程量按以下规定计算:

(1)保温隔热层应区别不同保温隔热材料,除另有规定者外,均按设计实铺厚度以立方米计算。

(2)保温隔热层的厚度按隔热材料(不包括胶结材料)净厚度计算。

(3)屋面、地面隔热层按围护结构墙体间净面积乘以设计厚度(图 12.10)以立方米计算,不扣除柱、垛所占的体积。

屋面保温层工程量=保温层设计长度×设计宽度×平均厚度;

屋面保温层平均厚度=保温层宽度÷2×坡度÷2+最薄处厚度。

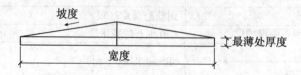

图 12.10 平均厚度计算示意图

屋面架空隔热层,分别计算钢筋、砼、零星砌砖等并套用相应定额子目。一般可按女儿墙内退 240mm 计算面积。

(4)墙体隔热层,内墙按隔热层净长乘以图示尺寸的高度及厚度以立方米计算,应扣除冷藏门洞口和管道穿墙洞口所占的体积。外墙外保温(见图 12.11)按实际展开面积计算。门洞口侧壁周围的隔热部分,按图示隔热层尺寸以立方米计算,并入墙面的保温隔热工程量内。

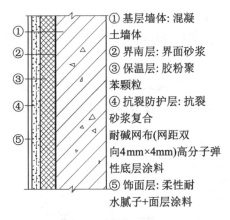
(a)涂料饰面胶粉聚苯颗粒外墙外保温系统

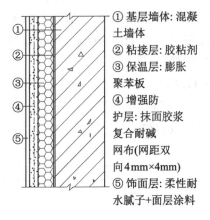
(b)膨胀聚苯板薄抹灰外墙外保温系统

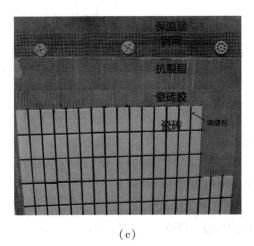
(c)

图 12.11 墙面保温示例图

外墙保温均包括界面剂、保温层、抗裂砂浆三部分,如设计与定额不同时,材料含量可以调整,人工不变。外墙外保温定额均考虑一层耐碱玻璃纤维网格布或热镀锌钢丝网,设计为双层时,另套用每增一层网格布或钢丝网定额子目。定额中所注明的保温砂浆厚度不含抗裂层。

(5)柱包隔热层,按图示柱的隔热层中心线的展开长度乘以图示尺寸高度及厚度以体积计算。

(6)天棚混凝土板下铺贴保温材料时,按设计实铺厚度以体积计算。天棚板面上铺放保温材料时,按设计实铺面积计算。柱帽保温隔热层按图示保温隔热层体积并入天棚保温隔热层工程量内。

(7)树脂珍珠岩板按图示尺寸以平方米计算,并扣除 0.3m² 以上孔洞所占的体积。

(8)其他保温隔热:

①池槽隔热层按图示池槽保温隔热层的长、宽及其厚度以立方米计算。其中池壁按墙面计算,池底按地面计算。

②烟囱内壁表面隔热层,按筒身内壁并扣除各种孔洞后的面积以平方米计算。

③保温层排气管按图示尺寸以延长米计算,不扣管件所占长度,保温层排气孔按不同材料以个计算。

【例 12.6】 保温平屋面尺寸如图 12.12 所示,作法如下:空心板上 1∶3 水泥砂浆找平 20 厚,沥青隔气层一度,1∶8 现浇水泥珍珠岩最薄处 60 厚,1∶3 水泥砂浆找平 20 厚,PVC 橡胶卷材防水,计算工程量。

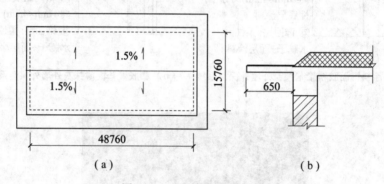

图 12.12 屋顶平面及剖面图

【解】 ①PVC 橡胶卷材防水(平面)工程量
=(48.76+0.24+0.65×2)×(15.76+0.24+0.65×2)= 870.19m²。
②屋面保温层平均厚 = 16÷2×0.015÷2+0.06 = 0.12m。
1∶8 现浇水泥珍珠岩保温层工程量
=(48.76+0.24)×(15.76+0.24)×0.12 = 784.00×0.12 = 94.08m³。
③沥青隔气层工程量 =(48.76+0.24)×(15.76+0.24)= 784.00m²。
砂浆找平层按相应定额计算。

【例 12.7】 某冷库内设软木保温层,厚度 100mm,层高 3.3m,板厚 100mm,如图 12.13 所示,试对其保温层列项并计算工程量。

【解】 ①列项:根据定额中项目的划分情况,本任务应列项目为:天棚保温层、墙面保温层、地面保温层、柱面保温层。

②计算:

天棚保温层工程量 = 天棚面积×保温隔热层厚度

=(4.8-0.24)×(3.6-0.24)×0.1 = 1.53m³;

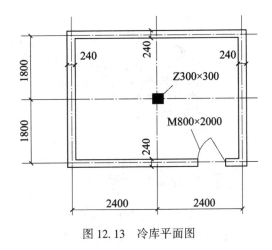

图 12.13 冷库平面图

地面保温层工程量=(墙间净面积+门窗洞口开口面积)×保温层厚度

$$=[(4.8-0.24)\times(3.6-0.24)+0.8\times0.24]\times0.1=1.55m^3;$$

墙面保温层工程量=保温层净长线长×高度×厚度-门窗洞口所占体积+门窗洞口侧壁增加

$$=(4.8-0.24+3.6-0.24)\times2\times(3.2-0.1\times2)\times0.1$$

$$-0.8\times2\times0.1+[0.8+(2-0.1\times2)\times2]\times0.12\times0.1$$

$$=15.84\times0.3-0.16+0.053=4.645m^3;$$

柱面保温层工程量=柱保温层中心线周长×高度×厚度

$$=(0.3+0.05\times2)\times4\times(3.2-0.1\times2)\times0.1=1.6\times3\times0.1=0.48m^3。$$

小 结

卷材屋面、瓦屋面、金属压型板(包括挑檐部分)均按斜面积计算,不扣除房上烟囱、风帽底座、风道、屋面小气窗、斜沟及 0.3m² 以内孔洞等所占面积。

卷材屋面还要增加屋面的女儿墙、伸缩缝和天窗等处的弯起部分的面积。卷材屋面防水附加层、冷底子油打底不另计算。

建筑物地面防水、防潮层,按主墙间净空面积计算,500mm 以内者上翻部分并入地面中。

防腐工程项目应区分不同防腐材料种类及其厚度,按设计实铺面积以平方米计算。

保温工程均按设计实铺厚度以立方米计算。屋面架空隔热层拆分钢筋砼、砖砌体分别计算。

习 题 12

1. 某办公楼屋面 240 厚女儿墙轴线尺寸为 12m×50m,平屋面构造如图 12.14 所示,试计算屋面工程量。

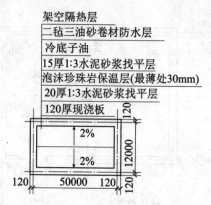

图 12.14 平屋面构造图

2. 某工程如图 12.15 所示，屋面板上铺水泥大瓦，计算工程量，确定定额项目。

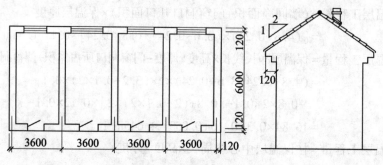

图 12.15 某工程平面图及立面图

3. 计算如图 12.16 所示某幼儿园卷材屋面工程量。女儿墙与楼梯间出屋面墙交接处卷材弯起高度取 250m，图中括号中数据为楼梯间女儿墙数据。

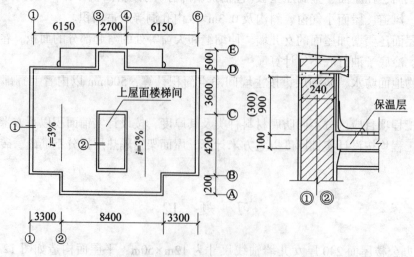

图 12.16 某幼儿园屋面平面图及节点图

4. 根据图 12.17 所示尺寸和条件计算找坡层工程量。

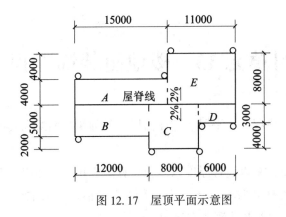

图 12.17 屋顶平面示意图

学习单元 13　楼地面装饰工程

楼地面工程主要包括垫层、找平层、整体面层、各种块料面层和其他等内容。

1. 地面垫层

按室内主墙间净空面积乘以设计厚度以体积计算。应扣除：凸出地面的构筑物、设备基础、室内管道、地沟等所占体积。不扣除：间壁墙（指墙厚≤120mm 的墙）和面积在 $0.3m^2$ 以内柱、垛、附墙烟囱及孔洞所占体积。

2. 整体面层、找平层

楼地面均按主墙间净面积以平方米计算。应扣除：凸出地面构筑物、设备基础、室内管道、地沟。不扣除：间壁墙和面积在 $0.3m^2$ 以内柱、垛、附墙烟囱及孔洞所占面积。不增加：门洞、空圈、暖气包槽、壁龛的开口部分。

楼梯找平层按水平投影面积乘以系数 1.365，台阶找平层乘以系数 1.48。

【例 13.1】　某建筑平面如图 13.1 所示，试计算水泥砂浆楼地面的工程量。

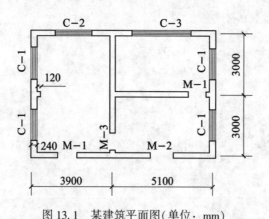

图 13.1　某建筑平面图(单位：mm)

【解】　工程量=(3.9-0.24)×(3+3-0.24)+(5.1-0.24)×(3-0.24)×2
　　　　　=21.082+26.827
　　　　　=47.91(m^2)。

3. 块料面层

块料面层计算规则也适用于塑料橡胶面层、地毯、地板及其他面层。

楼地面块料面层按实铺面积计算。不扣除 $0.1m^2$ 以内柱、垛、附墙烟囱及孔洞所占面积，不扣除点缀所占面积。拼花部分按实铺面积计算(图 13.2)。

(a)

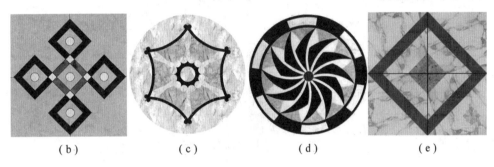

(b)   (c)   (d)   (e)

图 13.2　块料拼花示例图

【例 13.2】　如上例图 13.1 所示，试计算木地板地面的工程量。

【解】　木地板地面的工程量 = 地面工程量 + 门洞口开口部分工程量
$$= 47.91 + (1\times2 + 1.2 + 0.9) \times 0.24$$
$$= 47.91 + 0.984$$
$$= 48.89 (m^2)。$$

4. 楼梯面层

楼梯面层按设计图示尺寸以水平投影面积计算，包括踏步、休息平台及 500mm 以内的楼梯井。楼梯与楼地面相连时，算至梯口梁内侧边沿；无梯口梁者，算至最上一层踏步边沿加 300mm。

楼梯整体面层不包括踢脚线、侧面、底面的抹灰。

【例 13.3】　某建筑物内一楼梯如图 13.3 所示，同走廊连接采用直线双跑形式，墙厚 240mm，梯井宽 300mm，楼梯铺块料面层，试计算其工程量。

【解】

工程量 $= (3.3 - 0.24) \times (0.20 + 2.7 + 1.43)$
$\qquad\quad\; = 3.06 \times 4.33 = 13.25 m^2$。

5. 台阶面层

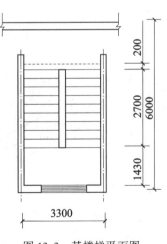

图 13.3　某楼梯平面图

台阶面层按设计图示尺寸以台阶(包括踏步及最上一层踏步边沿加300mm)水平投影面积计算。室外架空现浇台阶按室外楼梯计算。

台阶整体面层不包括牵边、侧面装饰。台阶包括水泥砂浆防滑条,其他材料做防滑条时,则应另行计算防滑条。

【**例13.4**】 某台阶如图13.4所示,1∶2.5水泥砂浆粘贴花岗石板。计算工程量,确定定额项目。

【**解**】 花岗石板地面工程量 = 2.1×1 = 2.1 m²;

花岗石板台阶工程量 = (2.1+0.3×4)×(1+0.3×2)-2.1 = 3.18 m²。

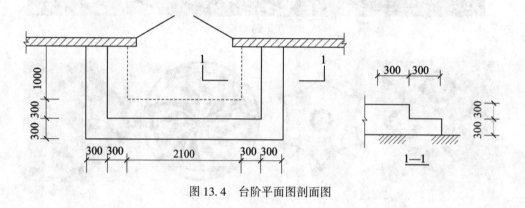

图13.4 台阶平面图剖面图

6. 其他

(1)踢脚板:

①水泥砂浆、水磨石踢脚线按长度乘以高度以面积计算,洞口、空圈长度不予扣除,洞口、空圈、垛、附墙烟囱等侧壁长度亦不增加。

②块料面层踢脚线按实贴长度(洞口应扣除,侧壁应增加)乘以高度以面积计算;成品木踢脚线按实铺长度计算;楼梯踢脚线按相应定额乘以系数1.15。

楼梯处锯齿型踢脚线(图13.5)的长度和高度的计算公式如下:

锯齿型踢脚线长 $L = \sqrt{a^2+b^2} \times$ 踏步个数(或踏面数+1);

锯齿型踢脚线高 $H = (h+b) \times \dfrac{a}{\sqrt{a^2+b^2}}$。

(2)点缀:点缀按个计算,计算主体铺贴地面面积时,不扣除点缀所占面积。

(3)零星项目:零星项目面层适用于楼梯侧面、台阶的牵边、小便池、蹲台、池槽,以及面积在0.5m²以内且定额未列项目的工程。按实铺面积计算。

(4)防滑条:防滑条如无设计要求时,按楼梯、台阶踏步两端距离减300mm以延长米计算。

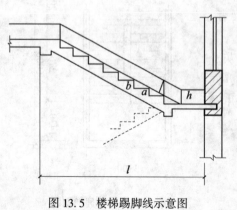

图13.5 楼梯踢脚线示意图

【**例13.5**】 一层石材饰面楼梯如图13.6所

示,楼梯踏步宽 270mm,踏步高 140mm,石材踢脚线高 150mm,计算楼梯石材面层和踢脚线工程量。

【解】 (1)楼梯石材面层工程量$(2.4-0.24) \times 3.8 = 8.208 \text{m}^2$。

(2)楼梯踢脚线工程量

踏步部分的工程量:踏板数 $= 2.16 \div 0.27 = 8$;

踏步部分踢脚线长 $L = \sqrt{0.27^2 + 0.14^2} \times (8+1) = 2.737 \text{m}$;

踏步部分踢脚线高 $H = (0.15 + 0.14) \times \dfrac{0.27}{\sqrt{0.27^2 + 0.14^2}} = 0.257 \text{m}$;

踏步部分踢脚线面积 $L \times H = 2.737 \times 0.257 \times 2 = 1.407 \text{m}^2$;

休息平台部分的工程量:$[(1.4-0.27) \times 2 + 2.4-0.24] \times 0.15 = 0.663 \text{m}^2$,

楼梯踢脚工程量:$1.407 + 0.663 = 2.07 \text{m}^2$。

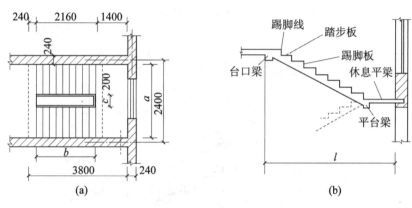

图 13.6 楼梯示意图

小 结

整体面层、找平层均按主墙间净面积以平方米计算。要注意主墙间净面积的理解,有要扣减的,有应扣减而不需扣减的,有应增加而不需增加的。

块料面层按实铺面积计算。洞口空圈要增加。0.1m^2 内空洞等不扣减。

楼梯及台阶按水平投影面积计算。要注意与楼面、地面的分界线。

习 题 13

1. 如图 13.7 所示,地面做法为:80mm 厚碎石垫层,60mm 厚 C10 砼垫层,20mm 厚水泥砂浆找平层,厕所铺设同质地砖。其他铺设企口木地板。试计算楼地面工程量。

2. 某楼梯如图 13.8 所示,试计算栏杆、扶手的工程量以及楼梯间地面和楼梯的花岗岩饰面的工程量。

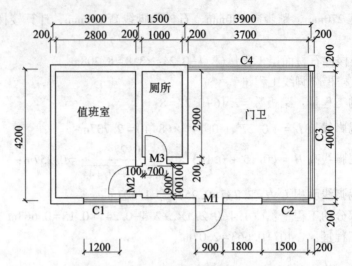

图 13.7 某门卫室平面图(单位:mm)

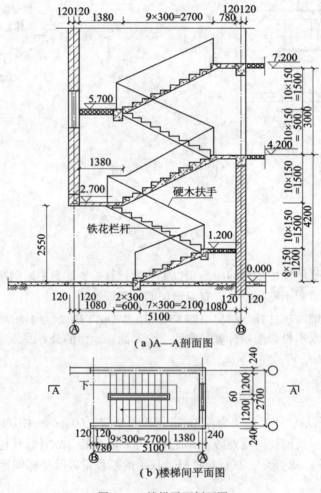

(a) A—A 剖面图

(b) 楼梯间平面图

图 13.8 楼梯平面剖面图

3. 某建筑物门前台阶如图 13.9 所示, 试计算贴大理石面层的工程量(不计花池及门口部分)。

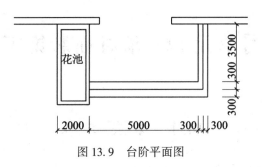

图 13.9 台阶平面图

4. 试计算图 13.10 所示房间地面镶贴大理石面层的工程量, 墙厚 490, 门与墙外边线齐平。

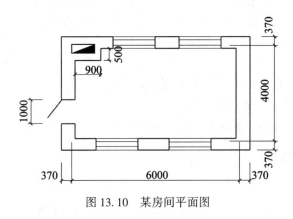

图 13.10 某房间平面图

学习单元 14　墙柱面装饰工程

14.1　抹灰工程

14.1.1　内墙一般抹灰

1. 内墙(裙)抹灰面积

内墙(裙)抹灰面积按内墙净长乘以净高度计算。应扣除：门窗洞口和空圈所占的面积。不扣除：踢脚板、挂镜线、0.3m² 以内的孔洞和墙与构件交接处的面积。不增加：洞口侧壁和顶面。应增加：附墙垛、梁、柱、烟囱侧壁。

2. 内墙面抹灰高度确定

(1)无墙裙的：室内地面或楼面至天棚底面。

(2)有墙裙的：墙裙顶至天棚底面。

(3)有吊顶天棚：室内地面或楼面至吊顶天棚底面另加 100mm。

14.1.2　外墙一般抹灰

1. 外墙抹灰

按外墙面的垂直投影面积以平方米计算。应扣除：门窗洞口、外墙裙和大于 0.3m² 孔洞所占面积，不增加：洞口侧壁和顶面面积。应增加：附墙垛、梁、柱、烟囱侧壁。

飘窗凸出外墙面(指飘窗侧板)增加的抹灰并入外墙工程量内。

2. 外墙裙(勒脚)抹灰面积

按其长度乘以高度计算。其他规定同外墙面。

3. 其他

(1)装饰线条：窗台线、门窗套、挑檐、突出墙外的腰线、遮阳板、雨篷外边线、楼梯边梁、女儿墙压顶等展开宽度在 300mm 以内者，以延长米计算。

(2)零星项目：窗台线、门窗套、挑檐、突出墙外的腰线、遮阳板、雨篷外边线、楼梯边梁、女儿墙压顶等展开宽度在 300mm 以上时，按图示尺寸以展开面积计算。

(3)栏板、栏杆(包括立柱、扶手或压顶等)抹灰套用零星项目子目按中心线的立面垂直投影面积乘以 2.20 系数以平方米计算；外侧与内侧抹灰砂浆不同时，各按 1.10 系数计算。

(4)一般抹灰、装饰抹灰和镶贴块料的"零星项目"适用于壁柜、暖气壁龛、池槽、花台、天沟以及 0.5m² 以内的抹灰按"零星项目"执行。

4. 墙面勾缝

墙面勾缝按墙面垂直投影面积计算，不扣除门窗洞口、门窗套、腰线等零星抹灰所占的面积，附墙柱和门窗洞口侧面的勾缝面积亦不增加。独立柱、房上烟囱勾缝，按图示尺寸以面积计算。

14.1.3 装饰抹灰

(1)外墙各种装饰抹灰均按垂直投影面积计算。

应扣除：门窗洞口、$0.3m^2$ 以上的孔洞。

不增加：洞口侧壁面积。

应增加：附墙柱侧面。

(2)壁柜、暖气壁龛、池槽、花台、挑檐、天沟、遮阳板、腰线、窗台线、门窗套、栏板、栏杆、压顶、扶手、雨篷周边以及 $0.5m^2$ 以内的抹灰等，均按图示尺寸展开面积以零星项目计算(装饰抹灰中不存在装饰线条项目)。

(3)分格嵌缝按装饰抹灰面积计算。

(4)女儿墙(包括泛水、挑砖)、阳台栏板(不扣除花格所占孔洞面积)内侧抹灰按垂直投影面积乘以系数1.10，带压顶者乘系数1.30按墙面定额执行。

(5)柱抹灰按结构断面周长乘高计算。

【例14.1】 某工程如图14.1所示(挑檐出挑宽度为600mm)，内墙面抹12mm厚1:1:6水泥石灰砂浆+5mm厚1:0.5:3水泥石灰砂浆面。内墙裙(900mm高)采用1:3水泥砂浆打底(18mm厚)，1:2.5水泥砂浆面层(6mm厚)，外墙面抹水泥砂浆，底层为1:3水泥砂浆打底14mm厚，面层为1:2水泥砂浆抹面6mm厚；外墙裙(1000mm高)水刷石，1:3水泥砂浆打底12mm厚，素水泥浆二遍，1:2.5水泥白石子12mm厚(分格)，挑檐侧面水刷白石，厚度与配合比均与定额相同，计算内墙面抹灰、外墙面抹灰、外墙裙及挑檐装饰抹灰工程(暂不考虑台阶扣减问题)。确定定额项目。

M：1000mm×2700mm 共3个
C：1500mm×1800mm 共4个

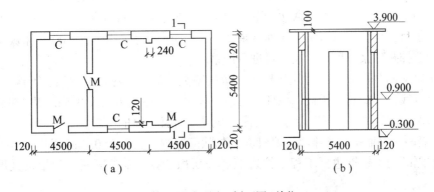

图14.1 某工程平面图、剖面图(单位：mm)

【解】 ①内墙面抹灰工程量 = [(4.50×3-0.24×2+0.12×2)×2+(5.40-0.24)×4]×(3.90-0.10-0.90)-1.00×(2.70-0.90)×4-1.50×1.80×4 = 118.76m^2；

水泥石灰砂浆砖墙面，套2013湖北建筑定额子目A14-32，定额子目厚度(15+5)=20mm；

另套混合砂浆厚度每增减1mm子目A14-59，则该子目工程量=-118.76×3=-356.28m²。

②内墙裙工程量=[(4.50×3-0.24×2+0.12×2)×2+(5.40-0.24)×4-1.00×4]×0.90
=38.84m²。

水泥砂浆砖墙裙，套《2013湖北定额》子目A14-21，定额子目厚度(15+5)=20mm，

另套水泥砂浆厚度每增减1mm子目A14-58，则该子目工程量=38.84×4=155.36m²。

③外墙裙工程量=(4.50×3+0.24+5.40+0.24)×2×1.00-1.0×(1.0-0.3)×2
=37.36m²；

水刷石墙裙(12+12)mm，套《2013湖北定额》子目(12+10)A14-81，工程量=37.36m²；

水刷石墙裙分格缝，套《2013湖北定额》子目A14-116，工程量=37.36m²；

另套水泥白石子浆厚度每增减1mm子目A14-118，则工程量=37.36×2=74.72m²。

④外墙面抹灰工程量=(4.50×3+0.24+5.40+0.24)×2×(3.9-0.1-1.0+0.3)-1.0×(2.7-0.7)×2-1.50×1.80×4=105.36m²，

水泥砂浆砖墙面(15+5)mm，套《2013湖北定额》子目A14-21。

⑤挑檐水刷石工程量=(4.50×3+0.24+5.40+0.24+0.6×4)×2×0.1=4.36m²；

水刷石零星项目，套《2013湖北定额》子目A14-88，工程量=4.36m²。

14.2　块料面层

(1)墙面镶贴块料面层，按实贴面积计算。墙面镶贴块料，饰面高度在300mm以内者，按踢脚线定额执行。

镶贴块料面层(含石材、块料)定额项目内，已包括粘接层的工作内容，但均未包括打底抹灰的工作内容。打底抹灰按如下方法套用定额：按打底抹灰砂浆的种类，套用一般抹灰相应子目，再套用A14-71光面变麻面子目(扣、减表面压光费用)。抹灰厚度不同时，按一般抹灰砂浆厚度每增减子目进行调整。

镶贴块料的"零星项目"适用于壁柜、暖气壁龛、池槽、花台、挑檐、天沟、遮阳板、腰线、窗台线、门窗套、栏板、栏杆、压顶、扶手、雨篷周边以及0.5m²以内的镶贴。

(2)墙面饰面按实贴面积计算。龙骨、基层、面层工程量相同。

(3)隔断、隔墙按净长乘以净高计算，扣除门窗洞口及单个0.3m²以上的孔洞所占面积。全玻隔断的不锈钢边框工程量按边框展开面积计算；全玻隔断工程量按其展开面积计算。

面层、隔墙(间壁)、隔断(护壁)定额内，除注明者外均未包括压条、收边、装饰线(板)，如设计要求时，应按其他工程相应子目执行。

(4)柱按饰面外围尺寸乘以高度计算。

大理石(花岗岩)柱墩、柱帽、腰线、阴角线(图14.2)按最大外径周长计算。

其他未列项目的柱墩、柱帽工程量按设计图示尺寸以展开面积计算,并入相应柱面积内,每个柱帽或柱墩另增人工:抹灰 0.25 工日、块料 0.38 工日、饰面 0.5 工日。

图 14.2 大理石(花岗岩)柱示例图

【例 14.2】 某变电室,外墙(加气砼砌块墙)面尺寸如图 14.3 所示,M:1500mm×2000mm;C1:1500mm×1500mm;C2:1200mm×800mm;门窗侧面宽度 100mm,外墙 12mm 厚 1:3 水泥砂浆打底+5mm 厚 1:1 水泥砂浆粘贴规格 150mm×75mm 瓷质外墙砖,灰缝 5mm。计算工程量,确定定额项目。

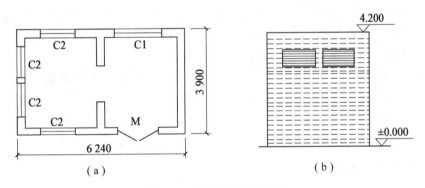

图 14.3 变电室平面立面图

【解】 外墙面砖工程量 = (6.24+3.90)×2×4.20-(1.50×2.00)-(1.50×1.50)-(1.20×0.80)×4+[1.50+2.00×2+1.50×4+(1.20+0.80)×2×4]×0.10 = 78.84m²;

依据《2013 湖北定额》套定额子目如下:

套水泥砂浆粘贴(规格 150mm×75mm,灰缝 5mm)面砖子目 A14-164,工程量 = 78.84m²;

套轻质墙水泥砂浆抹灰(15+5)A14-23 子目,工程量 = 78.84m²;

套水泥砂浆厚度每增减 1mm 子目 A14-58,工程量 = -78.84×5 = 394.40m²;

套光面变麻面子目(扣、减表面压光费用)A14-71,工程量 = -78.84m²。

【例 14.3】 木龙骨,五合板基层,不锈钢柱面尺寸如图 14.4 所示,共 4 根,龙骨断

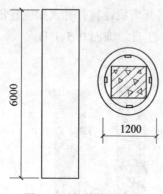

图 14.4 柱装饰示意图

面 30mm×40mm，间距 250mm。计算工程量，确定定额项目。

【解】 ①木龙骨工程量 = 1.20×3.14×6.00×4 = 90.48m^2；

设计木龙骨+五合板基层方柱包圆柱，套《2013湖北定额》子目 A14-228；

②圆柱不锈钢面工程量 = 90.48m^2，套《2013湖北定额》子目 A14-240；

③不锈钢卡口槽工程量 = 6.00×4 = 24.00m，套《2013湖北定额》子目 A14-242。

14.3 幕墙工程

14.3.1 点支承玻璃幕墙

点支承玻璃幕墙简称点式玻璃幕墙(图 14.5)。采用在玻璃板上穿孔，用不锈钢"爪"抓住玻璃，通过连接杆固定在承重结构杆件上，具有简洁通透的效果。承重结构是无缝钢管桁架，爪座直接焊于钢管上；或者是型钢构件，爪座焊在型钢上。

点支承玻璃幕墙按设计图示尺寸以四周框外围展开面积计算。肋玻结构点式幕墙玻璃肋工程量不计算，但玻璃肋含量可调整。钢桁架以设计图示尺寸按质量计算。

骨架若需要进行弯弧处理，其弯弧费另行计算。

点支承玻璃幕墙是采用内置受力骨架直接和主体钢结构进行连接的模式，如采用螺栓和主体连接的后置连接方式，后置预埋钢板、螺栓等材料费另行计算。点支承玻璃幕墙索结构辅助钢桁架安装是考虑在混凝土基层上的，如采用和主体钢构件直接焊接的连接方式，或和主体钢构件采用螺栓连接的方式，则需要扣除化学螺栓和钢板的材料费。

14.3.2 全玻式幕墙

全玻璃幕墙是由玻璃肋和玻璃面板构成的玻璃幕墙。根据玻璃受力的不同将全玻璃幕墙划分为坐装式全玻璃幕墙和吊挂式全玻璃幕墙(图 14.6)。

全玻璃幕墙按设计图示尺寸以面积计算。带肋全玻璃幕墙按设计图示尺寸以展开面积计算，玻璃肋按玻璃边缘尺寸以展开面积计算并入幕墙内。

14.3.3 金属板幕墙

金属板幕墙(图 14.7)，按照设计图示尺寸，以外围展开面积计算。凹或凸出的板材折边不另计算，计入金属板材料单价中。

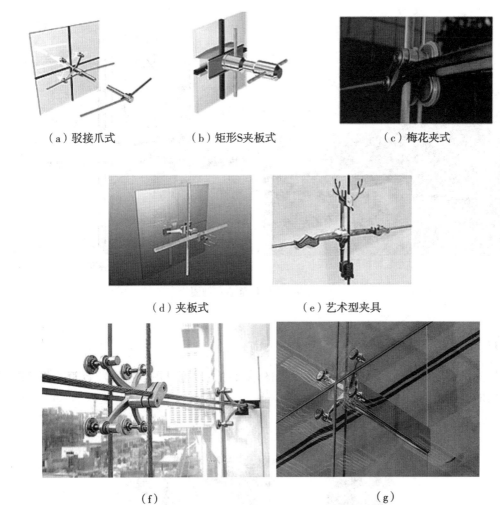

(a) 驳接爪式　　　(b) 矩形S夹板式　　　(c) 梅花夹式

(d) 夹板式　　　(e) 艺术型夹具

(f)　　　(g)

图 14.5　点支承玻璃幕墙示例图

图 14.6　全玻璃幕墙示例图

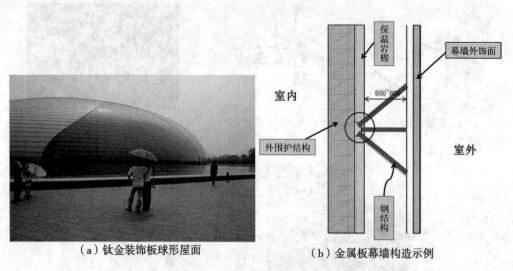

(a) 钛金装饰板球形屋面　　　　(b) 金属板幕墙构造示例

图 14.7　金属板幕墙示例图

14.3.4　框支式玻璃幕墙

框支承玻璃幕墙(图 14.8)，按照设计图示尺寸，以框外围展开面积计算。与幕墙同种材质的窗所占面积不扣除。

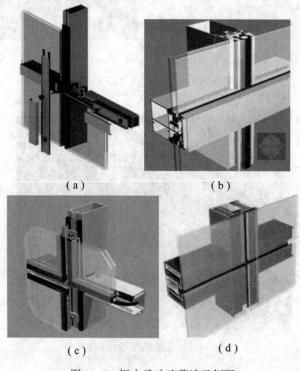

图 14.8　框支承玻璃幕墙示例图

框支承幕墙是按照后置预埋件考虑的,如预埋件同主体结构同时施工,则应扣除化学螺栓的材料费。

14.3.5 其他

幕墙防火隔断(图14.9),按照设计图示尺寸以展开面积计算。

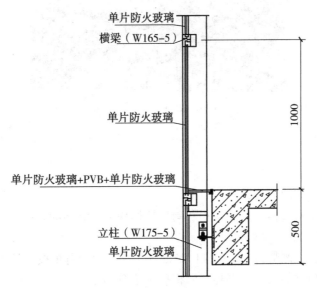

图14.9 幕墙防火隔断示例图

幕墙避雷系统、金属成品装饰压条均按延长米计算。

雨篷按设计图示尺寸以外围展开面积计算。有组织排水的排水沟槽以水平投影面积计算并入雨篷工程量内。

14.4 招牌、家具等其他工程

14.4.1 招牌、灯箱

平面招牌是指安装在门前的墙面上;箱体招牌、竖式标箱是指六面体固定在墙面上;沿雨篷、檐口或阳台走向的立式招牌(图14.10),按平面招牌复杂项目执行。一般招牌和矩形招牌是指正立面平整无凹凸面;复杂招牌和异形招牌是指正立面有凹凸造型。

(1)平面招牌基层按正立面面积计算,复杂形的凹凸造型部分亦不增减。

(2)沿雨篷、檐口或阳台走向的立式招牌基层,按平面招牌复杂型执行时,应按展开面积计算。

(3)箱体招牌和竖式标箱的基层,按外围体积计算。突出箱外的灯饰、店徽及其他艺术装潢等均另行计算。

(4)灯箱的面层按展开面积以平方米计算。

(5)广告牌钢骨架以吨计算。

图 14.10　立式招牌施工示例图

14.4.2　家具

(1)收银台、试衣间以个计算。

(2)货架、附墙木壁柜、附墙矮柜、厨房矮柜均以正立面的高(包括脚的高度在内)乘以宽以平方米计算。

(3)柜台、展台、酒吧台(图 14.11)、酒吧吊柜、吧台背柜按延长米计算。

(4)家具是指独立的衣柜、书柜、酒柜等,不分柜子的类型,按不同部位以展开面积计算。

图 14.11　酒吧台、吧台背柜示例图

14.4.3　字画

(1)美术字安装按字的最大外围矩形面积以个计算。

(2)壁画、国画、平面雕塑按图示尺寸,无边框分界时,以能包容该图形的最小矩形或多边形的面积计算。有边框分界时,按边框间面积计算。

壁画、国画、平面浮雕均含艺术创作、制作过程中的再创作、再修饰、制作成形、打磨、上色、安装等全部工序。聘请名专家设计制作,可由双方协商结算。

【例 14.4】 某店面墙面的钢结构箱式招牌,大小 12000mm×2000mm×200mm,五夹板衬板,铝塑板面层,钛金字 1500mm×1500mm 的 6 个,150mm×100mm 的 12 个。试计算招牌工程量。

【解】

箱式招牌钢结构基层工程量 = 1.2×2.0×0.2 = 0.24m^3;

招牌面层的工程量 = 12×2+12×0.2×2+2×0.2×2 = 29.6(m^2);

1500mm×1500mm 美术字工程量 = 6(个);

150mm×100mm 美术字工程量 = 12(个)。

14.4.4 其他

(1)暖气罩(包括脚的高度在内)按边框外围尺寸垂直投影面积计算。

(2)塑料镜箱、毛巾环、肥皂盒、金属帘子杆、浴缸拉手、毛巾杆安装以只或副计算。

(3)不锈钢旗杆以延长米计算。

(4)大理石洗漱台(图 14.12)以台面投影面积计算(不扣除孔洞面积)。

图 14.12 大理石洗漱示例图

(5)压条、装饰线条均按延长米计算。如图 14.13 所示。

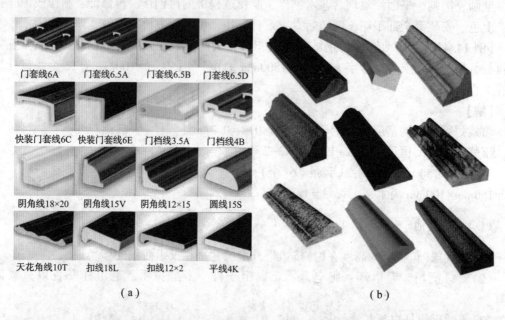

(a)

(b)

(a)　　　　　　　　　　　　　　(b)

图 14.13　线条及应用示例图

(6)镜面玻璃安装以正立面面积计算。

(7)窗帘布制作与安装工程量以垂直投影面积计算。

(8)栏杆、栏板、扶手均按其中心线长度以延长米计算,计算扶手时不扣除弯头所占长度。弯头按个计算。如图 14.14 所示。

(9)石材现场磨边、磨斜边、磨半圆边及台面开孔才套相应子目。若成品中已磨边、磨斜边、磨半圆边及台面开孔,其费用已包含在成品价中,不再另计。如图 14.15 所示。面砖现场磨边、倒角及开孔均包含在定额子目中,不再另计。

(10)铲除饰面面层以实际铲除面积计算。天棚的拆除按水平投影面积计算,不扣除室内柱子所占的面积。地面面层的拆除按面积计算,踢脚板的拆除并入地面面积内。木楼梯拆除按水平投影面积计算。

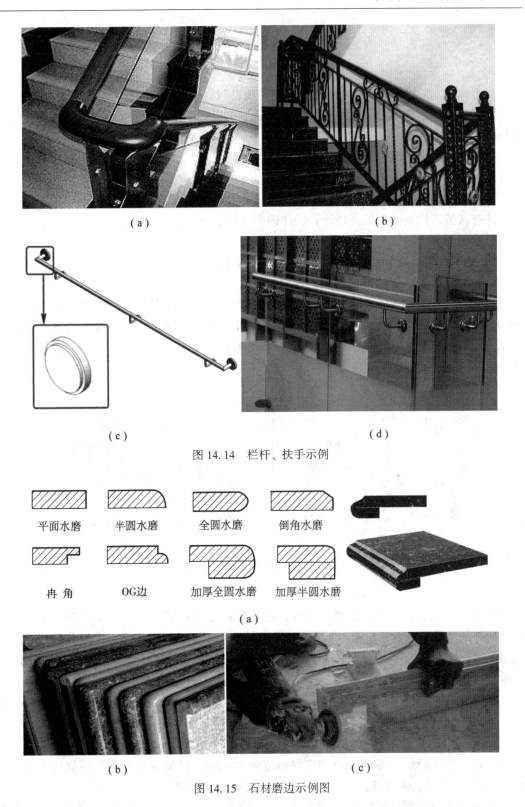

图 14.14 栏杆、扶手示例

图 14.15 石材磨边示例图

小 结

一般抹灰、装饰抹灰和镶贴块料的"零星项目"适用于壁柜、暖气壁龛、池槽、花台、挑檐、天沟、遮阳板、腰线、窗台线、门窗套、栏板、栏杆、压顶、扶手、雨篷周边以及 $0.5m^2$ 以内的抹灰或镶贴。

内外墙(裙)抹灰面积均按立面投影面积计算。注意应增应减、不增不减部分。注意区分零星项目与装饰线条抹灰。

墙面块料装饰、饰面装饰、幕墙均按实贴(实铺)面积计算。

柱抹灰按结构断面周长乘高计算。柱饰面按外围周长乘高计算。

习 题 14

1. 如图 14.16 所示,间壁墙采用轻钢龙骨双面镶嵌石膏板,门口尺寸为 900mm×2000mm,窗洞口尺寸为 900mm×1200mm,柱面水泥砂浆粘贴 6mm 车边镜面玻璃,装饰断面 400mm×400mm,内墙水泥砂浆镶贴瓷砖。计算间壁墙工程量,柱面装饰工程量,墙面瓷砖知识工程量并确定定额项目。

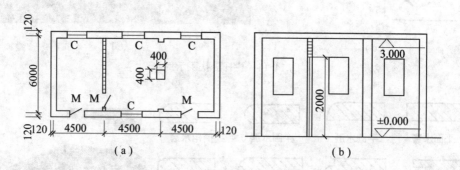

图 14.16 某工程装饰平面、立面图

2. 有一建筑物内有 8 根矩形独立柱,柱高 9m,柱结构断面为 400mm×400mm,试计算柱面抹灰工程量。若柱面做木龙骨(断面 30mm×40mm,间距 250mm),五合板基层,不锈钢饰面,饰面外围尺寸为 650mm×650mm,试确定柱面不锈钢装饰定额项目并计算工程量。

3. 某工程檐口上方设招牌,长 28m,高 1.5m,钢结构龙骨,九夹板基层,塑铝板面层,上嵌 8 个 1m×1m 泡沫塑料有机玻璃面大字,试确定定额项目并计算工程量。

4. 某变电室,外墙面尺寸如图 14.17 所示,M:1500mm×2000mm;C1:1500mm×1500mm;C2:1200mm×800mm;门窗侧面宽度 100mm,外墙水泥砂浆粘贴规格 194mm×94mm 瓷质外墙砖,灰缝 5mm,计算工程量,确定定额项目。

5. 平墙式暖气罩尺寸如图 14.18 所示,五合板基层,榉木板面层,机制木花格散热口,共 18 个,计算工程量,确定定额项目。

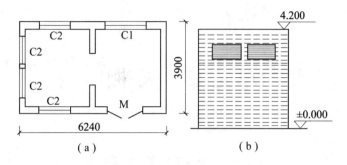

图 14.17 某变电室平面图、外墙面立面图

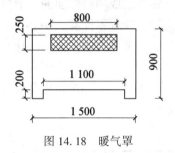

图 14.18 暖气罩

学习单元 15 天 棚 工 程

15.1 天棚抹灰工程量

天棚抹灰多为一般抹灰,材料及组成同墙柱面的一般抹灰。

(1)天棚抹灰面积,按主墙间的净面积计算。不扣除:间壁墙、垛、柱、附墙烟囱、检查口和管道所占的面积。应增加:带梁天棚,梁两侧抹灰面积

(2)密助梁和井字梁天棚抹灰面积按展开面积计算。

(3)天棚抹灰装饰线(角线)(图15.1)区别三道线以内或五道线以内按延长米计算。线角的道数判断:每一个突出的棱角为一道线。

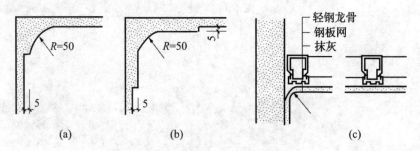

图15.1 棚抹灰装饰线示例图

(4)檐口天棚的抹灰面积并入相同的天棚抹灰工程量内计算。

(5)天棚中的折线、灯槽线、圆弧形线、拱形线等艺术形式的抹灰按展开面积计算。

(6)楼梯底面抹灰:楼梯底面抹灰,按楼梯水平投影面积(梯井宽超过200mm以上者,应扣除超过部分的投影面积)乘以系数1.30,套用相应的天棚抹灰定额计算。

(7)阳台底面抹灰:按水平投影面积以平方米计算,并入相应天棚抹灰面积内。阳台如带悬臂梁者,其工程量乘系数1.30。

(8)雨篷底面或顶面抹灰:分别按水平投影面积以平方米计算,并入相应天棚抹灰面积内。雨篷项面带反沿或反梁者,其工程量乘以系数1.20;底面带悬臂梁者,其工程量乘以系数1.20。

【例15.1】 某钢筋砼天棚如图15.2所示,已知板厚100mm,试计算天棚抹灰工程量。

【解】 顶棚抹灰工程量 = $(6.60-0.24)\times(4.40-0.24)+(0.40-0.12)\times6.36\times2+(0.25-0.12)\times3.86\times2\times2-(0.25-0.12)\times0.15\times4=31.95\text{m}^2$。

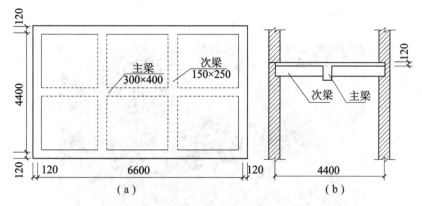

图 15.2 带梁天棚示意图

15.2 天棚吊顶工程量

天棚面层在同一标高者为平面天棚或一级天棚。天棚面层不在同一标高,高差在 200mm 以上 400mm 以下,且满足以下条件者为跌级天棚:

①木龙骨、轻钢龙骨错台投影面积大于 18% 或弧形、折形投影面积大于 12%;

②铝合金龙骨错台投影面积大于 13% 或弧形、折形投影面积大于 10%。

③天棚面层高差在 400mm 以上或超过三级的,按艺术造型天棚项目执行。其断面示意图见图 15.3 所示藻井型、阶梯型、锯齿型等类型。

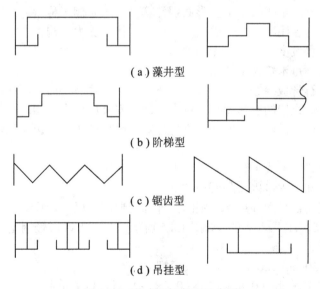

图 15.3 艺术天棚断面示意图

除"其他天棚"(如烤漆龙骨天棚、铝合金格栅天棚、采光天棚等)龙骨和面层合并列项外,均按龙骨、基层、面层分别列项。

(1)天棚龙骨工程量:吊顶天棚龙骨按主墙间净空面积计算。不扣除间壁墙、检查口、附墙烟囱、柱、垛和管道所占面积。

图 15.4 吊顶天棚龙骨施工现场图

(2)天棚基层工程量按展开面积计算。

(3)天棚装饰面层：按主墙间实铺面积计算。不扣除：间壁墙、检查口、附墙烟囱、附墙垛和管道所占面积，应扣除：单个 0.3m² 以上孔洞、独立柱、灯槽及与天棚相连的窗帘盒所占的面积。

(4)龙骨面层合并列项子目计量规则同龙骨工程量。

(5)楼梯底面装饰按展开面积计算。

(6)其他：成品光棚工程量按成品组合后的外围投影面积计算，其余光棚工程量均按展开面积计算。光棚的水槽按水平投影面积计算，并入光棚工程量。采光廊架天棚安装按天棚展开面积计算。光棚项目未考虑支承光棚、水槽的受力结构，发生时另行计算。光棚透光材料有两个排水坡度的为二坡光棚，两个排水坡度以上的为多边形组合光棚。光棚的底边为平面弧形的，每米弧长增加 0.5 工日。

灯光槽、天棚石膏板缝嵌缝、贴绷带均按延长米计算。平面天棚和跌级天棚指一般直线形天棚，不包括灯光槽的制作安装。灯光槽制作安装应按本章相应子目执行。艺术造型天棚项目中已包括灯光槽的制作安装，不另计算。网架按水平投影面积计算。

(7)石膏装饰：

①石膏装饰角线、平线工程量以延长米计算。

②石膏灯座花饰工程量以实际面积按个计算。

③石膏装饰配花，平面外形不规则的按外围矩形面积以个计算。

【例 15.2】 某客厅天棚尺寸，如图 15.5 所示，为不上人形轻钢龙骨石膏板吊顶，试计算天棚的工程量。

【解】 高差 150mm<200mm，为一级天棚。

天棚吊龙骨的工程量 $=(0.8\times2+5)\times(0.8\times2+4.4)=39.6m^2$；

石膏板基层的工程量 $=(0.8\times2+5)\times(0.8\times2+4.4)+(4.4+5)\times2\times0.15$

$$=6.6\times6+9.4\times2\times0.15$$

$$=42.42m^2。$$

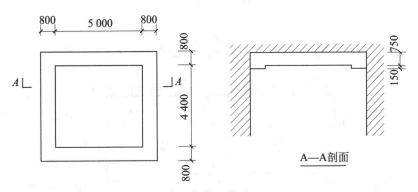

图 15.5 某客厅天棚示意图

小　结

天棚抹灰面积，按主墙间的净面积计算。密肋梁和井字梁天棚抹灰按展开面积计算。

楼梯、阳台底面、雨篷底面或顶面抹灰，按水平投影面积乘以系数后套用相应的天棚抹灰定额计算。楼梯、阳台工程量系数1.30，雨篷工程量乘系数1.20。

吊顶天棚龙骨按主墙间净空面积计算。不扣除间壁墙、检查口、附墙烟囱、柱、垛和管道所占面积。

天棚基层工程量按展开面积计算。

天棚装饰面层按主墙间实铺面积以平方米计算。龙骨面层合并列项子目计量规则同龙骨工程量。

网架按水平投影面积计算。

习　题　15

1. 某钢筋混凝土板底吊不上人形装配式U形轻钢龙骨，间距450mm×450mm，龙骨上粘贴6m厚铝塑板，尺寸如图15.6所示，计算顶棚工程量，确定定额项目。

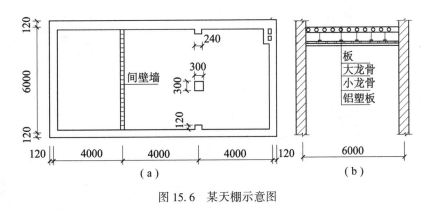

图 15.6 某天棚示意图

2. 某吊顶如图 15.7 所示，计算顶棚工程量，确定定额项目。

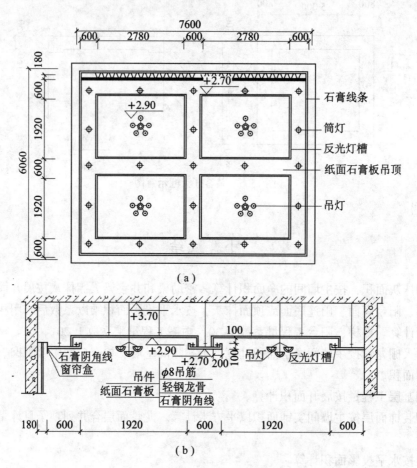

图 15.7 某吊顶示意图

学习单元16 门窗工程

1. 有关说明

普通木门窗、实木装饰门、铝合金门窗、铝合金卷闸门、不锈钢门窗、隔热断桥铝塑复合门窗、彩板组角钢门窗、塑钢门窗、塑料门窗、防盗装饰门窗、防火门窗等是按成品安装编制的,各成品包含的内容如下:

(1)普通木门窗成品不含纱、玻璃及门锁。普通木门窗小五金费,均包括在定额内以"元"表示。实际与定额不同时,可以调整。

(2)实木装饰门指工厂成品,包括五金配件和门锁。

(3)铝合金门窗、隔热断桥铝塑复合门窗、彩板组角钢门窗、塑钢门窗、塑料门窗成品,均包括玻璃及五金配件。

(4)门窗成品运输费用包含在成品价格内。

2. 木门、窗工程量

普通木门、普通木窗、实木装饰门安装工程量按设计图示门窗洞口尺寸以面积计算。如图16.1~图16.3所示。

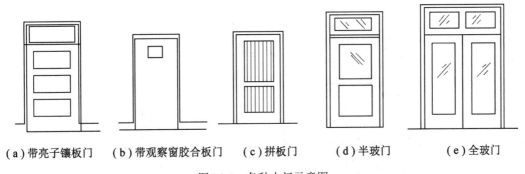

(a)带亮子镶板门　(b)带观察窗胶合板门　(c)拼板门　(d)半玻门　(e)全玻门

图16.1　各种木门示意图

全部用冒头结构镶木板的为"镶板门扇"。全部用冒头结构镶木板及玻璃,不带玻璃棱的为"玻璃镶板门扇"。二冒以下或丁字冒,上部装玻璃,带玻璃棱的为"半截玻璃门扇"。门扇无中冒头或不带玻璃棱,全部装玻璃的为"全玻璃门扇"。

3. 金属门窗工程量

(1)铝合金门窗、不锈钢门窗、隔热断桥门窗、彩板组角钢门窗、塑钢门窗、塑料门窗、防盗装饰门窗、防火门窗安装均按设计图示门窗洞口尺寸以面积计算。

(2)卷闸门、防火卷帘门安装按洞口高度增加600mm乘以门实际宽度以平方米计算;

电动装置安装以套计算(防火卷帘门不另计),小门安装以个计算。

(3)金属防盗栅(网)制作安装按阳台、窗户洞口尺寸以面积计算。单位面积含量超过20%时,可以调整。

(4)电子感应门及旋转门安装按樘计算。

(5)不锈钢电动伸缩门安装按樘计算。定额含量不同时可调整伸缩门和钢轨。

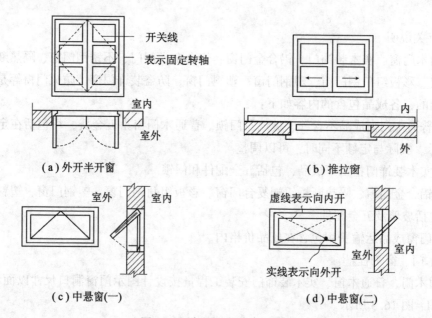

图 16.2　窗的开启方式示意图

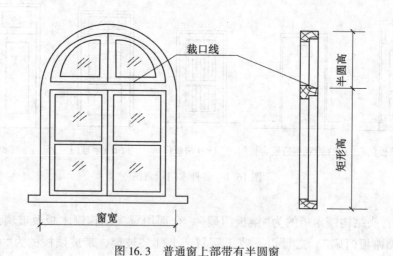

图 16.3　普通窗上部带有半圆窗

【例 16.1】　某单层房屋设计用铝合金窗、胶合板门,尺寸见表 16.1,试计算门窗工程量。

表 16.1　　　　　　　　　　　　　　　　门窗表

门窗名称	樘数	洞口尺寸(宽×高)	形　式
有亮铝合金窗 C1	3	1800×1800	推拉双扇
无亮铝合金窗 C2	1	1500×1500	推拉双扇
有亮胶合板门 M1	2	1000×2400	平开单扇

【解】　根据已知条件，应列项及工程量计算。
有亮双扇铝合金推拉窗：$1.8×1.8×3 = 9.72m^2$；
无亮双扇铝合金推拉窗：$1.5×1.5 = 2.25m^2$；
胶合板门单扇带亮：$1×2.4×2 = 4.8m^2$；
胶合板平开门单扇带亮门五金：2 樘。

3. 门窗套及其他

(1)防火门楣包箱按展开面积计算。

(2)包橱窗框按橱窗洞口面积计算。

(3)门窗套及包门框按展开面积计算。包门扇及木门扇镶贴饰面板按门扇垂直投影面积计算。包门框设计只包单边框时，按定额含量的 60% 计算。门扇贴饰面板项目，均未含装饰线条，如需装饰线条，另列项目计算。

(4)窗台板、筒子板及门、窗洞口上部装饰按实铺面积以平方米计算。门扇、门窗套、门窗筒子板、窗帘盒、窗台板等，如设计与定额不同时，饰面板材可以换算，定额含量不变。

(5)豪华拉手安装按副计算。门锁安装按把计算。闭门器按套计算。

(6)门窗贴脸按延长米计算。

(7)窗帘盒、窗帘轨、钢筋窗帘杆均以延长米计算。

(8)门、窗洞口安装玻璃按洞口面积计算。

(9)铝合金踢脚板安装按实铺面积计算。

(10)玻璃黑板按连框外围尺寸以垂直投影面积计算。

(11)玻璃加工：画圆孔、画线按平方米计算，钻孔按个计算。

【例 16.2】　如图 16.4 所示，起居室的门洞 M-4：3000mm×2000mm，设计做门套装饰。筒子板(图 16.4(a))构造：细木工板基层，柚木装饰面层，厚 30mm。筒子板(图 16.4(b))宽 300mm；贴脸构造：80mm 宽柚木装饰线脚。试计算筒子板、贴脸的工程量。

【解】　筒子板工程量 $= (1.97×2+2.94)×0.3 = 6.88×0.3 = 2.06m^2$；
贴脸工程量 $= 1.97×2+2.94+0.08×2 = 7.04m$。

4. 厂库房大门和特种门

厂库房大门安装和特种门制作安装工程量按设计图示门洞口尺寸以面积计算。百页钢门的安装工程量按图示尺寸以重量计算，不扣除孔眼、切肢、切片、切角的重量。

特种门中冷藏库门、冷藏冻结间门、保温门、变电间门、隔音门的制作与定额含量不同时，可以调整，其他工料不变。

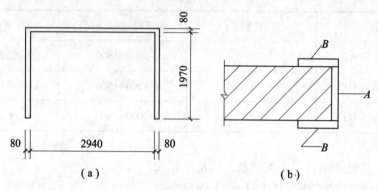

图 16.4 某起居室门装饰示意图

厂库房大门、特种门无论现场或附属加工厂制作,均执行本定额,现场外制作点至安装地点的运输,应另行计算。成品门场外运输的费用,应包含在成品价格内。

小　　结

除特别说明外,门窗及橱窗工程量均以洞口面积计算。卷闸门安装按洞口高度增加600mm 乘以门实际宽度以平方米计算;电子感应门、旋转门、不锈钢电动伸缩门按樘计算。

包门框、门窗套按展开表面面积计算;包橱窗框以橱窗洞口面积计算。

习　题　16

1. 某宿舍楼铝合金门连窗共 100 樘,如图 16.5 所示,图示尺寸为洞口尺寸。试计算门连窗工程量。

2. 某单位车库如图 16.6 所示,安装遥控电动铝合金卷闸门(带卷筒罩)3 樘。门洞口:3700mm×3300mm,卷闸门上有一活动小门:750mm×2000mm,试计算车库卷闸门工程量。

3. 某窗台板如图 16.7 所示。门洞:1500mm×1800mm,塑钢窗居中立樘。试计算窗台板工程量。

4. 某住宅用带纱镶木板门 45 樘,洞口尺寸如图 16.8 所示,计算带纱镶木板门相关工程量,确定定额项目。

5. 某工程的木门如图 16.9 所示,根据招标人提供的资料为带纱(纱门扇、纱上亮)半截玻璃镶板门、双扇带亮 10 樘,木材为红松:一类薄板,洞口尺寸 1.30×2.70m。计算带纱相关工程量,确定定额项目。

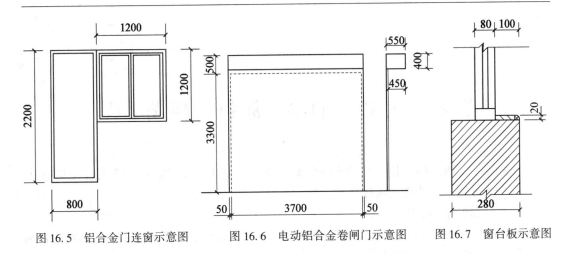

图 16.5　铝合金门连窗示意图　　图 16.6　电动铝合金卷闸门示意图　　图 16.7　窗台板示意图

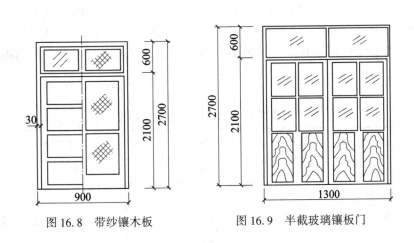

图 16.8　带纱镶木板　　图 16.9　半截玻璃镶板门

学习单元17 油漆、涂料、裱糊工程

楼地面、天棚、墙、柱、梁面的喷(刷)涂料、抹灰面油漆及裱糊工程,均按表17.1~表17.8相应的计算规则计算。

1. 木材面油漆(表17.1~表17.5)

项目划分为单层木门、单层木窗、木扶手、其他木材面、木地板,工程量分别按表规定计算,并乘以表列系数以平方米或延长米计算。

表中双层木门窗(单裁口)指双层框、双层扇;三层(二玻一纱):指双层框、双层玻扇、一层纱扇。木扶手油漆为不带托板。单层木门刷油是按双面刷油考虑的,如采用单面刷油,其定额含量乘以系数0.49。木楼梯(不包括底面)油漆,按水平投影面积乘以系数2.3,执行木地板相应子目。

表17.1 执行单层木门定额项目工程量系数表

项目名称	系数	工程量计算方法
单层木门	1.00	
一玻一纱木门	1.36	
双层(单裁口)木门	2.00	单面洞口面积×系数
单层全玻门	0.83	
木百页门	1.25	

表17.2 执行单层木窗定额项目工程量系数表

项目名称	系数	工程量计算方法
单层玻璃木窗	1.00	
一玻一纱木窗	1.36	
双层(单裁口)木窗	2.00	
三层(二玻一纱)木窗	2.60	单面洞口面积×系数
单层组合窗	0.83	
双层组合窗	1.13	
木百页窗	1.50	

表17.3　执行木扶手(不带托板)定额项目工程量系数表

项目名称	系 数	工程量计算方法
木扶手(不带托板)	1.00	延长米×系数
木扶手(带托板)	2.60	
窗帘盒	2.04	
封檐板、顺水板	1.74	
单独木线条宽100mm以外	0.52	
单独木线条宽100mm以内	0.35	

表17.4　执行其他木材面定额项目工程量系数表

项目名称	系 数	工程量计算方法
木天棚(木板、纤维板、胶合板)	1.00	长×宽×系数
木护墙、木墙裙	1.00	
窗台板、筒子板、盖板、门窗套、踢脚线	1.00	
清水板条天棚、檐口	1.07	
木方格吊顶天棚	1.20	
吸音板墙面、天棚面	0.87	
暖气罩	1.28	
木间壁、木隔断	1.90	单面外围面积×系数
玻璃间壁露明墙筋	1.65	
木栅栏、木栏杆带扶手	1.82	
衣柜、壁柜	1.00	实刷展开面积×系数
零星木装修	1.10	
梁、柱饰面	1.00	

2. 抹灰面油漆、涂料、裱糊(表17.5)

表17.5　抹灰面油漆、涂料、裱糊工程量系数

项目名称	系 数	工程量计算方法
混凝土楼梯底(板式)	1.15	水平投影面积×系数
混凝土楼梯底(梁式)	1.00	展开面积×系数
砼花格窗、栏杆花饰	1.82	单面外围面积×系数
楼地面，天棚、墙、柱、梁面	1.00	展开面积×系数

(1) 腰线、檐口线、门窗套、窗台板按展开面积计算，套相关子目。
(2) 线条按展宽划分 8cm 内、12cm 内、18cm 内，以延长米计算，套线条相应子目。

3. 金属面油漆

项目划分为单层钢门窗、其他金属面、平板屋面涂刷磷化、锌黄底漆，分别按表 17.6~表 17.8 规定工程量计算方法并乘以系数计算。

单层钢门窗和其他金属面，如需涂刷第二遍防锈漆时，应按相应刷第一遍定额套用，人工乘以系数 0.74，材料、机械不变。

其他金属面油漆适用于平台、栏杆、梯子、零星铁件等不属于钢结构构件的金属面。钢结构构件油漆套用安装定额金属结构刷油相应子目[一般钢结构（包括吊、支、托架、梯子，栏杆，平台）、管廊钢结构以"100kg"为单位，大于 400mm 的型钢及 H 型钢制钢结构以"10m^2"为单位]。

表 17.6　　执行单层钢门窗定额项目工程量系数表

项目名称	系数	工程量计算方法
单层钢门窗	1.00	洞口面积×系数
一玻一纱钢门窗	1.48	
钢百页门	2.74	
半截百叶钢门	2.22	
满钢门或包铁皮门	1.63	
钢折叠门	2.30	
射线防护门	2.96	
厂库房平开、推拉门	1.70	框（扇）外围面积×系数
铁丝网大门	0.81	
间壁	1.85	长×宽×系数
平板屋面	0.74	斜长×宽×系数
瓦垄板屋面	0.89	
排水、伸缩缝盖板	0.78	展开面积×系数
吸气罩	1.63	水平投影面积×系数

表 17.7　　执行平板屋面涂刷磷化、锌黄底漆定额项目工程量系数表

项目名称	系数	工程量计算方法
平板屋面	1.00	斜长×宽×系数
瓦垄板屋面	1.20	
排水、伸缩缝盖板	1.05	展开面积×系数
吸气罩	2.20	水平投影面积×系数
包镀锌铁皮门	2.20	洞口面积×系数

表 17.8　　　　　　　　　　其他金属面工程量系数表

项目名称	系　数	工程量计算方法
操作台、走台	0.71	重量(t)×系数
钢栅栏门、栏杆、窗栅	1.71	
钢爬梯	1.18	
踏步式钢扶梯	1.05	
零星铁件	1.32	

4. 刷防火涂料

(1)隔墙、护壁木龙骨按其面层正立面投影面积计算。

(2)柱木龙骨按其面层外围面积计算。

(3)天棚木龙骨按其水平投影面积计算。

(4)木地板中木龙骨、毛地板按地板面积计算。

(5)墙、护壁、柱、天棚的面层及木地板刷防火涂料,执行其他木材面刷防火涂料子目。

【例 17.1】　某建筑如图 17.1 所示,外墙刷真石漆墙面,木窗连门(图 17.2),木门窗,居中立樘,框厚 80mm,墙厚 240mm。试计算外墙真石漆工程量、门窗油漆工程量。

【解】　外墙面真石漆工程量=墙面工程量+洞口侧面工程量

$= (6.24+4.44) \times 2 \times 4.8 - (1.76+1.44+2.7) + (7.6+6.6) \times 0.08$

$= 102.53 - 5.9 + 1.14$

$= 97.77 m^2$;

门油漆工程量 $= 0.8 \times 2.2 = 1.76 m^2$;

窗油漆工程量 $= 1.8 \times 1.5 + 1.2 \times 1.2 = 3.14 m^2$。

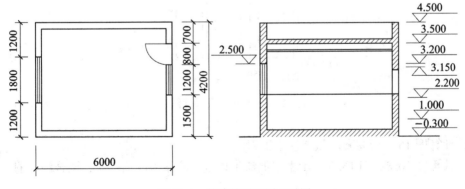

图 17.1　某建筑平面图立面图

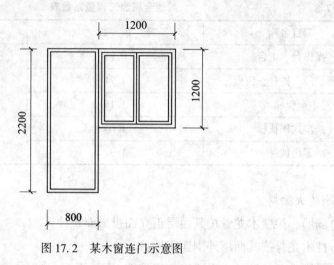

图 17.2 某木窗连门示意图

习 题 17

1. 图 17.1 中,地面刷过氯乙烯涂料;木墙裙高 1000mm,上润油粉、刮腻子、油色、清漆四遍、磨退出亮;内墙抹灰面满刮腻子二遍,贴对花墙纸;挂镜线 25mm×50mm,刷底油一遍、调和漆二遍,挂镜线以上及顶棚刷乳胶漆三遍(光面)。试确定油漆涂料裱糊相关定额项目,计算工程量。

2. 全玻璃门,尺寸如图 17.3 所示,油漆为底油一遍,调合漆三遍,计算工程量,确定定额项目。

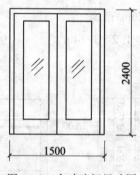

图 17.3 全玻璃门尺寸图

3. 计算图 16.4 门窗套聚氨酯油漆工程量。
4. 计算图 16.8、图 16.9 所示木门油漆工程量。油漆为底油一遍,调合漆三遍。

学习单元 18　脚手架工程

18.1　综合脚手架

18.1.1　综合脚手架包含内容

综合脚手架包括外墙砌筑、外墙装饰及内墙砌筑用架，不包括檐高 20m 以上外脚手架增加费。适用能计算建筑面积的一切建筑物。

18.1.2　综合脚手架工程量的计算

1. 建筑物综合脚手架的工程量

按建筑面积之和计算。建筑面积计算以国家《建筑工程建筑面积计算规范》为准。

2. 综合脚手架超高层工程量的计算

多层建筑物层高或单层建筑物高度超过 6m 者，每超过 1m 再计算一个超高增加层，超高增加层工程量等于该层建筑面积乘以增加层层数。超过高度大于 0.6m，按一个超高增加层计算。单层建筑物的高度，应自室外地坪至檐口滴水的高度为准。

某层超高工程量 = $\sum$ [超高增加层层数 × 该层的建筑面积]，

其中：①超高层是指多层建筑的层高(或单层建筑的檐高)超过 6m 的楼层，单层建筑的檐高指室外设计地面至檐口滴水的高度。超高层的建筑面积应区分不同高度分别计算。

②增加层层数=层高或檐高-6m(小数位后>0.6m 按 1 个增加层计，≤0.6m 不计)。

【例 18.1】　如图 18.1 所示，某建筑物 4 层，每层建筑面积 800m^2，底层层高为 9m，室外设计地面-0.3m，檐高 18m，怎样计算综合脚手架？

【解】　底层层高>6m 为超高层，超高增加层个数=9-6=3.0m，计 3 个增加层；

超高层的建筑面积即底层建筑面积；

综合脚手架工程量=总建筑面积=4×800=3200m^2；

综合脚手架增加层工程量=超高增加层个数×超高层的建筑面积=800×3=2400m^2。

18.1.3　檐高 20m 以上外脚手架增加费

1. 计算范围

建筑物 6 层以上或檐高 20m 以上时，均应计算外脚手架增加费。外脚手架增加费以建筑物的檐高和层数两个指标划分定额子目。当檐高达到上一级而层数未达到时，以檐高为准；当层数达到上一级而檐高未达到时，以层数为准。计算外脚手架增加费时，以最高一级层数或檐高套用定额子目，不采用分级套用。

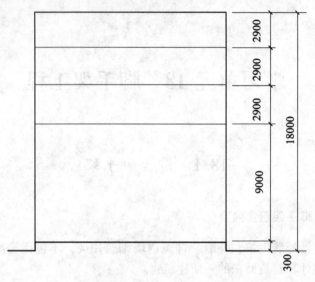

图 18.1 某建筑物立面示意图

2. 檐高

建筑物层数指室外地面以上自然层(含 2.2m 设备管道层)。地下室和屋顶有围护结构的楼梯间、电梯间、水箱间、塔楼、望台等,只计算建筑面积,不计算檐高和层数。

多跨建筑物如高度不同时,应分别按照不同的高度计算。

建筑物檐高指建筑物自设计室外地面标高至檐口滴水标高。无组织排水的滴水标高为屋面板顶,有组织排水的滴水标高为天沟板底。如图 18.2(a)、(b)所示。

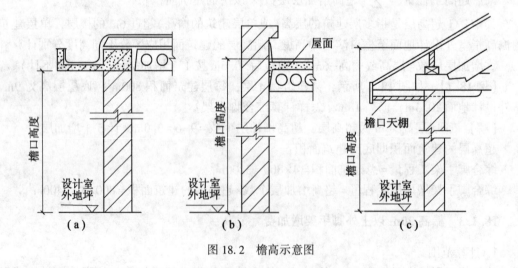

图 18.2 檐高示意图

坡屋顶从室外设计地坪标高算至支承屋架墙的轴线与屋面板的交点,如图 18.2(c)所示;阶梯式建筑物按高层的建筑物计算檐高;球形或曲面屋面:从室外设计地坪标高算至曲屋面与外墙轴线的接触点处。

3. 计算方法

当上层建筑面积小于下层建筑面积的50%时，应按不同高度垂直分割为两部分计算。

(1) 檐高 $H \leqslant 20$m 层数超过6层：

外脚手架增加费=7~8定额基价×最高层建筑面积(含屋面楼梯间、机房的建筑面积)，综合脚手架工程量=总建筑面积。

【例 18.2】 某建筑物檐高19.8m，层数7层，每层建筑面积1500m²。计算综合脚手架与外脚手架增加费工程量。

【解】 分析：第7层计算综合脚手架和7~8层外脚手架增加费。

1~6层计算综合脚手架。

计算：综合脚手架 A8-1，工程量=1500+6×1500=10500m²；

7~8层外脚手架增加费 A8-3，工程量=1500m²。

(2) 20m<H<23.3m(无论多少层数)：

外脚手架增加费=7~8层定额基价×最高一层面积(含屋面楼梯间、机房的建筑面积)，综合脚手架工程量=总建筑面积。

【例 18.3】 某建筑物檐高21m，层数6层，每层建筑面积1500m²。计算综合脚手架与外脚手架增加费工程量。

【解】 分析：第6层计算综合脚手架和7~8层外脚手架增加费。

1~5层计算综合脚手架。

计算：综合脚手架 A8-1，工程量=1500+5×1500=9000m²；

7~8层外脚手架增加费 A8-3，工程量=1500m²。

【例 18.4】 某建筑物檐高22m，层数7层，每层建筑面积1500m²。计算综合脚手架与外脚手架增加费工程量。

【解】 分析：第7层计算综合脚手架+7~8层外脚手架增加费。

1~6层计算综合脚手架。

计算：综合脚手架 A8-1，工程量=1500+6×1500=10500m²；

7~8层外脚手架增加费 A8-3，工程量=1500m²。

(3) 23.3≤H≤28时：若不足9层：外脚手架增加费=([(H-20)/3.3]取整数部分×20m及以上每层平均建筑面积+不计层数的楼梯间等的建筑面积)×7~8层定额。

若为9层：外脚手架增加费=([(H-20)/3.3]取整数部分×20m及以上每层平均建筑面积+不计层数的楼梯间等的建筑面积)×9~12层定额项目。

若>9层：外脚手架增加费=(3×20m及以上每层平均建筑面积+不计层数的楼梯间等的建筑面积)×9~12层定额项目。

(4) 28m<H≤29.90m(无论多少层数)：

外脚手架增加费=(3×20m以上每层平均建筑面积+不计层数的楼梯间等的建筑面积)×9层以上相应定额项目

(5) H>29.90m：

外脚手架增加费=([(H-20)/3.3]取整数部分×20m以上每层平均建筑面积+不计层数的楼梯间等的建筑面积)×9层以上定额项目。

(6) 归纳檐高超过20m时，除以上2、3、4款外：

外脚手架增加费＝对应檐高或层数的较高一级基价×超高折算层层数×折算层面积。

其中：超高折算层层数＝$(H-20)\div 3.3$，余数不计，此数为虚拟折算层数。

折算层面积＝20m及以上实际层数的面积之和÷20m及以上实际的层数。

（从室外地面至楼面结构高度≥20m的楼层算起）

【例 18.5】 如图 18.3 所示，某建筑物地下两层，每层建筑面积为2000m^2；地上9层，层高为4m，1～7层每层建筑面积为1000m^2，8～9层每层建筑面积为600m^2，楼梯间建筑面积为100m^2。试计算综合脚手架工程量和外脚手架增加费。

【解】

①综合脚手架：

分析：层高均未超过6m，不计单层超高，

综合脚手架工程量＝2000×2+1000×7+600×2+100＝12300m^2。

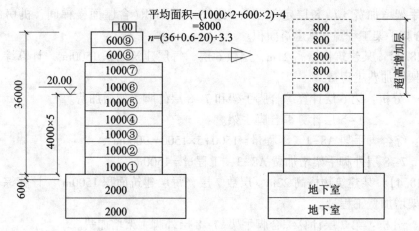

图 18.3 某建筑物示意图

②外脚手架增加费：

分析：檐高 H＝36m+0.6m＝36.60m，层数＝9层；

套用9～12层、40m以内 A8-4；

超高折算层层数＝$(H-20)\div 3.3$＝$(36.60-20)\div 3.3$＝5…余数不计；

折算层面积＝$(1000\times 2+600\times 2)\div 4$＝3200÷4＝800$m^2$；

外脚手架增加费工程量＝折算层面积×超高折算层层数+不计层数与檐高的建筑面积

$$=800\times 5+100=4100m^2。$$

18.1.4 综合脚手架的分割

当建筑工程（主体结构）与装饰装修工程是同一个施工单位施工时，建筑工程综合脚手架和外脚手架增加费子目全部计算，装饰装修工程不再计算外墙装饰脚手架及外脚手架增加费子目。

当建筑工程（主体结构）与装饰装修工程不是同一个施工单位施工时，建筑工程综合脚手架按定额子目的90%计算，装饰装修工程另按实际使用外墙单项脚手架或其他脚手架计算。

当建筑工程(主体结构)与装饰装修工程不是同一个施工单位施工时,建筑工程外脚手架增加费按定额子目的70%计算;装饰装修工程外脚手架增加费按定额子目的30%计算。

【例18.6】 某高层建筑物25层,檐高76m,每层建筑面积2000m^2。试计算该建筑物的建筑工程(主体结构)与装饰装修工程综合脚手架和外脚手架增加费子目工程量:(1)当是同一个施工单位施工时;(2)当不是同一个施工单位施工时。

【解】

(1)同一个施工单位施工时:

建筑工程部分:综合脚手架A8-1,工程量=25×2000=50000m^2;

外脚手架增加费A8-9,工程量=[(76-20)÷3.3]$_{取整}$×2000=16×2000=72000m^2;

装饰工程部分:不再计算装饰外脚手架和外脚手架增加费。

(2)不是同一个施工单位施工时:

建筑工程部分:综合脚手架A8-1×90%,工程量=25×2000=50000m^2;

外脚手架增加费A8-9×70%,工程量=16×2000=72000m^2;

装饰工程部分:假设为钢管双排外脚手架,装饰外脚手架A21-3,

工程量=外墙外边线×檐高。

外脚手架增加费A8-9×30%,工程量=72000m^2。

18.2 单项脚手架

18.2.1 现浇砼脚手架

1. 计算对象

梁:单梁、连续梁、悬臂梁、异形梁;不含圈梁、过梁及有梁板中的梁。

柱:矩形柱、圆柱、异形柱、构造柱。

墙:砼墙、电梯井墙、大钢模墙。

不包括:圈梁、过梁、各种现浇楼板、楼梯、阳台、雨篷、砼基础。因这些构件安装绑扎钢筋和浇砼时,不需另搭脚手架平台。

2. 计算方法

(1)施工高度6m内时:

工程量=13(m^2/m^3)×构件砼体积(m^3),套3.6m以内钢管里脚手架定额。

(2)施工高度6~10m时:

先按3.6m以内钢管里脚手架定额计算,工程量=13m^2×现浇砼体积(m^3)。

再增加计算单排9m内钢管外脚手架,工程量=26m^2×现浇砼高度6~10m段砼体积(m^3)。

(3)单连梁施工高度是梁顶面高度,若梁顶>6,梁底<6,则6m以上的砼部分每立方还要另增加计算26m^{2}的单排9m以内钢管外脚手架。

(4)施工高度在10m以上,按施工组织设计计算。

18.2.2 基础工程脚手架

（1）砖、石砌基础，深度超过1.5m时（室外自然地面以下），应按相应的里脚手架定额计算脚手架，其面积为基础底至室外地面的垂直面积。

（2）混凝土、钢筋混凝土带形基础同时满足底宽超过1.2m（包括工作面的宽度），深度超过1.5m；满堂基础、独立柱基础、独立设备基础同时满足底面积超过$4m^2$，深度超过1.5m，均按水平投影面积套用基础满堂脚手架。

（3）高颈杯形钢筋混凝土基础，其基础底面至自然地面的高度超过3m时，应按基础底周边长度乘高度计算脚手架，套用相应的单排外脚手架定额。

（4）砖砌、砼化粪池，深度超过1.5m时，按池内净空的水平投影面积套用基础满堂脚手架计算。其内外池壁脚手架按砖、石砌基础的脚手架相关规定计算。

18.2.3 装饰脚手架

1. 满堂脚手架

在施工作业面上满铺的脚手架称为满堂脚手架。

（1）计算条件：凡天棚高度超过3.6m需抹灰或刷油者应计算满堂脚手架。

（2）计算方法：满堂脚手架按室内净面积计算，不扣除垛、柱、附墙烟囱所占面积。

满堂脚手架高度，单层以设计室外地面至天棚底为准，楼层以室内地面或楼面至天棚底（斜天棚或斜屋面板以平均高度计算）。满堂脚手架的基本层操作高度按5.2m计算（即基本层高3.6m）。每层室内天棚高度超过5.2m时，每超1.2m计算一个增加层，超过高度在0.6m以上时，按增加一层计算，超过高度在0.6m以内时则舍去不计。如图18.4所示。

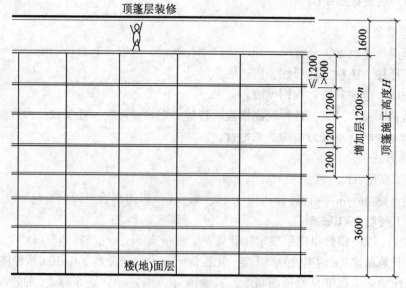

图18.4 满堂脚手架计算示意图

【例18.7】 某综合楼底层室内净高度为9.6m，净长度为12m，净宽度为10m，试计算满堂脚手架工程量及其增加层数。

【解】 满堂脚手架工程量 = $12 \times 10 = 120 m^2$；

满堂脚手架增加层数 = $\dfrac{室内净高 - 5.2}{1.2} = \dfrac{9.6 - 5.2}{1.2} = 3.67$ 层；

因 $0.67 \times 1.2 = 0.8m > 0.6m$，所以满堂脚手架增加层数为4层。

2. 悬空脚手架

凡室内净高超过3.6m的屋（楼）面板下的勾缝、刷（喷）浆，套用悬空脚手架费用。如不能搭设悬空脚手架者则按满堂脚手架基本层取0.5计算。

3. 内墙面装饰脚手架（图18.5）

内墙面装饰脚手架均按内墙面垂直投影面积计算，不扣除门窗孔洞的面积。搭设3.6m以上钢管脚手架时，按9m以内钢管里脚手架计算。但已计算满堂脚手架者，不得再计算内墙里脚手架。

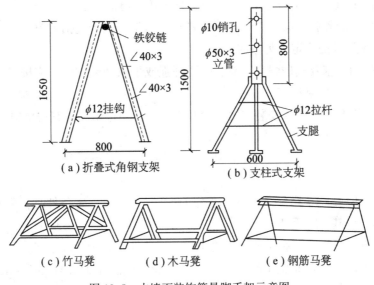

图18.5 内墙面装饰简易脚手架示意图

4. 装饰装修外脚手架

外脚手架和电动吊篮，仅适用于单独承包装饰装修，工作面高度在1.2m以上，需重新搭设脚手架的工程。

装饰装修外脚手架按外墙的外边线乘墙高以平方米计算。外墙电动吊篮，按外墙装饰面尺寸以垂直投影面积计算。

外墙电动吊篮，按外墙装饰面尺寸以垂直投影面积计算。外脚手架及电动吊篮，仅适用于单独承包装饰装修工作面高度在1.2m以上的需重新搭设脚手架的工程。

18.2.4 其他脚手架

(1)围墙脚手架,按相应的里脚手架定额计算。其高度应以自然地坪至围墙顶,如围墙顶上装金属网者,其高度应算至金属网顶,长度按围墙的中心线计算。不扣除围墙门所占的面积,但独立门柱砌筑用的脚手架也不增加。围墙装修用脚手架,单面装修按单面面积计算,双面装修按双面面积计算。

(2)凡室外单独砌筑砖、石挡土墙和沟道墙,高度超过1.2m以上时,按单面垂直墙面面积套用相应的里脚手架定额。

(3)室外单独砌砖、石独立柱、墩及突出屋面的砖烟囱,按外围周长另加3.6m乘以实砌高度计算相应的单排外脚手架费用。

计算公式:独立柱脚手架工程量=(柱周长+3.6m)×柱高

(4)砌二砖及二砖以上的砖墙,除按综合脚手架计算外,另按单面垂直砖墙面面积增计单排外脚手架。

(5)室外管道脚手架以投影面积计算。高度为从自然地面至管道下皮的垂直高度(多层排列管道时,以最上一层管道下皮为准),长度按管道的中心线。

(6)本定额中的外脚手架,均综合了上料平台因素,但未包括斜道。斜道应根据工程需要和施工组织设计的规定,另按座计算。

(7)脚手架的地基及基础强度不够,需要补强或采取铺垫措施,应按具体情况及施工组织设计要求,另列项目计算。

(8)金属结构及其他构件安装需要搭设脚手架时,根据施工方案按单项脚手架计算。

小 结

土建工程一般要计算综合脚手架、砼构件脚手架;满足一定条件时,可能要计算外脚手架高层增加费、基础脚手架。

装饰工程可能要计算外脚手架、外脚手架高层增加费、满堂脚手架。

土建与装饰由同一企业施工时,土建部分计算综合脚手架和外脚手架高层增加费项目,装饰不再计算装饰外脚手架和外脚手架高层增加费。土建与装饰由不同企业施工时,装饰工程才单独计算外脚手架和外脚手架高层增加费,此时要拆分土建部分的综合脚手架和外脚手架高层增加费。要注意掌握不同情况下高层增加费的计算方法。

习 题 18

1. 某七层砖混住宅平面如图18.6所示:女儿墙顶面标高20.8m,楼层高2.9m,楼板厚120mm,室内外高差0.3m,试计算该工程脚手架工程量。

2. 某建筑物,地下室1层,层高4.2m,建筑面积2000m^2;裙房共5层,层高4.5m,室外标高-0.6m,每层建筑面积2000m^2 裙房屋面标高22.5m;塔楼共15层,每层3m,

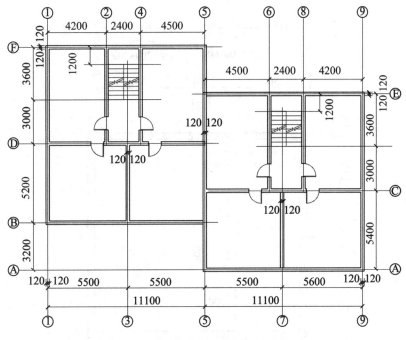

图 18.6 某七层砖混住宅平面如下图

每层建筑面积 800m², 塔楼屋面标高 67.5m, 上有一出屋面的梯间和电梯机房, 层高 3m, 建筑面积 50m²。如图 18.7 所示，采用塔吊施工，计算该建筑物 20m 以上外脚手架增加费。

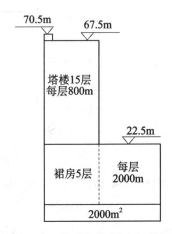

图 18.7 某建筑物立面示意图

3. 某工程结构平面图和剖面图如图 18.8 所示，板顶标高为 6.300m，现浇板底抹水泥砂浆，搭设满堂钢管脚手架，试计算满堂钢管脚手架工程量，确定定额项目。

4. 根据图 18.9 所示尺寸，计算建筑物外墙脚手架工程量。

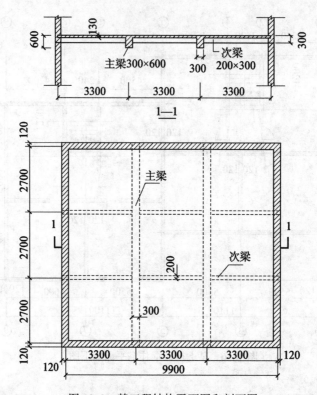

图 18.8 某工程结构平面图和剖面图

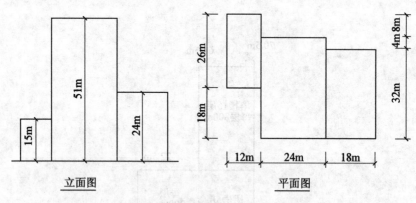

图 18.9 某建筑平面立面示意图

学习单元19 垂直运输工程

19.1 一般规定

(1)垂直运输项目土建与装饰均需计算,套用对应专业定额子目。
(2)建筑物垂直运输工程量按建筑面积计算。构筑物以座计算。
(3)垂直运输工程量及运输机械的选用取决于三个因素:建筑面积、层数、高度。

定额以建筑面积为工程量指标,按层数、高度划分不同基价套项(地下室、屋顶有围护结构的楼梯间、电梯间、水箱间、塔楼等只计建筑面积,不计高度和层数)。

①定额基价由檐高或层数决定,套项时就高不就低。
②超高增加费:指檐高20m以上或者6层以上均为超高。增加费内容包括:人工及机械降效、清水泵台班、排渣、人员交通、通信、照明、避雷等。
③当上层建筑面积小于下层面积的50%时,应垂直分割成两部分,分别按不同高度、层数套用定额计算。
④凡套用了7~8层(檐高20~28m)高层建筑垂直运输及超高增加费子目时,余下建筑面积还应套用6层以内(檐高20m以内)建筑物垂直运输子目。7~8层(檐高20~28m)高层建筑垂直运输及超高增加费子目只包含本层,不包含1~6层(檐高20m以内)。
⑤当套用了9层及以上(檐高28m以上)高层建筑垂直运输及超高增加费子目时,余下地面以上的建筑面积不再套用7~8层(檐高20~28m)高层建筑垂直运输及超高增加费子目和6层以内(檐高20m以内)垂直运输子目。9层及以上或檐高28m以上的高层建筑垂直运输及超高增加费子目除包含本层及以上外,还包含7~8层(檐高20~28m)和1~6层(檐高20m以内)。
⑥建筑物地下室(含半地下室)、高层范围外的1~6层且檐高20m以内裙房面积(不区分是否垂直分割),应套用6层以内(檐高20m以内)建筑物垂直运输子目。从三方面解释如下:

a. 不论是否垂直分割,高层范围外和高层范围内的建筑物地下室(含半地下室),均应套用6层以内(檐高20m以内)建筑物垂直运输子目。
b. 在符合分割条件时,高层范围外的1~6层且檐高20m以内的裙房建筑面积,应套用6层以内(檐高20m以内)建筑物垂直运输子目。
c. 不符合分割条件时,高层范围外的1~6层且檐高20m以内的裙房建筑面积,仍应套用6层以内(檐高20m以内)建筑物垂直运输子目。

(4)塔吊基础(图19.1)、门架基础等费用未包括在定额内,发生时根据建设方批准的施工方案,按实计算。

图 19.1　某塔吊基础施工

(5)主体结构封顶完成后的乱危楼改造工程垂直运输按比例计算,具体数额发承包双方协商。

19.2　计算方法

1. 当檐高 $H \leqslant 20\text{m}$ 时

(1)若为6层以内,则:

6层以内垂直运输=1~6层垂直运输定额基价×总建筑面积(含地下室及屋面楼梯间等)。

(2)若为7层,则:

①6层以内垂直运输基本费=1~6层垂直运输定额基价×1~6层建筑面积(含地下室)。

②7层垂直运输基本费及增加费=7~8层垂直运输及超高增加费定额基价×7层建筑面积(含屋面楼梯间、机房)。

2. 当 $20\text{m}<H<23.3\text{m}$(与层数无关)时

(1)最高一层垂直运输基本费及增加费=7~8层垂直运输及超高增加费定额基价×最高一层面积(含屋面楼梯间、机房)。

(2)余下面积垂直运输基本费=1~6层垂直运输定额基价×余下面积(含地下室)。

3. 当 $23.3\text{m} \leqslant H \leqslant 28\text{m}$ 时

(1)若<9层:

①超高增加层垂直运输基本费及增加费=7~8层垂直运输及超高增加费定额基价×超高折算层层数×折算层面积。

②余下面积垂直运输基本费=1~6层垂直运输定额基价×余下面积(含地下室)。

其中:超高折算层层数=$(H-20) \div 3.3$,余数不计,此数为虚拟折算层数。

折算层面积=20m及以上实际层数面积之和÷20m以上实际层数。

(从室外地面至楼面结构高度≥20m的楼层算起)

(2)若=9层：

超高增加层垂直运输基本费及增加费=9层垂直运输及超高增加费定额基价×超高折算层层数×折算层面积。

(3)若为9层以上，则按3个增加层计。

全部垂直运输基本费及超高层增加费=9~12层垂直运输及超高增加费定额基价×3×折算层面积。

(地下室、高层范围外的1~6层且檐高20m以内裙房面积(不区分是否垂直分割)，均应套1~6层垂直运输基价，下同)

4. 当 28m<H≤29.9m(按3个增加层计)时

垂直运输基本费及超高层增加费=9层以上垂直运输及超高增加费定额基价×3×折算层面积。

5. 当 H>29.9m(与层数无关)时

垂直运输基本费及超高层增加费=9层(或29.9m)以上相应基价×超高折算层层数×折算层面积

【例19.1】 如单元18中的图18.3所示，某建筑物地下两层，每层建筑面积为2000m²；地上9层，层高为4m，1~7层每层建筑面积为1000m²，8~9层每层建筑面积为600m²，楼梯间建筑面积为100m²。采用塔吊施工，计算垂直运输费。

【解】 分析

①本案例檐高36.60m，层数9层，应按檐高大于29.90m一档计算，地面以下与层数无关。

套用定额9~12层、40m以内A9-5和A22-3，超高折算层层数=(36.60-20)÷3.3=5…余数不计；

折算层面积=(1000×2+600×2)÷4=3200÷4=800m²；

工程量=800×5+100=4100m²。

②地下室套用20m(且6层)内塔吊A9-2和A22-1，工程量=2000m²×2=4000m²。

【例19.2】 某建筑物檐高27m，8层，塔吊施工，总建筑面积6700m²。其中1~4层为每层1000m²层，高3.6m；5、6层为每层700m²，7、8层为每层600m²，层高均为3m。电梯机房100m²，室外设计地面标高为-0.6m，计算垂直运输工程量。

【解】 分析：本案例檐高27m层数8层，适用23.3~28m一档中8层(含)以下计算规则。

查得7~8层塔吊20~28m A9-4和A22-2。

又 20m(且6层)内塔吊A9-2和A22-1，

∵ 7层楼面高度=3.6×4+0.6+3×2=21m， ∴ 7、8层为20m以上实际两层；

超高折算层层数=(27-20)÷3.3=2…余数不计；

折算层面积=(600×2)÷2=600m²；

超高折算层垂直运输基本费及增加费(7~8层)A9-3和A22-2工程量=超高折算层层数×折算层面积

=600×2+100=1300m²，

余下面积垂直运输基本费(1~6层)A9-2和A22-1,

工程量=余下面积=1000×4+700×2=5400m²。

【例19.3】 某建筑物(图19.2),室外标高-0.3;地下一层,层高4.5m,建筑面积1500m²;1~15层每层建筑面积1000m²,7层楼面标高为19.7m,15层部分檐口高度为36m;16~18层每层800m²,18层部分檐口高度为50m;19~20层每层300m²,20层部分檐口高度为63m,屋面有梯间,建筑面积20m²,层高3m。采用塔吊施工,试计算垂直运输工程量。

【解】 分析:7层楼面标高为19.7m,则六层檐口高度为19.7+0.3=20m。

(1)确定建筑物三个不同标高的建筑面积是否垂直分割

檐口高度36m~50m间:800÷1000=0.8>50%,不应垂直分割计算。

檐口高度50m~63m间:300÷800=0.375<50%,应垂直分割成两部分,地下室除外(图19.3)。

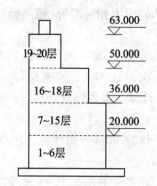 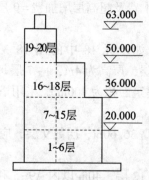

图19.2 某建筑物立面示意图　　图19.3 某建筑物立面垂直分割示意

①1~20层｜檐高63m｜建筑面积300m²

②1~18层｜檐高50m｜建筑面积16~18层为800-300=500m²,1~15层为1000-300=700m²。

(2)垂直运输及超高增加费的计算

①7~20层,檐高63m

折算层数=(63-20)÷3.3=13.03,因此折算层数取为13层。

工程量为S=300×13+20=3920m²,套A9-8和A22-6。

②7~18层,檐高50m

　16~18层共三层,每层500m²;

　7~15层共9层,每层700m²。

折算层数:(50-20)÷3.3=9.09,按9层建筑面积之和计算超高。

工程量计算式如下:

$$S=\frac{9\times700+3\times500}{3+9}\times9=5850m^2$$,套A9-7和A22-5。

③地下室垂直运输工程量=1500m²,套A9-2和A22-1。

小　结

1. 土建与装饰均需计算垂直运输及垂直运输高层增加费项目。要注意掌握不同情况下高增加费的计算方法。

2. 四项超高增加费计算比较(表 19.1)

(1)模板支撑高度超高：定额取定高度 3.6m，以支撑最大高度每超过 1m(不足 1m 向上取整数)计 1 个增加层；

(2)综合脚手架：定额取定高度(层高或檐高)6m，以层高或檐高每超过 1m(含大于 0.6m)计 1 个增加层；

(3)满堂脚手架：定额取定基本操作高度 5.2m，以天棚高度每超过 1.2m(含大于 0.6m)计 1 个增加层；

(4)外脚手架和垂直运输：定额取定檐高 20m，以檐高每超过 3.3m(余数不计)折算 1 个增加层。

表 19.1　**模板支撑、脚手架、垂直运输超高增加费处理方案比较**

项目名称	定额取定高度、层数	超高增加层高度	超高增加层层数	余数处理	工程量计算
板支撑超高增加费	3.6m	1.0m	$n=H-3.6$	不足 1m 向上取整数	超高部分接触面积×n
综合脚手架超高增加费	6.0m	1.0m	$n=H-6$	大于 0.6m 向上取整数	超高层建筑面积×n
满堂脚手架超高增加费	5.2m	1.2m	$n=(H-5.2)\div 1.2$	大于 0.6m 向上取整数	室内净面积(不扣柱梁)×n
外脚手架和垂直运输高层增加费	20.0m 或 6 层	3.3m	超高折算层 $n=(H-20)\div 3.3$	余数不计	超高折算层面积×n 折算层面积=20m 以上实际平均每层建筑面积

习　题　19

1. 现有一建筑物为框架结构，檐高为 24m，第七层层高为 4.6m，试计算垂直运输工程量及并列项。

2. 现有一建筑物为框架结构，地上十层，地下一层，建筑物檐口标高为 36m，设计室外地坪标高为－0.9m，地下室层高 3.6m。试计算垂直运输费用。

3. 某工程檐高 22.1m，共七层，顶层层高 3.2m，其余各层层高 3.0m，每层建筑面积均为 800m²，试计算垂直运输费用。

4. 某工程檐高 48.7m，共 15 层，顶层层高 3.6m，其余层高 3.0m，在 11 层到 12 层之间有一层高为 2.2m 的管道技术层,其底板标高为 33m,各层面积均为 500m²,计算该垂直运输费用超高增加费。

5. 某四星级宾馆如图 19.4 所示,其内装修由建设单位单独发包,试计算垂直运输机械工程量,确定定额项目。

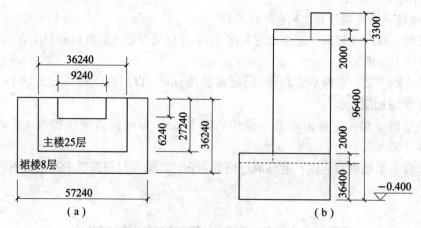

图 19.4 某建筑平面立面示意图

学习单元20　成品构件二次运输及成品保护

20.1　成品构件二次运输

成品构件二次运输是指因场地狭小等原因，成品构件不能一次运至施工现场内，而须由成品构件集中堆放点至施工现场内的二次运输。不适用于构件场外运输，构件场外运输费用应包含在构件成品价中。

预制混凝土构件二次运输按构件图示尺寸以实际体积计算。二次运输不计算构件运输废品率。混凝土构件分六类，具体见表20.1。

表20.1　　　　　　　　　　预制混凝土构件分类表

类别	项　目
1	4m以内空心板、实心板
2	4~6m的空心板，6m以内的桩、屋面板、工业楼板、进深梁、基础梁、吊车梁、楼梯休息板、楼梯段、阳台板、双T板、肋形板、天沟板、挂瓦板、间隔板、挑檐、烟道、垃圾道、通风道、桩尖、花格
3	6m以上至14m梁、板、柱、桩、各类屋架、桁架、托架(14m以上另行处理)、刚架
4	天窗架、挡风架、侧板、端壁板、天窗上、下挡，门框及单件体积在0.1m³以内的小构件、檩条、支撑
5	装配式内、外墙板、大楼板、厕所板
6	隔墙板(高层用)

金属结构构件二次运输按图示钢材尺寸以质量计算。金属结构构件分三类，具体见表20.2。

表20.2　　　　　　　　　　金属结构构件分类表

类别	项　目
1	钢柱、屋架、托架梁、防风桁架
2	吊车梁、制动梁、型钢檩条、钢支撑、上下档、钢栏杆、栏杆、盖板、垃圾出灰门、倒灰门、篦子、爬梯、零星构件平台、操作台、走道休息台、扶梯、钢吊车梯台、烟囱紧固箍
3	墙架、挡风架、天窗架、组合檩条、轻型屋架、滚动支架、悬挂支架、管道支架

20.2 成品保护工程

成品保护是指对已做好的项目表面上覆盖保护层。成品保护按被保护的面积计算。台阶、楼梯成品保护按水平投影面积计算。

实际施工采用材料与定额所用材料不同时，不得换算。

玻璃镜面、镭射玻璃的成品保护按大理石、花岗岩、木质墙面子目套用。

实际施工中未覆盖保护层的，不应计算成品保护。

学习单元 21　建筑工程施工图预算

21.1　建筑安装工程费用项目组成

21.1.1　按费用构成要素划分

建筑安装工程费按照费用构成要素划分：由人工费、材料(包含工程设备，下同)费、施工机具使用费、企业管理费、利润、规费和税金组成。其中人工费、材料费、施工机具使用费、企业管理费和利润包含在分部分项工程费、措施项目费、其他项目费中(图21.1)。

1. 人工费

人工费是指按工资总额构成规定，支付给从事建筑安装工程施工的生产工人和附属生产单位工人的各项费用。内容包括：

(1)计时工资或计件工资：是指按计时工资标准和工作时间或对已做工作按计件单价支付给个人的劳动报酬。

(2)奖金：是指对超额劳动和增收节支支付给个人的劳动报酬。如节约奖、劳动竞赛奖等。

(3)津贴补贴：是指为了补偿职工特殊或额外的劳动消耗和因其他特殊原因支付给个人的津贴，以及为了保证职工工资水平不受物价影响支付给个人的物价补贴。如流动施工津贴、特殊地区施工津贴、高温(寒)作业临时津贴、高空津贴等。

(4)加班加点工资：是指按规定支付的在法定节假日工作的加班工资和在法定日工作时间外延时工作的加点工资。

(5)特殊情况下支付的工资：是指根据国家法律、法规和政策规定，因病、工伤、产假、计划生育假、婚丧假、事假、探亲假、定期休假、停工学习、执行国家或社会义务等原因按计时工资标准或计时工资标准的一定比例支付的工资。

2. 材料费

材料费是指施工过程中耗费的原材料、辅助材料、构配件、零件、半成品或成品、工程设备的费用。内容包括：

(1)材料原价：是指材料、工程设备的出厂价格或商家供应价格。

(2)运杂费：是指材料、工程设备自来源地运至工地仓库或指定堆放地点所发生的全部费用。

(3)运输损耗费：是指材料在运输装卸过程中不可避免的损耗。

(4)采购及保管费：是指为组织采购、供应和保管材料、工程设备的过程中所需要的各项费用。包括采购费、仓储费、工地保管费、仓储损耗。

工程设备是指构成或计划构成永久工程一部分的机电设备、金属结构设备、仪器装置及其他类似的设备和装置。

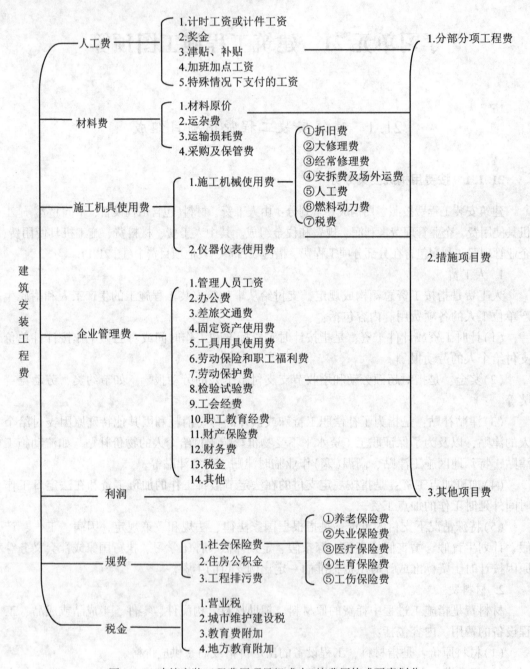

图21.1 建筑安装工程费用项目组成表(按费用构成要素划分)

3. 施工机具使用费

施工机具使用费是指施工作业所发生的施工机械、仪器仪表使用费或其租赁费。

(1)施工机械使用费：以施工机械台班耗用量乘以施工机械台班单价表示，施工机械台班单价应由下列七项费用组成：

①折旧费：指施工机械在规定的使用年限内，陆续收回其原值的费用。

②大修理费：指施工机械按规定的大修理间隔台班进行必要的大修理，以恢复其正常功能所需的费用。

③经常修理费：指施工机械除大修理以外的各级保养和临时故障排除所需的费用。包括为保障机械正常运转所需替换设备与随机配备工具附具的摊销和维护费用，机械运转中日常保养所需润滑与擦拭的材料费用及机械停滞期间的维护和保养费用等。

④安拆费及场外运费：安拆费指施工机械（大型机械除外）在现场进行安装与拆卸所需的人工、材料、机械和试运转费用以及机械辅助设施的折旧、搭设、拆除等费用；场外运费指施工机械整体或分体自停放地点运至施工现场或由一施工地点运至另一施工地点的运输、装卸、辅助材料及架线等费用。

⑤人工费：指机上司机（司炉）和其他操作人员的人工费。

⑥燃料动力费：指施工机械在运转作业中所消耗的各种燃料及水、电等。

⑦税费：指施工机械按照国家规定应缴纳的车船使用税、保险费及年检费等。

(2)仪器仪表使用费：是指工程施工所需使用的仪器仪表的摊销及维修费用。

4. 企业管理费

企业管理费是指建筑安装企业组织施工生产和经营管理所需的费用。内容包括：

(1)管理人员工资：指按规定支付给管理人员的计时工资、奖金、津贴补贴、加班加点工资及特殊情况下支付的工资等。

(2)办公费：指企业管理办公用的文具、纸张、账表、印刷、邮电、书报、办公软件、现场监控、会议、水电、烧水和集体取暖降温（包括现场临时宿舍取暖降温）等费用。

(3)差旅交通费：指职工因公出差、调动工作的差旅费、住勤补助费，以及市内交通费和误餐补助费，职工探亲路费，劳动力招募费，职工退休、退职一次性路费，工伤人员就医路费，工地转移费，管理部门使用的交通工具的油料、燃料等费用。

(4)固定资产使用费：指管理和试验部门及附属生产单位使用的属于固定资产的房屋、设备、仪器等的折旧、大修、维修或租赁费。

(5)工具用具使用费：指企业施工生产和管理使用的不属于固定资产的工具、器具、家具、交通工具和检验、试验、测绘、消防用具等的购置、维修和摊销费。

(6)劳动保险和职工福利费：指由企业支付的职工退职金、按规定支付给离休干部的经费，集体福利费、夏季防暑降温、冬季取暖补贴、上下班交通补贴等。

(7)劳动保护费：是企业按规定发放的劳动保护用品的支出。如工作服、手套、防暑降温饮料以及在有碍身体健康的环境中施工的保健费用等。

(8)检验试验费：指施工企业按照有关标准规定，对建筑以及材料、构件和建筑安装物进行一般鉴定、检查所发生的费用，包括自设试验室进行试验所耗用的材料等费用。不包括新结构、新材料的试验费，对构件做破坏性试验及其他特殊要求检验试验的费用和建设单位委托检测机构进行检测的费用，对此类检测发生的费用，由建设单位在工程建设其他费用中列支。但对施工企业提供的具有合格证明的材料进行检测不合格的，该检测费用由施工企业支付。

(9)工会经费：指企业按《工会法》规定的全部职工工资总额比例计提的工会经费。

(10)职工教育经费：指按职工工资总额的规定比例计提，企业为职工进行专业技术和职业技能培训，专业技术人员继续教育、职工职业技能鉴定、职业资格认定以及根据需要对职工进行各类文化教育所发生的费用。

(11)财产保险费：指施工管理用财产、车辆等的保险费用。

(12)财务费：指企业为施工生产筹集资金或提供预付款担保、履约担保、职工工资支付担保等所发生的各种费用。

(13)税金：指企业按规定缴纳的房产税、车船使用税、土地使用税、印花税等。

(14)其他：包括技术转让费、技术开发费、投标费、业务招待费、绿化费、广告费、公证费、法律顾问费、审计费、咨询费、保险费等。

(15)企业管理费费率计算方法

①以分部分项工程费为计算基础

$$企业管理费费率(\%)=\frac{生产工人年平均管理费}{年有效施工天数×人工单价}×人工费占分部分项工程费比例(\%)。$$

②以人工费和机械费合计为计算基础

$$企业管理费费率(\%)=\frac{生产工人年平均管理费}{年有效施工天数×(人工单价+每一工日机械使用费)}×100\%。$$

③以人工费为计算基础

$$企业管理费费率(\%)=\frac{生产工人年平均管理费}{年有效施工天数×人工单价}×100\%。$$

注：上述公式适用于施工企业投标报价时自主确定管理费，是工程造价管理机构编制计价定额，确定企业管理费的参考依据。

工程造价管理机构在确定计价定额中企业管理费时，应以定额人工费或(定额人工费+定额机械费)作为计算基数，其费率根据历年工程造价积累的资料，辅以调查数据确定，列入分部分项工程和措施项目中。

5. 利润

(1)利润指施工企业完成所承包工程获得的盈利。

(2)计算方法：

①施工企业根据企业自身需求并结合建筑市场实际自主确定，列入报价中。

②工程造价管理机构在确定计价定额中利润时，应以定额人工费或(定额人工费+定额机械费)作为计算基数，其费率根据历年工程造价积累的资料，并结合建筑市场实际确定，以单位(单项)工程测算，利润在税前建筑安装工程费的比重可按不低于5%且不高于7%的费率计算。利润应列入分部分项工程和措施项目中。

6. 规费

规费是指按国家法律、法规规定，由省级政府和省级有关权力部门规定必须缴纳或计取的费用。包括：

(1)社会保险费：

①养老保险费：指企业按照规定标准为职工缴纳的基本养老保险费。

②失业保险费：指企业按照规定标准为职工缴纳的失业保险费。

③医疗保险费：指企业按照规定标准为职工缴纳的基本医疗保险费。

④生育保险费：指企业按照规定标准为职工缴纳的生育保险费。

⑤工伤保险费：指企业按照规定标准为职工缴纳的工伤保险费。

(2) 住房公积金：指企业按规定标准为职工缴纳的住房公积金。

工程排污费：指按规定缴纳的施工现场工程排污费。

其他应列而未列入的规费，按实际发生计取。

(3) 计算方法：

①社会保险费和住房公积金：社会保险费和住房公积金应以定额人工费为计算基础，根据工程所在地省、自治区、直辖市或行业建设主管部门规定费率计算。

社会保险费和住房公积金 = $\sum$（工程定额人工费 × 社会保险费和住房公积金费率）

式中：社会保险费和住房公积金费率可以每万元发承包价的生产工人人工费和管理人员工资含量与工程所在地规定的缴纳标准综合分析取定。

②工程排污费：工程排污费等其他应列而未列入的规费应按工程所在地环境保护等部门规定的标准缴纳，按实计取列入。

7. 税金

(1) 有关概念：税金是指国家税法规定的应计入建筑安装工程造价内的营业税、城市维护建设税、教育费附加以及地方教育附加。

营业税，按照工程收入的3%的计算缴纳营业税。

城市维护建设税，按实际缴纳的营业税税额计算缴纳。税率分别为7%（城区）、5%（郊区）、1%（农村）。计算公式：应纳城市维护建设税额＝营业税税额×税率。

教育费附加，按实际缴纳营业税的税额计算缴纳，附加税率为3%。计算公式：应交教育费附加额＝营业税税额×费率。

地方教育附加，按实际缴纳营业税的税额计算缴纳，附加税率为2%。计算公式：应交地方教育费附加额＝营业税税额×费率。

(2) 税金计算公式：

税金＝税前造价×综合税率（%）。

综合税率：

①纳税地点在市区的企业：

综合税率(%) = $\dfrac{1}{1 - 3\% - (3\% \times 7\%) - (3\% \times 3\%) - (3\% \times 2\%)} - 1 = 3.48\%$。

②纳税地点在县城、镇的企业：

综合税率(%) = $\dfrac{1}{1 - 3\% - (3\% \times 5\%) - (3\% \times 3\%) - (3\% \times 2\%)} - 1 = 3.41\%$。

③纳税地点不在市区、县城、镇的企业：

综合税率(%) = $\dfrac{1}{1 - 3\% - (3\% \times 1\%) - (3\% \times 3\%) - (3\% \times 2\%)} - 1 = 3.28\%$。

④实行营业税改增值税的，按纳税地点现行税率计算。

21.1.2 按造价形成划分

建筑安装工程费按照工程造价形成由分部分项工程费、措施项目费、其他项目费、规费、税金组成。分部分项工程费、措施项目费、其他项目费包含人工费、材料费、施工机具使用费、企业管理费和利润（图21.2）。

1. 分部分项工程费

分部分项工程费是指各专业工程的分部分项工程应予列支的各项费用。

(1)专业工程：指按现行国家计量规范划分的房屋建筑与装饰工程、仿古建筑工程、通用安装工程、市政工程、园林绿化工程、矿山工程、构筑物工程、城市轨道交通工程、爆破工程等各类工程。

(2)分部分项工程：指按现行国家计量规范对各专业工程划分的项目。如房屋建筑与装饰工程划分的土石方工程、地基处理与桩基工程、砌筑工程、钢筋及钢筋混凝土工程等。

各类专业工程的分部分项工程划分见现行国家或行业计量规范。

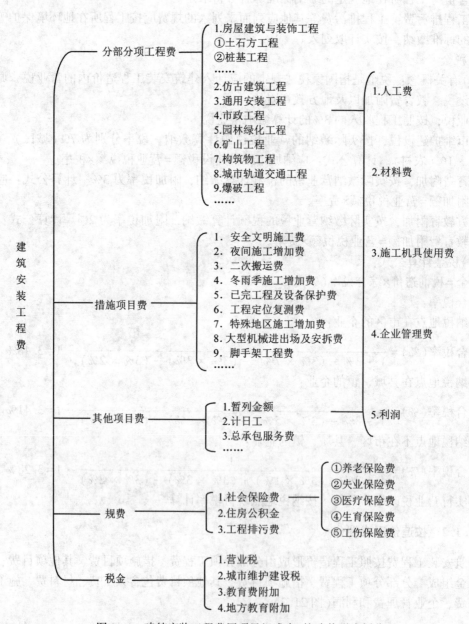

图 20.2 建筑安装工程费用项目组成表(按造价形成划分)

2. 措施项目费

措施项目费是指为完成建设工程施工,发生于该工程施工前和施工过程中的技术、生活、安全、环境保护等方面的费用。内容包括:

(1)安全文明施工费:

①环境保护费:指施工现场为达到环保部门要求所需要的各项费用。

②文明施工费:指施工现场文明施工所需要的各项费用。

③安全施工费:指施工现场安全施工所需要的各项费用。

④临时设施费:指施工企业为进行建设工程施工所必须搭设的生活和生产用的临时建筑物、构筑物和其他临时设施费用。包括临时设施的搭设、维修、拆除、清理费或摊销费等。

(2)夜间施工增加费:指因夜间施工所发生的夜班补助费、夜间施工降效、夜间施工照明设备摊销及照明用电等费用。

(3)二次搬运费:指因施工场地条件限制而发生的材料、构配件、半成品等一次运输不能到达堆放地点,必须进行二次或多次搬运所发生的费用。《2013年湖北省建筑安装工程费用定额》中的成品构件二次运输即属于此类费用。

(4)冬雨季施工增加费:指在冬季或雨季施工需增加的临时设施、防滑、排除雨雪、人工及施工机械效率降低等费用。

(5)已完工程及设备保护费:指竣工验收前,对已完工程及设备采取的必要保护措施所发生的费用。

(6)工程定位复测费:指工程施工过程中进行全部施工测量放线和复测工作的费用。

(7)特殊地区施工增加费:指工程在沙漠或其边缘地区、高海拔、高寒、原始森林等特殊地区施工增加的费用。

(8)大型机械设备进出场及安拆费:指机械整体或分体自停放场地运至施工现场或由一个施工地点运至另一个施工地点,所发生的机械进出场运输及转移费用及机械在施工现场进行安装、拆卸所需的人工费、材料费、机械费、试运转费和安装所需的辅助设施的费用。

(9)脚手架工程费:指施工需要的各种脚手架搭、拆、运输费用以及脚手架购置费的摊销(或租赁)费用。

措施项目及其包含的内容详见各类专业工程的现行国家或行业计量规范。

(10)国家计量规范规定不宜计量的措施项目计算方法如下:

①安全文明施工费:

安全文明施工费=计算基数×安全文明施工费费率(%)。

计算基数应为定额基价(定额分部分项工程费+定额中可以计量的措施项目费)、定额人工费或(定额人工费+定额机械费),其费率由工程造价管理机构根据各专业工程的特点综合确定。

②夜间施工增加费:

夜间施工增加费=计算基数×夜间施工增加费费率(%)。

③二次搬运费:

二次搬运费=计算基数×二次搬运费费率(%)。

④冬雨季施工增加费：
冬雨季施工增加费=计算基数×冬雨季施工增加费费率(%)。
⑤已完工程及设备保护费：
已完工程及设备保护费=计算基数×已完工程及设备保护费费率(%)。
上述②~⑤项措施项目的计费基数应为定额人工费或(定额人工费+定额机械费)，其费率由工程造价管理机构根据各专业工程特点和调查资料综合分析后确定。

3. 其他项目费

(1)暂列金额：指建设单位在工程量清单中暂定并包括在工程合同价款中的一笔款项。用于施工合同签订时尚未确定或者不可预见的所需材料、工程设备、服务的采购，施工中可能发生的工程变更、合同约定调整因素出现时的工程价款调整以及发生的索赔、现场签证确认等的费用。

(2)计日工：指在施工过程中，施工企业完成建设单位提出的施工图纸以外的零星项目或工作所需的费用。

(3)总承包服务费：指总承包人为配合、协调建设单位进行的专业工程发包，对建设单位自行采购的材料、工程设备等进行保管以及施工现场管理、竣工资料汇总整理等服务所需的费用。

4. 规费

定义同 21.1.1.6。

5. 税金

定义同 21.1.1.7。

21.2 建筑工程定额计价(施工图预算)费用的计算

本节内容以《2013年湖北省建筑安装工程费用定额》为例。

建筑工程定额计价(施工图预算)费用组成中，分部分项费与单价措施项目费中人工费、材料费、机械使用费(合称直接费)可通过预算定额计算，计算公式为：

$$直接费 = \sum (工程量 \times 定额基价)$$

按照工程量计算规则计算出工程量后，就要套用相应定额项目计取定额基价，然后计算定额直接费。

计算工程量是计算相应定额项目的工程量，套定额是套用相应定额项目的定额基价，都涉及项目列项的问题。项目列项不正确，就会出现重复计算或漏算的问题。因此，要熟悉定额相关说明，正确应用定额。

建筑工程定额计价(施工图预算)费用组成中，总价措施费、管理费、规费、利润、税金等的一般计算公式为：

$$费用 = 计费基数 \times 费率$$

各专业工程的计费基础：以人工与施工机具使用费之和为计费基数。

21.2.1 费率标准

1. 总价措施费(表21.1~表21.2)

表 21.1　　　　　　　　　　安全文明施工费费率表(%)

专　　业	房屋建筑工程			装饰工程	通用安装工程	土石方工程	市政工程	园林绿化工程
建筑划分	12层以下(或檐高≤40m)	12层以上(或檐高>40m)	工业厂房					
计费基数	人工费+施工机具使用费							
费　　率	13.28	12.51	10.68	5.81	9.05	3.46	—	—
其中	安全施工费	7.20	7.41	4.94	3.29	3.57	1.06	—	—
	文明施工费 环境保护费	3.68	2.47	3.19	1.29	1.97	1.44	—	—
	临时设施费	2.40	2.63	2.55	1.23	3.51	0.96	—	—

表 21.2　　　　　　　　　　其他总价措施费费率表(%)

计费基数	人工费+施工机具使用费
费　　率	0.65
其中	夜间施工增加费	0.15
	二次搬运费	按施工组织设计
	冬雨季施工增加费	0.37
	工程定位复测费	0.13

2. 企业管理费(表 21.3)

表 21.3　　　　　　　　　　企业管理费费率表(%)

专　　业	房屋建筑工程	装饰工程	通用安装工程	土石方工程	市政工程	园林绿化工程
计费基数	人工费+施工机具使用费					
费　　率	23.84	13.47	17.50	7.60	—	—

3. 利润(表 21.4)

表 21.4　　　　　　　　　　利润费率表(%)

专　　业	房屋建筑工程	装饰工程	通用安装工程	土石方工程	市政工程	园林绿化工程
计费基数	人工费+施工机具使用费					
费　　率	18.17	15.80	14.91	4.96	—	—

4. 规费(表 21.5)

表 21.5　　　　　　　　　　　　规费费率表(%)

专　业	房屋建筑工程	装饰工程	通用安装工程	土石方工程	市政工程	园林绿化工程
计费基数	人工费+施工机具使用费					
费　率	24.72	10.95	11.66	6.11	—	—
社会保险费	18.49	8.18	8.71	4.57	—	—
其中　养老保险费	11.68	5.26	5.60	2.89	—	—
失业保险费	1.17	0.52	0.56	0.29	—	—
医疗保险费	3.70	1.54	1.64	0.91	—	—
工伤保险费	1.36	0.61	0.65	0.34	—	—
生育保险费	0.58	0.25	0.26	0.14	—	—
住房公积金	4.87	2.06	2.20	1.20	—	—
工程排污费	1.36	0.71	0.75	0.34	—	—

5. 税金(表 21.6)

税金包括营业税、城市建设维护税、教育附加费，采用综合税率。各地税务部门有其他规定时，由当地造价管理机构根据税务部门的规定进行补充，并报省造价管理站审核备案。

(1) 不分国营或集体企业，均以工程所在地区税率计取。

(2) 企事业单位所属的建筑修缮单位，承包本单位建筑、安装工程和修缮业务不计取税金(本单位的范围只限于从事建筑安装和修缮业务的企业单位本身，不能扩大到本部门各个企业之间或总分支机构之间)。

(3) 建筑安装企业承包工程实行分包形式的，税金由总承包单位统一计取缴纳。

表 21.6　　　　　　　　　　　　税金费率表(%)

纳税人地区	纳税人所在地在市区	纳税人所在地在县城、镇	纳税人所在地不在市区、县城或镇
计税基数	不含税工程造价		
综合税率%	3.48	3.41	3.28

21.2.2　定额计价计算程序(表 21.7)

1. 材料市场价格

材料市场价格是指发、承包人双方认定的价格，也可是当地建设工程造价管理机构发布的市场信息价格。双方在相关文件上约定。

人工发布价、材料市场价、机械台班价格进入定额基价。

表 21.7　　　　　　　　　　　　定额计价计算程序

序　号	费用项目		计算方法
1	分部分项工程费		1.1 + 1.2 + 1.3
1.1	其中	人工费	∑(人工费)
1.2		材料费	∑(材料费)
1.3		施工机具使用费	∑(施工机具使用费)
2	措施项目费		2.1 + 2.2
2.1	单价措施项目费		2.1.1 + 2.1.2 + 2.1.3
2.1.1	其中	人工费	∑(人工费)
2.1.2		材料费	∑(材料费)
2.1.3		施工机具使用费	∑(施工机具使用费)
2.2	总价措施项目费		2.2.1 + 2.2.2
2.2.1	其中	安全文明施工费	(1.1 + 1.3 + 2.1.1 + 2.1.3) × 费率
2.2.2		其他总价措施项目费	(1.1 + 1.3 + 2.1.1 + 2.1.3) × 费率
3	总包服务费		项目价值 × 费率
4	企业管理费		(1.1 + 1.3 + 2.1.1 + 2.1.3) × 费率
5	利润		(1.1 + 1.3 + 2.1.1 + 2.1.3) × 费率
6	规费		(1.1 + 1.3 + 2.1.1 + 2.1.3) × 费率
7	索赔与现场签证		索赔与现场签证费用
8	不含税工程造价		1 + 2 + 3 + 4 + 5 + 6 + 7
9	税金		8 × 费率
10	含税工程造价		8 + 9

2. 包工不包料工程、计时工

包工不包料工程、计时工按定额计算出的人工费的 25% 计取综合费用。费用包括总价措施费、管理费、利润和规费。施工用的特殊工具，如手推车等，由发包人解决。综合费用中不包括税金。由总包单位统一支付。

3. 索赔与现场签证费用

施工过程中发生的索赔与现场签证费用，以实物量形式表示的索赔与现场签证，按基价表(或单位估价表)金额，计算总价措施费、企业管理费、利润、规费和税金。

以费用形式表示的索赔与现场签证，列入不含税工程造价，另有说明的除外。

4. 发包人供应的材料

由发包人供应的材料，按当期信息价进入定额基价，按本计价程序计取各项费用及税金。支付工程价款时扣除下列费用：费用 = ∑(当期信息价 × 发包人提供的材料数量)。

5. 总承包服务费

总承包服务费是总承包人为配合、协调招标人进行的工程分包，采购的设备、材料等进行管理、服务等所需的费用。

总承包服务费应依据招标人在招标文件中列出的分包专业工程内容和供应材料、设备情况,按照招标人提出协调、配合和服务要求及施工现场管理需要自主确定,也可参照下列标准计算。

(1)招标人仅要求对分包的专业工程进行总承包管理和协调时,按分包的专业工程造价的1.5%计算。

(2)招标人要求对分包的专业工程进行总承包管理和协调,并同时要求提供配合服务时,根据招标文件中列出的配合服务内容和提出的要求,按分包的专业工程造价的3%~5%计算。配合服务的内容包括:对分包单位的管理、协调和施工配合等费用;施工现场水电设施、管线敷设的摊销费用;共用脚手架搭拆的摊销费用;共用垂直运输设备,加压设备的使用、折旧、维修费用等。

(3)招标人自行供应材料、工程设备的,按招标人供应材料、工程设备价值的1%计算。

总承包服务费应计取相应的规费和税金。

21.2.3 定额计价案例

【例21.1】 某工程施工图纸见图21.3~图21.6所示,试采用定额计价的方法编制施工图预算。

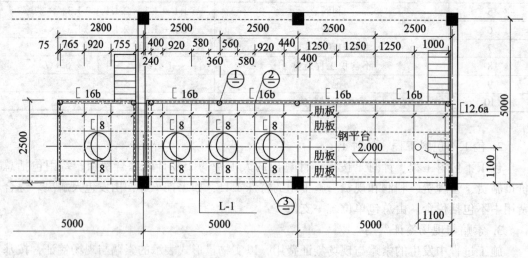

图21.3 钢平台平面图

(1)设计说明:
①所有钢材采用Q235。
②钢梯及栏杆见建筑图。
③平台铺板采用板厚为6的花纹钢板,肋板采用宽为100mm、厚为6mm的扁钢,钢板与肋板焊接采用间断焊缝,间断焊缝的净距 $t<90$,焊条为E43。
④柱头、柱脚及梁与梁间的焊缝为满焊,没有注明的焊缝厚度为6mm;
⑤$D>500$ 的空洞需在周边设肋板,板周边超出梁时需设肋板。

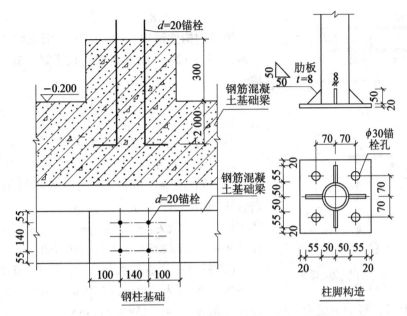

图 21.4　钢柱柱脚大样图

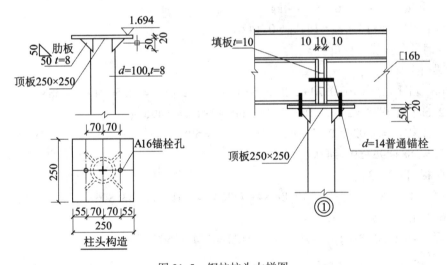

图 21.5　钢柱柱头大样图

⑥所有钢构间均采用红丹防锈漆打底，刷银灰色调和漆两遍。

(2)本次任务不计算：钢梯及栏杆、砼基础。

1. 列项

在熟读图纸的基础上，根据《2013年湖北省建筑安装工程费用定额》中的定额项目进行筛选列项如下：

钢柱安装：A4-3~A4-13。

钢平台安装：A4-122~A4-13。

预埋螺栓含在定额中。不另计。

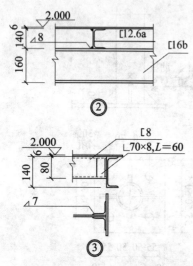

图 21.6 钢平台节点大样图

铁件：A2-518。

钢结构构件油漆：C12-128 一般钢结构调和漆第一遍，C12-129 一般钢结构调和漆第二遍。红丹防锈漆 C12-119。

零星铁件油漆：A18-236 调和漆二遍，红丹防锈漆 A18-251。

脚手架：A8-24 钢管里脚手架。

2. 计算工程量

（1）钢柱安装工程量：经查柱大样图 21.4~21.5，钢管柱（Φ102×8）高为：1.694-0.1-0.02×2=1.554m，共 7 根，线重量为 18.546kg/m，钢管重量为：1.554×18.546×7=28.8205×7=202kg=0.202t。

（2）铁件：经查柱大样图 21.4~图 21.5，柱头顶板柱脚底板均为 250mm×250mm×20mm 钢板，共 14 块，经查 20 厚钢板面重量为：157kg/m²。故重量为 0.25×0.25×14×157=137.4kg。

柱头顶板柱脚肋板厚 8mm，62.8kg/m²，面积为：1/2×0.05m×0.05m×4×2×7=0.07m²，重量为：0.07×62.8=4.4kg。

小计：137.4kg+4.4kg=142kg=0.142t。

(3)钢平台安装工程量：

①梁（图21.3）：

[16b，工程量=(10-0.24+2.8+2.5×4)m×17.2kg/m=22.56×17.2=388kg，

[12.6a，工程量=2.5m×16×12.4kg/m=40×12.4=496kg，

[8，工程量=0.92m×2×4×8kg/m=7.36×8=59kg，

小计=388+496+59=943kg。

②肋板（图21.3）：

扁钢-100×6，工程量=(12.8m×4-7.36)×4.71kg/m=43.846×4.71=206kg。

③6 厚花纹钢板（图21.3）：

工程量=(12.8×2.5)m²×47.1kg/m²=32×47.1=1507.2kg。

④其他：

图 21.6 节点 3 角钢∟70×8：0.06m×2×4×4×8.3952kg/m=8.1kg，

图 21.5 节点 1 填板 140×50×10：(0.140×0.05)m²×2×7×78.5kg/m²=7.7kg，

小计=8.1+7.7=15.8kg，

钢平台合计=943+206+1507.2+15.8=2672kg=2.672t。

（4）油漆：

①钢管柱钢平台油漆工程量=0.202+2.672=2.874t。

②其他铁件油漆工程量=0.142×1.32=0.187t。

（6）脚手架：

(12.8+2.5)×2=20.6m²。

3. 计算定额直接费(表 21.8)

表21.8 钢结构工程预算表

工程名称：某钢平台工程

第1页 共1页

序号	编号	定额名称	单位	工程量	单价(元)	其中(元)			合价	其中(元)		
						人工费单价	材料费单价	机械费单价		人工费合价	材料费合价	机械费合价
1	A2-518	铁件	t	0.142	8111.81	1458.24	5789.00	864.57	1151.88	207.07	822.04	122.77
2	A4-3	钢柱安装（每根构件重量4.0t以内 履带吊）	t	0.202	8355.48	565.2	7692.25	97.95	1687.81	114.17	1553.83	19.79
3	A4-122	钢平台安装 钢板	t	2.672	8835.68	1672.72	7117.48	45.48	23608.94	4469.51	19017.91	121.52
4	A8-24	里脚手架 钢管 3.6m以内	100m²	0.206	337.39	287.88	45.49	4.02	69.5	59.3	9.37	0.83
		结构部分小计							26518.13	4850.05	21403.15	264.91
5	A18-236	铁件调和漆二遍	t	0.187	269.06	160.42	108.64		50.31	30.00	20.32	
6	A18-251	铁件调和漆二遍	t	0.187	163.35	88.24	75.11		30.55	16.5	14.05	
7	C12-119	一般钢结构 红丹防锈漆 第一遍	t	2.874	28.92	9.63	12.44	6.85	83.12	27.68	35.75	19.69
8	C12-128	一般钢结构调和漆 第一遍	t	2.874	25.6	9.98	8.77	6.85	73.57	28.68	25.2	19.69
9	C12-129	一般钢结构调和漆 第二遍	t	2.874	24.27	9.64	7.78	6.85	69.75	27.7	22.36	19.69
		装饰部分小计							307.3	130.76	117.68	59.07
		总计							26825.43	4980.81	21520.83	323.98

编制人：　　　　　　　　　　　审核人：　　　　　　　　　　　编制日期：

4. 查费用定额计算单位工程造价(表 21.9 和表 21.10)。

表 21.9　　　　　　　　　　　单位工程费用汇总表

工程名称：某钢平台工程结构部分　　　　　　　　　　　　　　　　　第 1 页　共 1 页

序号	费用名称	计算基数	费率 %	费用金额(元)
1	分部分项工程费	1.1 + 1.2 + 1.3		26518.13
1.1	人工费	∑人工费		4850.05
1.2	材料费	∑材料费		21403.15
1.3	机械使用费	∑机械费		264.91
2	总价措施费	2.1 + 2.2		712.52
2.1	安全文明施工费	1.1 + 1.3	13.28	679.27
2.2	其他组织措施费	1.1 + 1.3	0.65	33.25
3	企业管理费	1.1 + 1.3	23.84	1219.41
4	利润	1.1 + 1.3	18.17	929.39
5	规费	1.1 + 1.3	24.72	1264.18
6	不含税工程造价	1 + 2 + 3 + 4 + 5		30643.63
7	税金	6	3.48	1066.4
8	含税工程造价	6 + 7		31710.03

表 21.10　　　　　　　　　　　单位工程费用汇总表

工程名称：某钢平台工程装饰部分　　　　　　　　　　　　　　　　　第 1 页　共 1 页

序号	费用名称	计算基数	费率 %	费用金额(元)
1	分部分项工程费	1.1 + 1.2 + 1.3		307.3
1.1	人工费	∑人工费		130.76
1.2	材料费	∑材料费		117.68
1.3	机械使用费	∑机械费		59.07
2	总价措施费	2.1 + 2.2		12.26
2.1	安全文明施工费	1.1 + 1.3	5.81	11.03
2.2	其他组织措施费	1.1 + 1.3	0.65	1.23
3	企业管理费	1.1 + 1.3	13.47	25.57
4	利润	1.1 + 1.3	15.8	29.99
5	规费	1.1 + 1.3	10.95	20.79
6	不含税工程造价	1 + 2 + 3 + 4 + 5		395.91
7	税金	6	3.48	13.78
8	含税工程造价	6 + 7		409.69

5. 计算项目工程造价(表 21.11)

表 21.11　　　　　　　　　　单项工程造价汇总表

工程名称：某钢平台工程

序号	项目名称	金额(元)
1	结构部分	31710.03
2	装饰部分	409.69
	合计造价	32119.72

6. 计算各项技术经济指标(略)
7. 填封皮、写编制说明、装订成册(略)

21.3　甲供材处理案例

【例 21.2】 背景资料：某市区一建筑工程，12 层以下(40m 以下)，采用定额计价方式编制预算，甲方按定额消耗量供应现浇螺纹钢筋 Φ18。试计算下列情况时钢筋 Φ18 项目全费用单价：(1)甲方同意按定额取定价供给乙方；(2)甲供材价格 4800 元/t；(3)甲供材价格 4000 元/t。

【解】 由 A2-457　现浇螺纹钢筋 Φ18 内　基价 5019.14 元/t，

其中，螺纹钢筋 Φ18 材料：4067 元/t×1.045t=4250.02 元，

人工费：534.24 元，机械费 154.89 元，人工费+机械费=689.13 元。

取费：

安全文明施工费　689.13×13.28%=91.52 元，

总价措施费　689.13×0.65%=4.48 元，

措施费小计　91.52+4.48=96 元，

管理费　689.13×23.84%=164.29 元，

利润　689.13×18.71%=125.21 元，

规费　689.13×24.72%=170.35 元，

不含税造价　5019.14+96+164.29+125.21+170.35=5574.99 元，

税金　5574.99×3.48%=194.01 元，

含税造价：5574.99+194.01=5769 元。

情况(1)：甲方同意按定额取定价供给乙方，则按取定价退出含税造价，

扣除甲供材后全费用单价=5769 元-4250.02=1518.98 元/t。

情况(2)：甲供材价格 4800 元/t，

价差　　(4800-4067)×1.045=765.99 元/t，

价差取费税：765.99×3.48%=26.66 元/t，

含税造价 5769+765.99+26.66=6561.65 元/t，

扣除甲供材后全费用单价=6561.65-4800×1.045=1545.65 元/t。

情况(3)：甲供材价格 4000 元/t,
   价差 (4000-4067)×1.045=-70.02 元/ t,
   价差取费税金 -70.02×3.48%=-2.44 元/ t,
   含税造价 5769-70.02-2.44=5696.54 元/ t,
   扣除甲供材后全费用单价=5696.54-4000×1.045=1516.54 元/ t。

21.4 建设工程竣工结算材料价格调整

1. 依据

《建设工程工程量清单计价规范》(GB50500-2013)、《建设工程施工合同(示范文本)》(GF—2013—0201)、《湖北省建设工程人工、材料、机械价格管理办法》(2013)。

2. 调整方法

材料、工程设备价格变化的价款调整按以下风险范围规定执行：

(1)承包人在已标价工程量清单或预算书中载明材料单价低于基准价格的：除专用合同条款另有约定外，合同履行期间材料单价涨幅以基准价格为基础超过 5%时，或材料单价跌幅以在已标价工程量清单或预算书中载明材料单价为基础超过 5%时，其超过部分据实调整。

基准价格是指由发包人在招标文件或专用合同条款中给定的材料、工程设备的价格，该价格原则上应当按照省级或行业建设主管部门或其授权的工程造价管理机构发布的基准日期信息价编制，无信息价时为发包人认可市场价。基准日期的确定：招标工程以投标截止日前 28 天，非招标工程以合同签订前 28 天为基准日。

2013《湖北省价格管理办法》规定调整办法稍有不同，具体为：合同没有约定的，可扣除招标控制价中明确计取的风险系数后，市场价格的变化幅度超出±5%(含±5%)时，变化幅度以内的风险由承包人承担或受益，超出部分由发包人承担或受益。

(2)承包人在已标价工程量清单或预算书中载明材料单价高于基准价格的：除专用合同条款另有约定外，合同履行期间材料单价跌幅以基准价格为基础超过 5%时，材料单价涨幅以在已标价工程量清单或预算书中载明材料单价为基础超过 5%时，其超过部分据实调整。即：计算涨幅时以投标报价与投标时期市场价中较高者为基准价；计算跌幅时，以投标报价与投标时期市场价中较低者为基准价。

(3)承包人在已标价工程量清单或预算书中载明材料单价等于基准价格的：除专用合同条款另有约定外，合同履行期间材料单价涨跌幅以基准价格为基础超过±5%时，其超过部分据实调整。

(4)发生合同工期延误的，延误期间发生人工发布价和材料市场价格涨跌的，按下列方法调整：

因非承包人原因造成，上涨时，计划进度日期后工程的价格应采用计划进度日期与实际进度日期两者的较高者调整；下跌时，不调整。

因承包人原因造成，上涨时，不调整；下跌时，计划进度日期后工程的价格应采用计划进度日期与实际进度日期两者的较低者调整。(依据清单计价规范和湖北省价格管理办法。)

【例 21.3】 某工程采用商品混凝土由承包人提供，所需混凝土见表 21.7，问合同约定的材料单价如何调整？

表21.12　　　　　　　承包人提供的主要材料和工程设备一览表

序号	名称、规格、型号	单位	数量	风险系数（%）	基准单价（元）	投标单价（元）	发包人审批的采购价(元)	备注
1	商品混凝土C20	m³	2500	5	310	308	327	
2	商品混凝土C25	m³	5600	5	318	325	335	
3	商品混凝土C30	m³	3120	5	340	340	345	

【解】　（1）依据《清单计价规范》调整，判断如下：

①C20：投标价低于基准价，按基准价判断调整数量，327÷310-1=5.45%。单价应调增：310×(5.45%-5%)=1.40元。

②C25：投标价高于基准价，按投标价判断调整数量，335÷325-1=3.08%<5%，单价不予调整。

③C30：投标价等于基准价，按基准价判断调整数量，345÷340-1=1.39%<5%，单价不予调整。

此时材差调整合计=2500×1.5=3750元

（2）若按2013《湖北省价格管理办法》调整，判断如下（假设招标控制价明确风险系数为1%）：

①C20：投标价低于基准价，按基准价判断调整数量，327÷310-1-1%=4.45%<5%。单价不予调整。

②C25：投标价高于基准价，按投标价判断调整数量，335÷325-1-1%=2.08%<5%，单价不予调整。

③C30：投标价等于基准价，按基准价判断调整数量，345÷340-1-1%=0.39%<5%，单价不予调整。

此时材差调整合计=0元。

【例21.4】　背景资料：某市区一建筑工程(7层)，采用定额计价方式编制，中标预算总价400万，其中钢筋用量有150t，承包人投标钢筋单价为3800元/t，投标基期钢筋信息价为3900元/t。若施工中钢筋签证价格为4200元/t，试计算该项目结算造价（依据湖北省价格管理办法）。

【解】　投标价低于信息价，按信息价判断调整数量，4200÷3900-1-1%=6.69%>5%。单价应调增：3900×(6.69%-5%)=65.91(元/t)。

合计调整价差=150×65.91=9886.5元，

结算价=4000000+9886.5×(1+3.48%)=4010230.55元。

21.5　人工单价调整

1. 依据

《湖北省建设工程人工、材料、机械价格管理办法》(2013)。

2. 调整方法

合同履行期间，人工发布价调整时，发承包双方应调整合同价款。承包人报价中的人工单价高于调整后的人工发布价时，不予调整。当人工发布价上调，承包人报价中的人工单价低于调整后的人工发布价时，应予调整。当承包人报价中的人工单价与招标时人工发布价不同时，应以调整后的人工发布价减去编制期人工发布价和投标报价中的较高者之差，再加上投标报价后，进入综合单价或基价，调整合同价款。当人工发布价下调时，另行处理。

【例 21.5】 某工程招投标期间，人工发布价为：普工 60 元、技工 92 元、高级技工 138 元。承包人投标报价为：普工 58 元、技工 92 元、高级技工 148 元。合同履行期间，人工发布价调整为：普工 62 元、技工 98 元、高级技工 150 元。问：人工单价如何调整？

【解】
(1)招投标时，普工报价 58 元/工日，低于发布价：

调整后普工单价 = 58+(62-60) = 60(元/工日)。

(2)招投标时，技工报价 92 元/工日，等于发布价：

调整后技工单价为 98 元/工日。

(3)招投标时，高级技工报价 148 元/工日，高于发布价：

调整后高级技工单价 = 148+(150-148) = 150(元/工日)。

小 结

1. 建筑安装工程费的组成有两种划分方式。

按照费用构成要素划分：由人工费、材料(包含工程设备)费、施工机具使用费、企业管理费、利润、规费和税金组成。其中人工费、材料费、施工机具使用费、企业管理费和利润包含在分部分项工程费、措施项目费、其他项目费中。

建筑安装工程费按照工程造价形成由分部分项工程费、措施项目费、其他项目费、规费、税金组成，分部分项工程费、措施项目费、其他项目费包含人工费、材料费、施工机具使用费、企业管理费和利润。

2. 各专业工程均以人工费和机械费之和为计费基础。
3. 掌握建筑工程定额计价的计算程序。
4. 湖北省规定：材料费只计取税金。人工费的调差，预算和结算均应计取有关费用。

习 题 21

1. 某钢结构厂房土建部分分部分项工程费与单价措施项目费中：人工费 81223.89 元，材料费 282893.07 元，机械费 14979.65 元。按定额计价方法计算该项目造价。

2. 背景资料：某市区一装饰工程墙面干挂(无骨架)花岗岩 2000m^2，采用定额计价方式编制预算，甲方按定额消耗量供应花岗岩。试计算下列情况时干挂(无骨架)花岗岩项目全费用单价：(1)甲方同意按定额取定价供给乙方；(2)285 元/m^2；(3)甲供材价格 85 元/m^2。

学习单元 22 施工图预算实例

22.1 施工图纸

××校门建施

图纸编号	图纸名称	张数	附注
建施 1	建筑设计总说明书	1	
建施 2	一层平面图	1	
建施 3	屋顶平面图	1	
建施 4	立面图 ②-① — ②-④ 立面图	1	
建施 5	立面图	1	
建施 6	大样图、3-3 剖面图	1	

建筑设计总说明书

一、工程概况
1. 本工程建设单位为××，结构形式为框架结构。
2. 房门建筑面积 37.03m²，建筑高度为 4.15m（室外地坪至屋面）。
3. 建筑物为一层公共建筑，耐火等级为三级，抗震设防烈度为六度。

二、工程做法
1. 本工程所有墙体为 250 厚加气混凝土砌块，除特殊注明外，所有墙体均轴线居中，M5 混合砂浆，基础为 M7.5 水泥砂浆砌筑基础；具体位置见平面图。工程做法见表及平面图。

三、门窗工程
1. 本工程外窗为白色普通塑料窗 6+9A+6 遮阳型，外门为钢制防盗保温节能门，由专业厂家制作，外墙塑钢门窗均带纱。
内门均为木门，木门暂选用 98ZJ681 图集，严格实施防腐防虫处理，二次装修时确定具体颜色及样式。

建筑用料及做法表

项目	名称	编号	适用范围	备注
墙身	250厚加气混凝土砌块墙	11ZJ001-页 127-台 3	所有墙体	
台阶	水磨石台阶	11ZJ001-页 125-散 4		
散水	水泥砂浆散水			宽 800
外墙	干挂石材外墙面	10ZJ105-页 10-10	见立面图	光面石材，分割大小以 500×500 为主，保温材料厚度为 40 厚
地面	陶瓷地砖地面	10ZJ105-页 34-1		
	陶瓷地砖地面 XF	11ZJ001 地 202B30	除以下注明外	细石混凝土1抹10厚聚合物水泥砂浆
踢脚	面板踢脚	11ZJ001 地 202F3	卫生间地面	高度 120
内墙面	混合砂浆墙面	11ZJ0015B-120	所有地方房间	外刷白色乳胶漆 23
	釉面砖内墙	11ZJ001 内墙 102B	除以下注明外	
顶棚	粉刷石膏砂浆顶棚	11ZJ001 内墙 201F	卫生间内墙面	满墙铺设高 2100
	水泥砂浆顶棚	11ZJ001-页 65-顶 102	除以下注明外	
涂料	调和漆（木门面）	11ZJ001-页 65-顶 104	卫生间	
	磁条	11ZJ001-79-涂 101B	木门	青灰色
屋面	不上人保温屋面	11ZJ001-79-涂 102B	外露管件、外廊栏杆	
		08ZJT207-页 12 屋 13	屋二	保温材料为绝热挤塑聚苯，厚度改为 40 厚

建施 1

门窗表

类别	设计编号	洞口尺寸(mm) 宽	洞口尺寸(mm) 高	樘数	采用标准图集代号	采用标准编号	备注
门	M1021	1000	2100	1	购买成品	GJM308	钢制防盗保温节能门（其传热系数小于等于4）
	M0821	800	2100	1	98ZJ681		夹板门（卫生间门）
	C1218	1200	1800	1	立面分格详建施 04		白色普通塑料窗 6+9A+6 遮阳型
	C1209	1200	900	1	立面分格详建施 04		白色普通塑料窗 6+9A+6 遮阳型
窗	C11518	1150	1800	1	立面分格详建施 04		白色普通塑料窗 6+9A+6 遮阳型
	C11512	1150	1200	1	立面分格详建施 04		白色普通塑料窗 6+9A+6 遮阳型
	C22523	2250	2300	1	立面分格详建施 04		白色普通塑料窗 6+9A+6 遮阳型

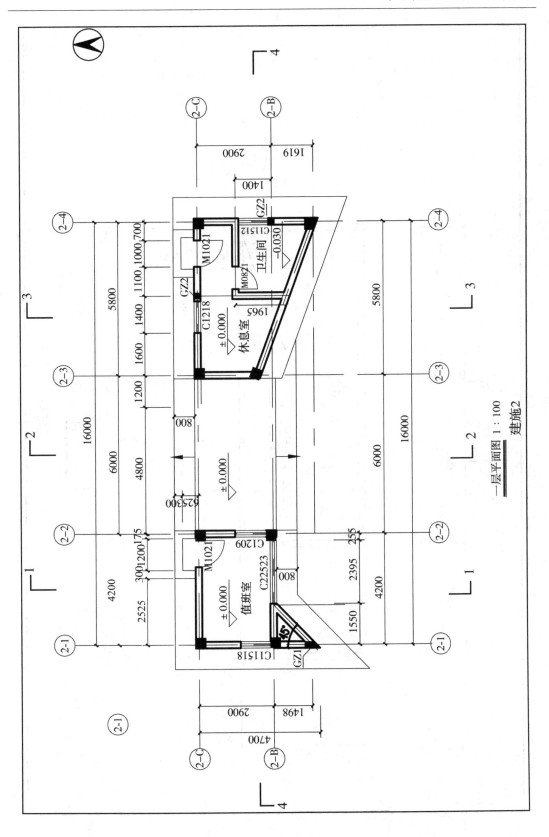

一层平面图 1:100
建施2

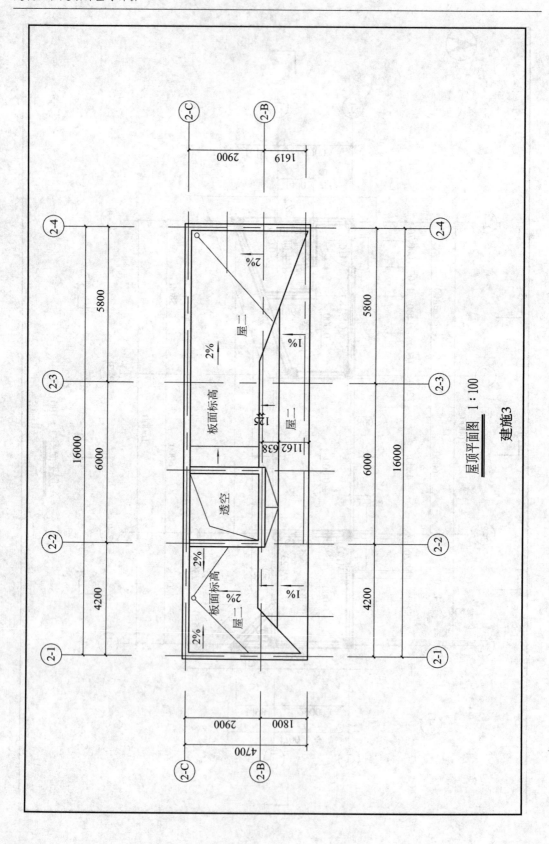

屋顶平面图 1:100

建施3

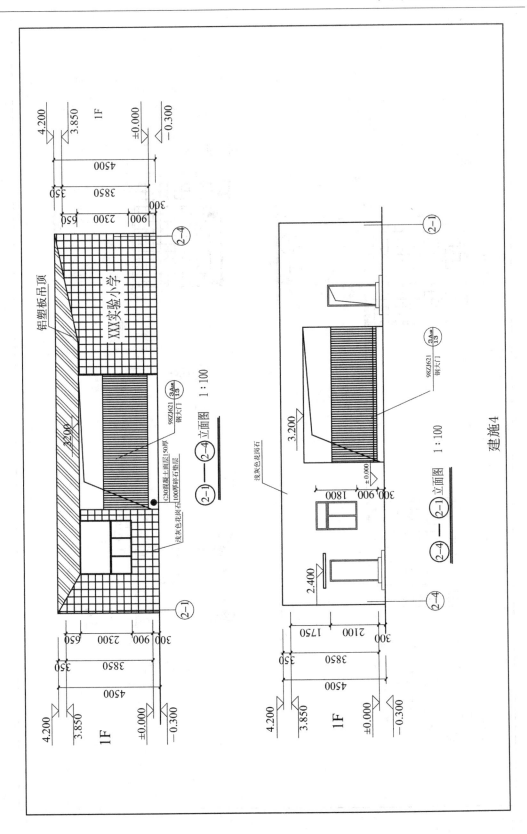

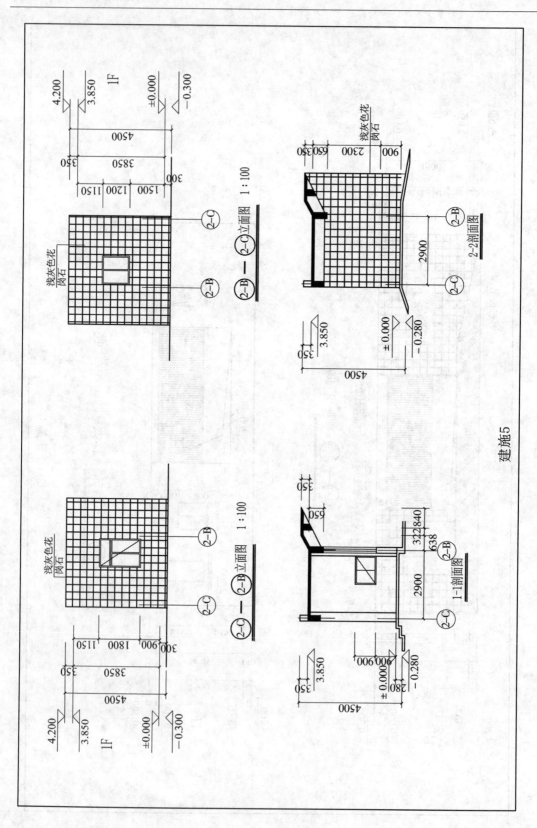

建施5

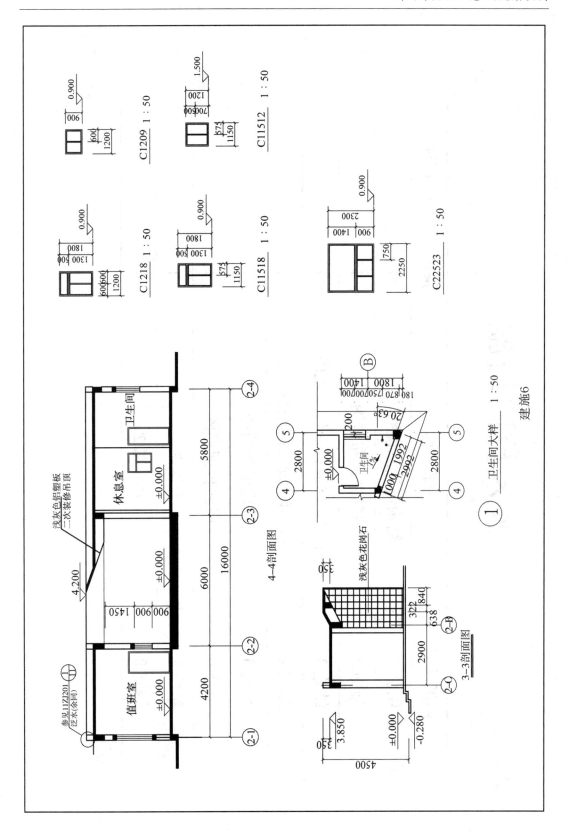

××校门结施

图纸编号	图纸名称	张数	附注
结施 1	结构设计总说明书	1	
结施 2	基础平面布置图	1	
结施 3	基顶~3.850m 柱平法施工图	1	
结施 4	-0.100 处梁配筋图	1	
结施 5	屋面梁配筋图	1	
结施 6	屋面板配筋图	1	
结施 7	大样图 1	1	
结施 8	大样图 2	1	

结构设计总说明书

一、一般说明
1. 本工程标高以米计外，其他尺寸均以毫米为单位。
2. 本工程室内外相对标高±0.000m，相对的绝对标高为112.450m。
3. 本工程为钢筋混凝土框架结构，地面以上主体1层。
4. 本工程抗震设防烈度为7度，设计特征周期为0.35s，基本地震加速度值为0.05G；设计地震分组为第一组。
5. 建筑抗震设防类别：按照《建筑工程抗震设防分类标准》GB50223—2008，取本标准防类（即丙类）。
   建筑结构的安全等级：按照《工程结构可靠性设计统一标准》GB50153 2008，取为二级。
   按照《建筑抗震设计规范》GB50011—2010，框架抗震等级为四级。

二、地基基础部分
1. ±0.000以下回填土的压实系数不应小于0.94，灰土的压实系数不应小于0.95，场地无地震液化土，地基基础设计等级为丙级。
2. 砌体灰土容重不小于1.45g/cm³；2：8灰土容重不小于1.5g/cm³。

三、钢筋混凝土材料选用
外墙屋面板的砼抗渗等级为P6。
钢筋混凝土强度等级：基础工程和中特别说明外为C25。
注：(1)层间梁板为C15回填，其余现浇砼结构等级为C25。
   (2)材料强度等级与施工图中特别说明为准。
   (3)环境类别为一类及二、三类外，砼最大水胶比分别为0.60和0.55，最大氯离子含量分别为0.30%和0.20%，最大碱含量不应大于3.0kg/m³。

四、钢筋混凝土结构部分
1. 垫层，散水为C15混凝土。地下部分及屋面板，其余现浇结构为C25。
2. 钢筋种类：钢筋强度值及钢板采用(Q235B)。
   普通钢筋HPB235级(A fy=210N/mm²)应用热轧光圆钢筋）GB1499 B标准。
   普通钢筋HRB400级(B fy=360N/mm²)应用热轧带肋钢筋）GB13013标准。
3. 本工程采用的HPB235级和HRB400级钢筋的抗拉强度实测值与屈服强度实测值比不应小于1.25；钢筋的屈服强度实测值与屈服强度标准值比不应大于1.3，且屈服强度在最大拉力下的总伸长率实测值不应小于9%。
4. 钢筋连接方式：
   框架梁、框架柱受力钢筋直径≥25采用等强度直螺纹机械连接，其余均采用焊接连接。
   采用焊接时，应按现行规范要求采用电弧焊、电渣压力焊、气压焊、闪光对接焊，采用HPB235级钢筋的E43焊条，采用HRB400级和Q235钢材的E50焊条。焊缝高度不小于6mm；电弧焊焊缝搭接采用10d，双面焊缝不小于5d（d为钢筋直径）。
5. 混凝土结构钢筋保护层最外层钢筋净距不小于40mm。
6. 钢筋最小锚固、搭接长度：详见11G101-1第53~54页。
7. 本工程框架梁、柱的纵筋搭接要求接头面积百分率不大于50%，且在连接接头处的截面面相距离为35d，并不小于500mm（d为纵向钢筋直径）。
8. 现浇板中受力钢筋除加强筋外，相邻接头水平距离不小于1.3倍搭接长度，且总长度应设置成减少15mm，板面钢筋按不搭接要求，长500，板底钢筋伸入支座不小于5d且不小于100mm，双向板或单向短跨钢筋应在梁范围内锚固。
9. 板面钢筋伸入支座的水平长度应不小于下图长度要求，当未注明按其长度的分布筋，未注明的板的分布筋应不小于A8@200，当板厚>130mm时不小于A8@200，且与分布筋相连接必须准确。
10. 悬挑构件受力主筋就位后，方可拆除临时支撑上部结构。
11. 在施工有关钢筋混凝土构件时，应配合各专业埋管线预留洞、孔。
12. 本工程梁、柱、墙、板配筋平法表示方法采用国标11G101-1。
13. 未注明处主次梁相交处主梁两侧各设3@50箍筋，箍筋类型同主梁箍筋。
14. 当梁跨度大于4m时应按跨度的1/500起拱，悬挑梁跨度大于1.5m时端部应按悬挑长度的1/300起拱。
15. 框架柱与门窗留设墙块为200时，采用C20素混凝土浇灌，框架柱边与门窗柱左小于200时不采用M7.5水泥砂浆砌筑。
16. 梁柱混凝土强度等级不同时，梁柱节点做法见03ZG003第12页，具体做法详03ZG002图集第19页节点1~3及说明。
17. 本工程所有柱、柱与砌块砌体之间的接触面应以做300mm宽的钢丝网抹灰。

五、填充墙部分
1. 填充墙构造柱做法见中南标03ZG003第36页节点1~7及说明。
2. 砌体填充墙与框架柱连接做法见03ZG003图集第36页节点1~7及说明，砌体填充墙与墙连接做法详03ZG002图集第19页节点1~3及说明。其接筋长度同03ZG003图集第36页节点1~7，拉通筋为2C12，梁立筋2A6@200，拉梁同墙厚。
3. 砌体填充墙顶部同梁（墙）底连接做法详03ZG003第36页节点1~7及说明，在墙高中部（或门洞顶部）设置与框架柱连接的通长钢筋混凝土水平拉梁，具体做法详03ZG002图集第19页节点1~7及说明。
4. 砌体填充墙顶部应与框架梁可靠连接。
5. 说明所外的所有门、窗过梁设置，构造柱过梁做法详03ZC003第37页。
   a) 凡在框架柱、构造柱位置的高度（或板）底的过梁，门洞处的过梁，采用现浇，采用配筋现浇过梁。
   b) 当洞顶离结构梁（或板）底的高度小于等于各类过梁（钢筋混凝土过梁）（O3ZG313）高度，则选用三级砼结构（或板）。
   c) 过梁截面宽度、洞口宽度按梁底中南标每每隔500~600mm设2A6拉筋，拉筋深入梁端不宜小于每侧长度全长度加强。
   填充墙应沿框架柱全高每隔500~600mm设2A6拉筋，拉筋深入梁端不宜沿墙长度全长布置及配筋规范加强。

六、其他
1. 本结构施工图仅与水等专业的施工图密切配合，及时铺设各类管线及穿套管。
2. 本工程钢筋除已打急之外于建筑、给水、电气等专业施工图不符时，应先与设计单位配合后方可施工。
3. 建筑装修如严格按设计图施工，不得随意改动。当需要更改时，不得施工后期随意增加荷重。
4. 主楼建筑物的活荷载按设计图纸标准，要求施工及使用期间同样不得超载。
5. 主要使用时应注意本图有关说明，并正确使用。
6. 当装修时，并应满足最小配筋率。
7. 本工程未尽事宜应满足有关现行规范及规定。

结施 1

261

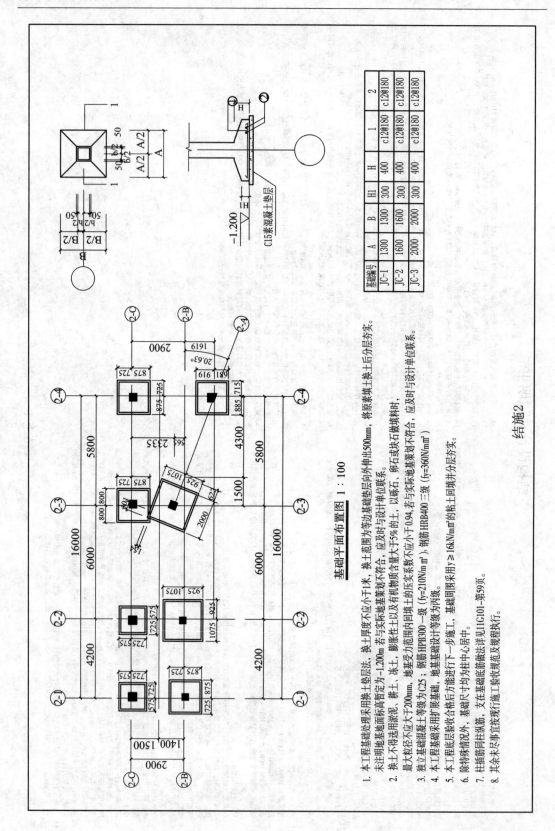

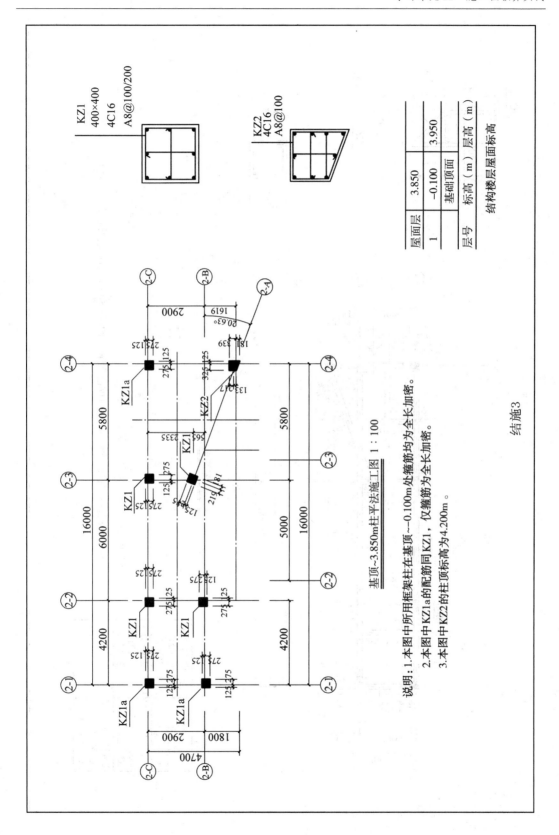

结施3

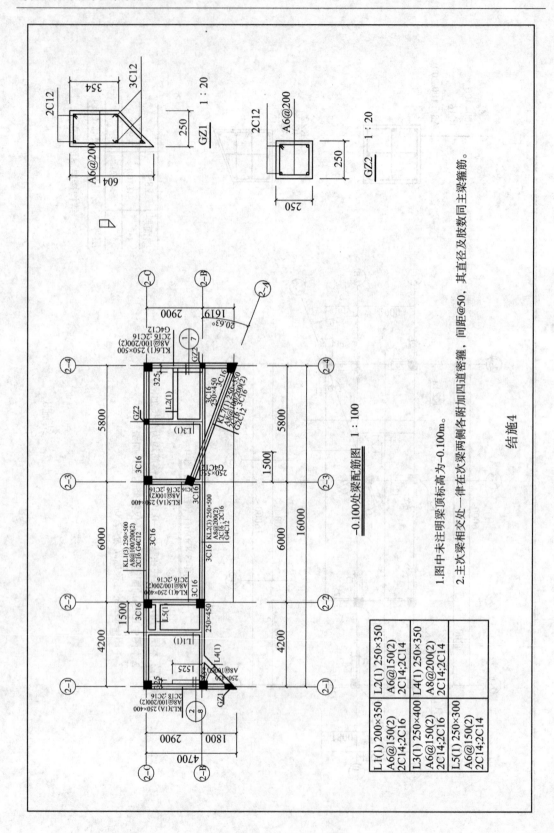

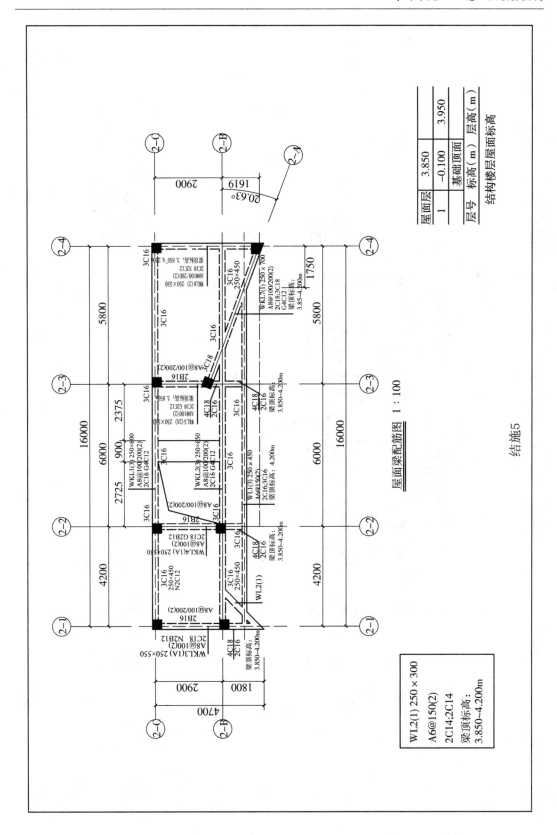

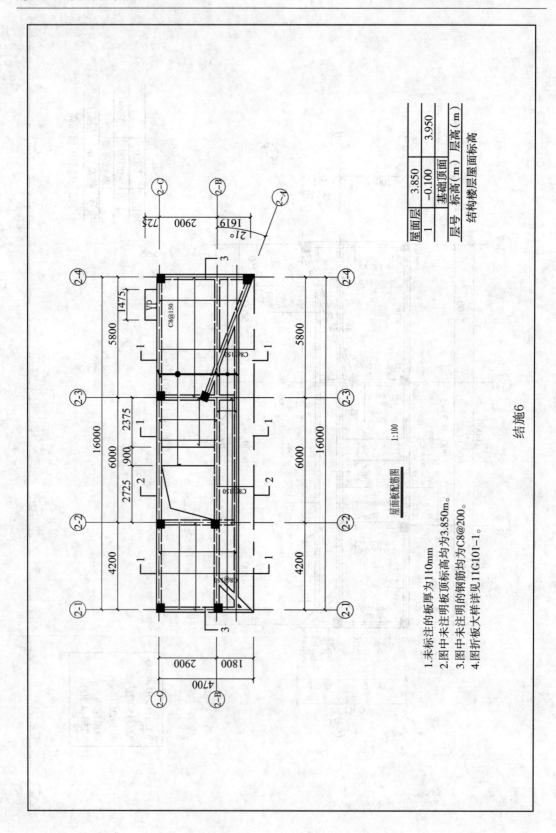

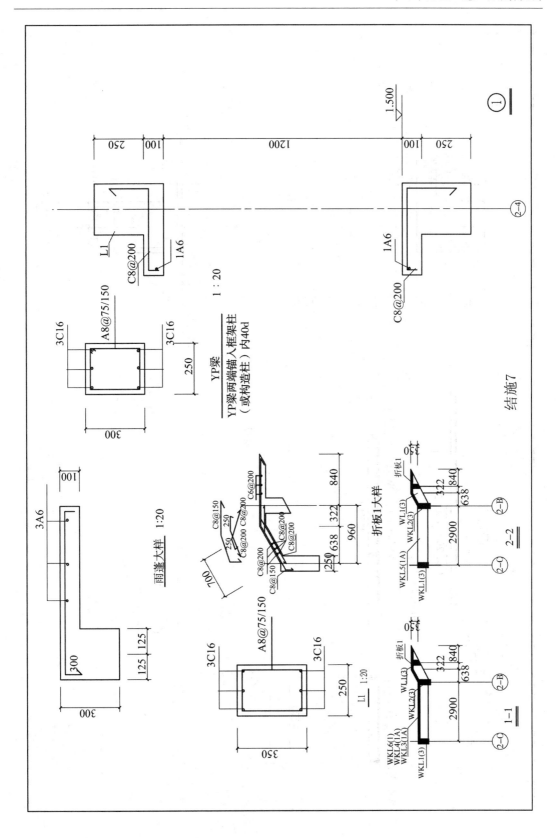

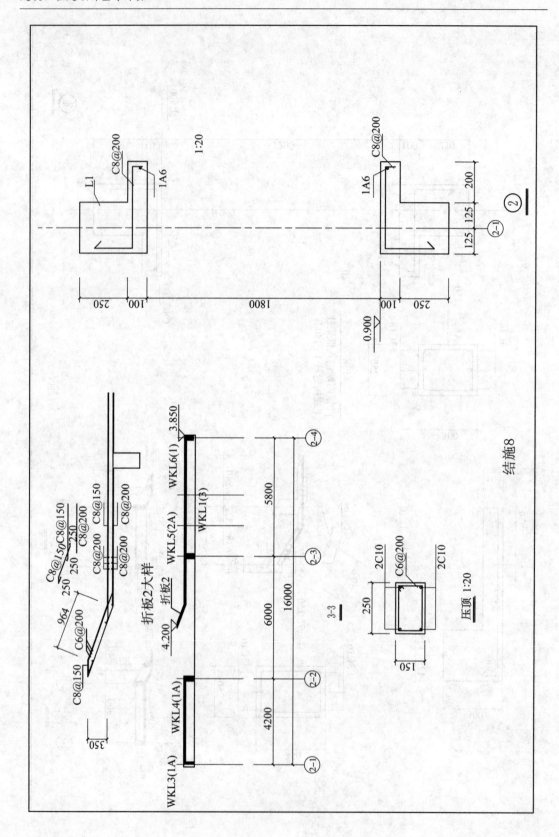

结施8

22.2 工程量计算

详细计算见表22.1~表22.4。部分计算如下(按《2013湖北定额》规则计算)。

1. 平整场地计算

平整场地按外墙外边线每边各加2m所围的面积计算，范围如图22.1所示。

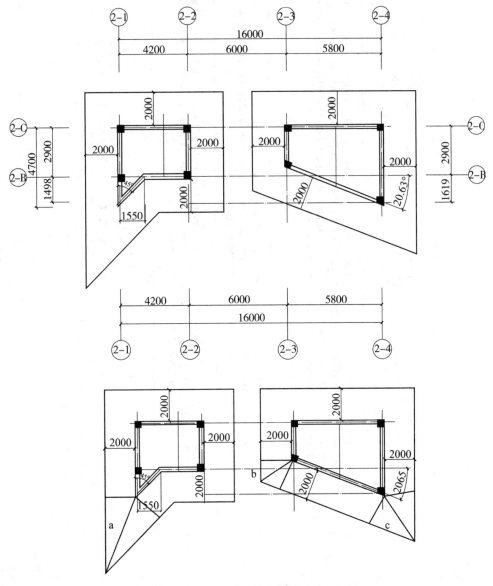

图22.1 平整场地范围示意

表 22.1　某校门土建工程量计算表

序号	定额	名称	计算式	结果	单位
一、建筑面积及基线					
1		外墙中心线 $L_{中}$	4.2×2.9+0.255+2.395×1.414+1.498+2.9+5.8+2.9+1.619+5.8÷cos20.63°[注:cos20.63°=0.93588]+2.335	35.17	m
	三线一面	外墙外边线 $L_{外}$	35.17+5×0.25+0.125×(1/tan22.5°-tan22.5°)×2+0.125×(1/tan34.685°+1/tan34.685°)×2 [若按外墙中心线+4×0.25×2=37.17,误差率≈1%]	37.454	m
		内墙净长线 $L_{内}$	1.498-0.25+0.7+1+1.965-0.25	5.763	m
		建筑面积 $S_{底}$	(4.2+0.25)×(2.9+0.25)+0.5×(1.8-0.125)+0.5×(2.335+0.125+0.125×0.692045+2.9+1.619+0.125+0.125/0.692045)×(5.8+0.25)+0.5×(1.8-0.125)+0.5×(2.335+0.125[保温层投影面积][tan34.685°=0.692045] (4.2+0.25)×(2.9+0.25)+0.5×(1.8-0.125)+0.04×37.454[保温层投影面积][tan34.685°=0.692045][若近似计算:2.9+1.619+0.25[近似值])×(5.8+0.25)+0.04×37.17=39.153,误差率≈-0.16%	39.216	m^2
二、土方石工程					
2	G1-286	平整场地	0.5×(1.8+2/tan22.5°-2)×(1.8+2/tan22.5°-2)+(4.2+4+0.25)×(2.9+4.25)+ 1/2×(2.335+0.125+2+2.125×0 tan34.685°+2.125/tan34.685°+1.6919+2.9+0.125+2)×(5.8+0.25+4) [套用公式]39.153+37.17×2+16=129.493,与实际值相差≈-13.4%	149.54	m^2
3		下底面积 $S_{下}$	2.9+0.725×2+0.6+0.925+0.6)×(16+0.725+0.6+0.715+0.6)+(1.6+0.6×2)×(1.619+0.681+0.6-0.925-0.6)+ (0.725-0.715)×(1.6+0.6×2)-(0.725-0.575)×(6+4.2-0.8-0.6.575+0.6)-(0.925-0.875)×(4.2-1.075-0.6+0.725+0.6)-(0.725-0.575)×(2.9-0.725-0.6+0.725+0.6)	108.934	m^2
	基坑	下底面外边线周长 $L_{坑底线周长}$	[(16+0.725×2+0.6×2)+(2.9+1.619+0.681+0.725+0.6×2)]×2	51.550	m
		上底面积 $S_{上}$	108.934+1×51.55+4×1[1为放坡宽度,$S_{上}=S_{下}+$放坡宽度×L坑底线周长+4×放坡宽度]	164.484	m^2
	G1-158 (G1-161)	人工配合挖土部分的挖土上底面积 $S_{人上}$	108.934+0.15×51.55+4×0.15[机械挖土,人工配合部分按300mm考虑,放坡宽度=0.3×0.5=0.15,$S_{上}=S_{下}+$放坡宽度×L坑底线周长+4×放坡宽度]	116.757	m^2
		机械挖土方	$V=1/3×H×[S_{人上}+(S_{人上}×S_{上})^{1/2}+S_{上}][H=2.0-0.3]$	237.899	m^3
	G1-140调	人工配合挖土方	$V=1/3×h×(S_{人上}+(S_{人上}×S_{下})^{1/2}+S_{下})[h=0.3]$	33.847	m^3

续表

序号	定额	名称	计算式	结果	单位
4		换填砂顶面积 $S_{砂上}$	108.934+0.5×51.55+4×05×0.5[砂填1m深,上表面的挖土放坡宽度=Lh=1×0.5=0.5,$S_上$=$S_下$+放坡宽度×L,坑底线周长+4×放坡宽度×放坡宽度]	144.709	m²
	A13-3	换填砂体积	$V=1/3×h×(S_{砂上}+(S_{砂上}×S_下)^{1/2}+S_下)[h=1]$	126.219	m³
5	G1-281	基础回填土(夯实)	237.899[机械土方]+33.847[人工配合土方]-126.219[砂]-(7.49+2.708+0.16×5×7+0.196×1+3.6115)[室外地坪以下构件体积]	130.962	m³
	G1-282	室内回填	(20.2972[值班室休息室面积])×(0.3-0.08-0.04-0.03-0.02)+5.6944×(0.3-0.08-0.04-0.02)[卫生间做法厚度]+5.75×2.65×(0.3-0.15-0.1)	4.312	m³
6	G1-297	基底钎探	同 $S_下$=108.934	108.934	m²
7	G1-241	余土	237.899[机械土方]+33.847[人工配合土方]-130.962[回填体积],注:该部分土考虑在开挖时装车运走,所以,机械挖土(装车)(套G1-158)工程量=237.899-140.784=97.115 m³ (不装车)(套G1-161)工程量=140.784 m³	140.784	m³

三、砌筑工程

序号	定额	名称	计算式	结果	单位
8		砌体外墙(250)	(4.825-0.4×2-0.604-0.03)×(3.95-0.55)×0.25×0.35×(2.9-0.4)×2 [L1体积]+0.35×(0.921-0.03+0.322)×0.5×0.25[2-B-1498 3.46以上体积]	1.980	m³
			(2.9-0.275×2)×(3.95-0.55)×0.25-1.08×0.25[窗体积]-0.0435[过梁]	1.684	m³
			(4.2-0.275×2)×(3.95-0.45)×0.25-1.2938[扣窗]	1.900	m³
			(6.1974-(0.2283+0.3472)[扣柱边])×(3.95-0.7)×0.25+(3.892+1.239)×0.35×0.25	4.792	m³
			(4.825-0.25-0.06-0.4-0.45)×(3.95-0.55)×0.25+(3.95-1.38×0.25[窗体积]-0.25×0.35×(2.9-0.4)×2 [L1体积]+0.35×(0.921-0.03+0.322)×0.5×0.25[2-B-1498 3.46以上体积]	2.386	m³
			(5.8-0.275×0.2-0.25-0.06)×(3.9-0.6)×0.25-1×2.1×0.25[门]-1.2×1.8×0.25[窗]-0.0449[过梁]+0.3×2.4[雨篷梁]+1.8×0.03×0.25	2.861	m³
			1.812×0.25×(3.95-0.55)	1.540	m³
			1.7650×0.25×(3.9-0.55)+0.35×0.5×(0.7254+0.4554+0.322)	1.741	m³
			(4.2-0.275×2)×(3.9-0.45)×0.25-1×2.1×0.25[窗]-0.0368[过梁]	2.586	m³
			4.506[内墙净长]×0.25×3.95-0.039[过梁]×0.25+(0.35-0.11)×0.4312×0.5×0.25	4.004	m³
		砌体内墙(250)			
		内外墙小计		25.475	m³
	A1-46	女儿墙	(16+1.619×2+2.9×3-0.25+0.638×2)[屋面女儿墙净长]×0.2×0.25	1.448	m³
		砌块墙合计		26.923	m³

续表

序号	定额	名称	计算式	结果	单位
9	A14-75	钢丝网	((17.8175+13.1972)[砌体墙内边线]+(3.85-0.11)×16)×0.3×2	54.513	m²

四、混凝土及钢筋混凝土工程,模板工程

基础混凝土及模板工程量

		DJ1 砼工程量	((1.3×1.3+0.5×0.5+1.3×0.5)×0.1/3+1.3×0.3)×2	1.187	m³
		DJ1 模板工程量	1.3×0.3×4×2	3.120	m²
10	DJ	DJ2 砼工程量	((1.6×1.6+0.5×0.5+1.6×0.5)×0.1/3+1.6×0.3)×4	3.553	m³
		DJ2 模板工程量	1.6×0.3×4×4	7.680	m²
		DJ3 砼工程量	((2×2+0.5×0.5+2×0.5)×0.1/3+2×2×0.3)×2	2.750	m³
		DJ3 模板工程量	2×0.3×4×2	4.800	m²
	A2-70	独立基础砼合计		7.490	m³
	A7-16	独立基础模板合计		15.600	m²
11	A2-10	垫层	(1.3+0.2)×(1.3+0.2)×0.1×2+(1.6+0.2)×0.1×4+(2+0.2)×0.1×2-0.154×0.401×0.1[重叠层体积]	2.708	m³
	A7-30	垫层模板	(1.5×2×2×2+1.8×4×4+2.2×4×2-0.984[重叠部分周长])×0.1	5.742	m²

柱混凝土及模板工程量

12		KZ1	0.4×0.4×(3.85+0.8)×4	2.976	m³
	KZ	KZ1 模板	0.4×4×4.65×4-((0.25×0.4+0.25×0.6×2+0.25×0.5×2+0.25×0.45+0.25×0.45+0.25×0.65×2+0.25×0.55+0.25×0.55×2+0.25×0.4+0.25×0.55+0.25×0.55×2+0.25×0.7)-0.11×0.15×17	26.155	m²
		KZ1a	0.4×0.4×(3.85+0.8)×3	2.232	m³
		KZ1a 模板	0.4×4×4.65×3-(0.25×0.4+0.25×0.5+0.25×0.4+0.25×0.45+0.25×0.45+0.25×0.5×2+0.25×0.45+0.25×0.25×0.45+0.25×0.6+0.25×0.55+0.45+0.25×0.55×2)-(0.4×0.1+0.25×0.25)×6	19.980	m²
	A2-80	合计矩形柱砼工程量		5.208	m³
	A7-40	合计矩形柱模板工程量		46.135	m²
	A7-49	合计矩形柱模板超高工程量	(1.05×0.4×4×7-(0.25×0.55×2+0.25×0.45)-(0.25×0.55+0.25×0.6)-(0.25×0.45+0.25×0.65+0.25×0.55×2)-(0.25×0.6+0.25×0.55)-(0.25×0.7+0.25×0.55×2)-0.11×0.15×19)×2	17.368	m²

272

续表

序号	定额	名称	计算式	结果	单位
	A2-82	梯形柱 KZ2	$(0.52+0.35)\times0.45\times0.5\times(0.8+4.2)$	0.979	m^3
	A7-43	梯形柱 KZ2 模板	$1.801[周长]\times5-((0.25\times0.5+0.25\times0.55+0.25\times0.7+0.25\times0.55)$	8.430	m^2
	A7-49	梯形柱 KZ2 模板超高	$(1.801\times1.4-(0.25\times0.7+0.25\times0.55)-0.11\times(0.1+0.2))\times2$	4.352	m^2
		GZ1	$((0.354+0.604)\times0.125+(0.25+0.604)\times0.03)\times(4.3-0.45)$	0.560	m^3
	GZ	GZ1 模板	$1.5615\times3.75+0.45-2.2664$	4.039	m^2
		GZ1 模板超高	$((0.604+0.06+0.3535+0.06+0.06\times2)\times(4.5-3.6-0.55))\times1$	0.419	m^2
		GZ2	$(3.95-0.55+3.95-0.6)\times(0.25\times0.25+0.03\times0.25\times3)$	0.574	m^3
		GZ2 模板	$(0.25+0.06\times2)\times3.35\times2+0.25\times2\times3.4+0.06\times4\times3.4+0.25\times1.2-0.06\times2\times1.2$	5.151	m^2
13	A2-83	合计构造柱砼工程量		1.133	m^3
	A7-47	合计构造柱模板工程量		9.190	m^2
	A7-49	合计构造柱模板超高工程量	0.4191	0.4191	m^2
基础梁混凝土及模板工程量					
		KL1	$0.25\times0.5\times(16-0.4\times2-0.275\times2)$	1.831	m^3
		KL1 模板	$0.5\times2\times(16-0.4\times2-0.275\times2)-0.35\times0.2-0.25\times0.4$	14.480	m^2
		KL2	$0.2\times0.3\times(16-0.4\times2-0.709)$ [其中:室外地坪以下体积=$0.2\times0.3\times(16-0.4\times2-0.709)=0.8695$]	1.449	m^3
14	基础梁	KL2 模板	$2\times0.45\times(4.2-0.4)+0.5\times2\times(7.5-0.125)+(4.3-0.125)\times0.25\times0.45+(2.9-0.4)\times0.25\times0.45+2-0.25\times0.55-0.25\times0.4-0.709\times0.55\times2$	13.310	m^2
		KL3	$((0.302/2)+1.498-0.275)\times0.25\times0.45+(2.9-0.4)\times0.25\times0.4$ [其中:室外地坪以下体积$(((0.302/2)+1.498-0.275)\times0.25\times(2.9-0.4)\times0.25\times0.2=0.2109]$	0.405	m^3
		KL3 模板	$((0.302/2)+1.498-0.275)\times0.45\times2+(2.9-0.4)\times0.4\times2-0.25\times0.45$	3.124	m^2
		KL4	$0.25\times0.4\times(2.9-0.275\times2)$ [室外地坪以下体积=$0.25\times0.2\times(2.9-0.275\times2)=0.1175$]	0.235	m^3
		KL4 模板	$(2.9-0.275\times2)\times0.4\times2-0.25\times0.3$	1.805	m^2

续表

序号	定额	名称	计算式	结果	单位
		KL5	(2.335−0.275×2)×0.25×0.4+(0.565−0.125×2)×0.25×0.55 [室外地坪以下体积=0.25×0.2×(2.335−0.275×2)+(0.565−0.125×2)×0.25×0.35=0.1168]	0.222	m³
		KL5模板	(2.335−0.275×2)×0.4×2+(0.565−0.125×2)×0.55×2	1.775	m²
		KL6	(2.9+1.619−0.275−0.339)×0.25×0.5 [室外地坪以下体积=(2.9+1.619−0.275−0.339)×0.25×0.3=0.2929]	0.488	m³
		KL6模板	(2.9+1.619−0.275−0.339)×0.5×2−0.25×0.35−0.25×0.45	3.705	m²
		KL7	0.25×0.55×((5.8−0.325−0.125)/0.9359) [室外地坪以下体积=0.25×0.35×((5.8−0.325−0.125)/0.9359)=0.5002]	0.786	m³
		KL7模板	2×0.55×((5.8−0.325−0.125)/0.9359)−(0.55×0.25/0.3523)×2	5.507	m²
		L1	(2.9−0.25)×0.2×0.35 [室外地坪以下体积(2.9−0.25)×0.2×0.15=0.0795]	0.186	m³
		L1模板	(2.9−0.25)×0.35×2−0.25×0.3	1.780	m²
		L2	(2.8−0.25)×0.25×0.35 [室外地坪以下体积(2.8−0.25)×0.25×0.15=0.0956]	0.223	m³
		L2模板	(2.8−0.25)×0.35×2	1.785	m²
		L3	(2.9−0.25)×0.25×0.4 [室外地坪以下体积2.9−0.25)×0.25×0.2=0.1325]	0.265	m³
		L3模板	(2.9−0.25)×0.4×2−0.25×0.35	2.033	m²
		L4	1.4142×(1.498−0.25)×0.25×0.35 [室外地坪以下体积1.4142×(1.498−0.25)×0.25×0.15=0.0662]	0.154	m³
		L4模板	1.4142×(1.498−0.25)×0.35×2	1.235	m²
		L5	(1.5−0.25)×0.25×0.3 [室外地坪以下体积(1.5−0.25)×0.25×0.1=0.0313]	0.094	m³
		L5模板	1.25×0.3×2	0.750	m²
	A2−67	合计基础梁工程量	[其中：室外地坪以下体积=3.6115]	6.338	m³
	A7−7	合计基础梁模板		49.484	m²

有梁板混凝土及模板工程量

续表

序号	定额	名称	计算式	结果	单位
15	WKL	WKL1	(12.05−1.05)[梁净长]×(0.25×0.6)+(4.2−0.55)[梁净长]×(0.25×0.45))	2.061	m³
		WKL2	(7.6258−0.25−0.355)[梁净长]×(0.25×0.65)+(4.2992−0.4794)[梁净长]×((0.25×0.45))	1.571	m³
			(4.2−0.55)[梁净长]×((0.25×0.45))	0.411	m³
		WKL3	(3.025−0.525)[梁净长]×((0.25×0.55))+(0.8703−0.4562)[梁净长]×((0.25×0.55))+(1.0368[梁净长])×((0.25×0.55))	0.543	m³
		WKL4	(2.9−0.55)[梁净长]×((0.25×0.55))+(0.447)×((0.25×0.55))	0.465	m³
		WKL5	(2.335−0.5688)[梁净长]×((0.25×0.55))+(0.565−0.1336−0.125)[梁净长]×((0.25×0.55))	0.285	m³
			(0.447)×((0.25×0.55))+(0.7277−0.1426)[梁净长]×((0.25×0.55))	0.142	m³
			(2.9−0.275−0.125)[梁净长]×((0.25×0.55))	0.344	m³
		WKL6	(0.981−0.339)[梁净长]×((0.25×0.55))+0.8703×((0.25×0.55))	0.208	m³
			(1.7372−0.3155−0.355)[梁净长]×((0.25×0.7))	0.187	m³
		WKL7	(2.0028−0.4808)[梁净长]×((0.25×0.7))+(2.2059)×((0.25×0.7))+(0.9139)[梁净长]×((0.25×0.7))	0.812	m³
		WL1	(14.2508−0.9806)[梁净长]×((0.25×0.45))	1.493	m³
		WL2	(0.9678−0.1896)[梁净长]×((0.25×0.3))+(1.2162−0.5303)[梁净长]×((0.25×0.3))	0.110	m³
		有梁板中梁砼小计		8.630	m³
	WKL模板	WKL1 模板	(12.05−1.05)[梁净长]×0.6×2−0.8429[扣现浇板]	15.107	m²
			(4.2−0.55)[梁净长]×0.25+(12.05−1.05)[梁净长]×0.45×2−0.4015[扣现浇板]	3.796	m²
		WKL2 模板	(7.6258−0.25−0.355)[梁净长]×0.25+(7.6258−0.25−0.355)[梁净长]×0.65×2−0.7452[扣现浇板]	10.137	m²
			(4.2−0.55)[梁净长]×0.25+(4.2−0.55)[梁净长]×0.45×2−0.5890[扣现浇板]	3.609	m²
			(4.2992−0.4794)[梁净长]×0.25+(4.2992−0.4794)[梁净长]×0.45×2−0.655[扣现浇板]	3.738	m²
		WKL3 模板	(3.025−0.525)[梁净长]×0.25+(3.025−0.525)[梁净长]×0.55×2−0.275[扣现浇板]	3.100	m²
			(0.8703−0.4562)[梁净长]×0.25+(0.8703−0.4562)[梁净长]×0.55×2−0.065[扣现浇板][模板坡度为30度]	0.494	m²
			(1.0368)×0.25+(1.0368)[梁净长]×0.55×2−0.0339[扣现浇板]	1.366	m²

275

续表

序号	定额	名称	计算式	结果	单位
15	WKL模板	WKL4模板	(2.9−0.55)[梁净长]×0.25+(2.9−0.55)×0.55×2−0.2585[扣现浇板]	2.914	m²
			(0.447)×0.25+(0.447)×0.55×2−0.0708[扣现浇板]	0.533	m²
			(0.7277−0.1426)[梁净长]×0.25+(0.7277−0.1426)×0.55×2−0.1372[扣现浇板]	0.653	m²
			(2.335−0.5688)[梁净长]×0.25+(2.335−0.5688)×0.55×2−0.3945[扣现浇板]	1.990	m²
		WKL5模板	(0.565−0.1336−0.125)[梁净长]×0.25+(0.565−0.1336−0.125)×0.55×2−0.0674[扣现浇板]	0.346	m²
			0.447×0.25+0.447×0.55×2−0.0708[扣现浇板][模板坡度为30度]	0.533	m²
			(0.7277−0.1426)[梁净长]×0.25+(0.7277−0.1426)×0.55×2−0.1372[扣现浇板]	0.653	m²
			(2.9−0.275−0.125)[梁净长]×0.25+(2.9−0.275−0.125)×0.55×2−0.275[扣现浇板]	3.100	m²
		WKL6模板	(0.981−0.339)[梁净长]×0.25+(0.981−0.339)×0.55×2−0.0706[扣现浇板]	0.796	m²
			(0.8703)[梁净长]×0.25+(0.8703)×0.55×2−0.0686[扣现浇板][模板坡度为30度]	1.106	m²
			(1.7372−0.3155−0.355)[梁净长]×0.25+(1.7372−0.3155−0.355)×0.7×2−0.2346[扣现浇板]	1.525	m²
		WKL7模板	(2.0028−0.4808)×0.25+(2.0028−0.4808)×0.7×2−0.3289[扣现浇板]	2.182	m²
			(2.2059)[梁净长]×0.25+(2.2059)×0.7×2−0.2682[扣现浇板][模板坡度为30度]	3.372	m²
			(0.9139)[梁净长]×0.25+(0.9139)×0.7×2−0.1305[扣现浇板]	1.377	m²
		WL1模板	(14.2508−0.9806)[梁净长]×0.25+(14.2508−0.9806)×0.45×2−2.8416[扣现浇板]	12.419	m²
		WL2模板	(0.9678−0.1896)[梁净长]×0.25+(0.9678−0.1896)×0.3×2−0.1484[扣现浇板]	0.513	m²
			(1.2162−0.5303)[梁净长]×0.25+(1.2162−0.5303)×0.3×2−0.1528[扣现浇板][模板坡度为30度]	0.430	m²
		有梁板中梁模板小计		69.118	m²
		坡度30度梁模板小计		6.67	m²

续表

序号	定额	名称	计算式	结果	单位
16		现浇砼板	((4.2−0.25)×(2.9−0.25)−0.15×0.15×3[柱])×0.11+((2.9−0.25)×0.9657×0.11+((2.9−0.25)×8.05−0.4×0.4−0.4×0.15−0.15×0.15×0.25×(2.9−0.15−0.012−0.429)−0.2553)×0.11+((16−0.25)×0.981−0.25×(0.222×2+0.709+0.353))×0.11−0.5063[WL1重叠体积]	4.806	m³
		有梁板中板砼小计	((16−0.25)×0.7−0.7×0.25×2−0.25×(0.805+1.4974))×0.11	1.111	m³
		板模板	(5.9166/0.11)+(2.65+16)×0.11−2.5591−10.0994	5.917	m²
		天窗处板21度模板	(2.9−0.25)×0.9657	43.180	m²
		折板处30度模板	(16−0.25)×0.7−0.7×0.25×2−0.25×(0.805+1.4974)	2.559	m²
	A2−101	有梁板砼合计	有梁板中梁砼小计+有梁板中板砼小计	10.099	m³
	A7−86	有梁板模板合计		14.547	m²
	A7−86调	斜板模板21度合计		112.299	m²
	A7−86调	斜板模板30度合计		2.559	m²
	A7−100	板模板超高		16.770	
				131.627	m²
其他梁混凝土及模板工程量					
17		现浇过梁 YP梁洞口段	1.475×0.25×0.3	0.111	m³
		C11518/C11512 上口 L1洞口段	(0.25×0.35+0.2×0.1)×1.4×2	0.301	m³
		[M1021/M0821/C1209/c1218/c2523对应过梁]	(0.25×0.12)×(1.45+1.25+1.3+1.5+1.7)+2.5×0.25×0.2	0.341	m³
	A2−89	过梁砼小计		0.753	m³
		现浇过梁模板 YP梁洞口段	(1.475×(0.3+0.2)+1×0.25)[YP梁洞口段]	0.988	m²
		[C11518/C11512 上口 L1洞口段]	(1.4×0.35×2+1.15×0.45+(1.4−1.15)×0.2)×2	3.095	m²
		[M1021/M0821/C1209/c1218/c2523对应过梁]	(1.2+1+0.8+1.4+2.25)×0.25+(1.25+1.3+1.45+1.7)×0.12×2+2.5×0.2×2	4.031	m²
	A7−58	过梁模板小计		8.113	m²

续表

序号	定额	名称		计算式	结果	单位
18		圈梁	[YP梁非洞口段]	0.25×0.3×(2.8-0.125-0.275-1.475)[设计要求两端与柱相连]	0.069	m³
			[C11518/C11512下口L1]	0.35×0.25×(2.9×2-0.275×2-0.125×2-1.4×2)+(0.25×0.35+0.2×0.1)×1.4×2	0.494	m³
			[C11518/C11512上口L1非洞口段]	0	0.000	m³
	A2-88	圈梁砼小计			0.563	m³
		圈梁/压顶模板	[YP梁非洞口段]	0.3×2×(2.8-0.125-0.275-1.475)	0.555	m²
			[C11518/C11512下口L1]	0.35×2×(2.9×2-0.275×2-0.125×2)+0.2×1.4×2	4.060	m²
			[C11518/C11512上口L1非洞口段]	0	0.000	m²
		压顶模板		(16+1.619×2+2.9×3-0.25+0.638×2)×0.15×2	8.689	m²
	A7-68	圈梁模板小计			13.304	m²
19	A2-117	压顶		(16+1.619×2+2.9×3-0.25+0.638×2)×0.25×0.15	1.086	m³
其他混凝土及模板工程量						
20	A2-121	混凝土台阶		(1.8×0.8-0.6×0.2)×2	2.640	m²
	A7-113	混凝土台阶模板		2.64	2.640	m²
21	A2-108	雨篷		0.6×1.475×0.1	0.089	m³
	A7-111	雨篷模板		0.885	0.885	m²
五、屋面及防水						
22	A5-46	屋面防水层1.5粘霸400自粘卷材		1.162×(16-0.25)+(4.2-0.25)×(2.9-0.25)+(5.8+2.375+0.966)×(2.9-0.25)+(2.9×4+15.75-2.85)×0.6+(15.75-2.85)×0.84	78.529	m²

续表

序号	定额	名称	计算式	结果	单位
23	A5-111换	卫生间地面0.7厚聚乙烯防水卷材	5.6944+(2.7129+1.7533+2.55+2.992-0.25)×0.3	8.622	m^2
24	A5-106	塑料膜防潮层	63.829[屋面]+21.2553×2[地面]	106.340	m^2
25	A5-139	卫生间墙面10厚聚合物乳液防水砂浆	19.3533	19.353	m^2
六、保温工程					
26	A6-6	屋面水泥珍珠岩1∶8找坡	(1.162×(16-0.25)+(4.2-0.25)×(2.9-0.25)+(5.8+2.375+0.966)×(2.9-0.25)+(15.75-2.85)×0.84)×0.02[=63.829×0.02]	1.277	m^3
27	A6-72	外墙面保温砂浆	37.454[外墙外边线]×(3.85+0.3)+0.35×0.5×(1.675+0.322+0.840)×2+(0.35-0.11)×(2.918+4.374)×0.5+(3.5-0.11)×(2.118+1.216)-(11.865+4.2)[门窗]-(0.25×0.6×2+0.709×0.65+0.65×0.25+0.55×2+0.25×0.4+0.709×0.4)[梁截面]	150.957	m^2
28	A6-74	外墙面每增减5mm		150.957	m^2
29	A6-92	地面40厚聚苯乙烯泡沫塑料板	21.255×0.04[地面]+63.829×0.04[屋面]	3.403	m^3
七、脚手架工程量					
32	A8-1	综合脚手架	39.22	39.22	m^2
33	A8-24	里脚手架	13×(6.1868+1.334)[柱和构造柱体积]	97.770	m^2
八、垂直运输工程量					
34	A9-1	卷扬机	39.22	39.22	m^2

某校门装饰工程量计算表

表 22.2

一、楼地面工程

序号	定额	名称	计算式	结果	单位
1	A13-20 换	屋面 20 厚 1:2.5 找平层	78.529	78.529	m²
2	A13-28 换+A13-29×2	屋面 40 厚 C30UEA 补偿收缩砼层	63.829	63.829	m²
3	A13-28	卫生间 30 厚 C20 细石混凝土找平层	(2.7129+1.7533)×2.55/2	5.694	m²
4	A13-28+A13-29×2	其余地面 40 厚 C20 细石混凝土找平层	(2.65×3.95+2.8×1.25+(2.085+3.215)×2.75/2	21.255	m²
5	A13-18	80 厚 C15 混凝土	6.6944×0.08[卫生间]+21.255×0.08[其余地面]	2.236	m³
6	A13-102	卫生间陶瓷地砖 300×300	5.6944+0.8×0.25[门口]	5.894	m²
7	A13-106	其余地面陶瓷地砖 800×800	21.255+1.2×0.25×2[门口]	21.855	m²
8	A13-111	块料踢脚线	(3.95×2+2.65×2+3.215+2.085+5.55+2.75/0.93588+2.8-1×2-0.8)[踢脚线长度]×0.12	3.239	m²
9	A13-30	散水水泥砂浆面层	(37.454-1.8×2-3.15-2.547)×0.8+2×0.8×0.8+0.8×0.8×(1/0.414213-0.414213)+0.8×0.8×(1/0.692045-0.5×0.3765)[0.3765]=tan20.63	25.890	m²
10	A13-42	水磨石台阶	(1.8×0.8-0.2×0.6)×2	2.640	m²
11	A13-35	台阶平台水磨石	0.2×0.6×2	0.240	m²
12	A13-2	三合土垫层	0.24×0.3[台阶平台]+2.64×0.3×2.236[台阶]+25.8899[散水面积]×0.1	4.432	m³
13	A13-11	通道 100 厚碎石垫层灌浆	((2.9-0.25)×(6-0.25)+(6-0.25)×0.8×2+1.457×0.548×0.5)×0.1	2.484	m³

续表

序号	定额	名称	计算式	结果	单位
14	A13-18 调	通道 C30 砼 面层 150 厚	(2.9-0.25)×(6-0.25)×0.1+(2.9+0.25)×(6-0.25)×0.05+(6-0.25)×0.8×2×0.15+1.457×0.548×0.5×0.15	3.869	m³
	A13-33	水泥砂浆 加浆抹光随 捣随抹厚度5mm	(2.9+0.25)×(6-0.25)+(6-0.25)×0.8×2[通道]+65.9864[屋面]	93.299	m²

二、墙柱面工程

	A14-168	卫生间釉面面砖	19.9423[2.1m 高墙面面积]-(0.475+0.114)[门窗]-0.3×2.1[两面突出墙面块料]	18.723	m²
	A14-169 调	卫生间釉面面砖凸出 墙面柱	0.3×2.1	0.630	m²
15	A14-23	卫生间打底灰	15 厚 1:3 水泥砂浆找平层	18.723	m²
	A14-22 调	卫生间凸出墙面柱打 底灰	凸出墙面柱 15 厚 1:3 水泥砂浆找平层	0.630	m²
	A14-58	卫生间打底灰砂浆厚 度调整	(18.7233+0.63)×(-5)	-96.767	m²
	A14-71	卫生间打底灰光面变 麻面	19.3533[扣找平层]	19.353	m²
		其他房间内墙混合 砂浆	(13.1972+16.5713-(0.15×2×5+0.2+0.15)[两面突出墙面])[值班室和休息室内墙周长]×(3.85-0.11-0.12)-(11.86+1.68+4.2)[门窗面积]+0.35×(0.638+0.322×2+0.84×2-0.25×2-0.125)×0.5+0.5×0.35×(0.278-0.25+4.595-0.25-0.125)	84.477	m²
16	A14-32	其他房间内墙混合砂 浆合计	(9.741-0.3[两面突出墙面])[卫生间内墙周长]×(3.8-0.11)	34.837	m²
				119.315	m²
	A14-32 调	其他房间内墙凸出墙 面柱混合砂浆	(0.15×2×5+0.2+0.15)×(3.85-0.11-0.12)+0.3×(3.8-0.11)	7.804	m²

续表

序号	定额	名称		计算式	结果	单位
17		花岗岩外墙面		(5.303+4.730+6.3+5.167)[干挂石材外墙4.25m高周长]×(3.85+0.3)+(3.43+2.784)×3.2[干挂石材外墙3.2m高周长,通道处]+2.857×(3.2+0.3)[正门左侧3.5m高处]+(3.2+0.3+4.5)×((1.55+0.125)/0.7071)×0.5+(3.2+0.3+4.5)×((5.8+0.125−1.5)/0.9358)+(1.5/0.9358)×(3.2+0.3)	172.023	m²
				(1+2.1×2)×0.25×2[门侧壁]+(1.2+1.8+1.2+0.9+1.15+1.8+1.15+1.2+2.25+2.3)×2×0.25[窗侧壁]−(11.86+1.68+4.2)[门窗面积]	−7.665	m²
	A14-120	干挂花岗岩合计			164.358	m²
		干挂花岗岩骨架		164.3584×0.008	1.315	t
18	A14-75	钢丝网		((17.8175+13.1972)[砌体墙内边线]+(3.85−0.11)×16)×0.3×2	54.513	m²
三、天棚工程						
19	A16-2	卫生间顶棚水泥砂浆		5.694	5.694	m²
19	A16-1	其他顶棚石膏砂浆		21.255	21.255	m²
	A16-108	通道铝塑板吊顶		3.15×1.35+3.15×2.0353+1.9508×10.127+4.4477×1.9508×0.5+1.9508×1.6752×0.5	36.392	m²
20	A16-21	通道木龙骨		36.3917	36.392	m²
四、门窗工程						
21	A17-7	M0821		0.8×2.1	1.680	m²
22	防盗门	M1021		1×2.1×2	4.200	m²

续表

序号	定额	名称		计算式	结果	单位
23		塑钢窗	C1218	1.2×1.8	2.160	m²
			C1209	1.2×0.9	1.080	m²
			C11518	1.15×1.8	2.070	m²
			C11512	1.15×1.2	1.380	m²
			C22523	2.25×2.3	5.175	m²
	A17-37	塑钢窗合计			11.865	m²
		补钢化天窗 钢化天窗		(2.725-0.125)×(2.9-0.25)	6.890	m²
		补钢大门 钢大门		6-0.25	5.750	m

五、油漆、涂料工程

序号	定额	名称	计算式	结果	单位
24	A18-1	木门油漆	1.6800	1.680	m²
25	A18-207	乳胶漆两端	5.694[卫生间顶]+21.255[其他房间顶]+(119.3146+7.804)[内墙面]	154.068	m²

六、脚手架工程

序号	定额	名称	计算式	结果	单位
26	A21-8	满堂脚手架	(4.2-0.25)×(2.9-0.25)-0.25×(1.5-0.25+0.6)+16.4673+2.64×5.75+(16.25+10.083)×1.675×0.5	63.706	m²

七、垂直运输工程量

序号	定额	名称	计算式	结果	单位
27	A9-1	卷扬机	39.22	39.220	m²

表22.3 某校门钢筋工程量计算表

楼层名称：基础层（绘图输入）					钢筋总重：1506.474kg				
筋号	级别	直径	钢筋图形	计算公式	根数	总根数	单长(m)	总长(m)	总重(kg)
构件名称：KZ-2[232]				构件位置：⟨2-4-100,2-B-1540⟩		构件数量：1	本构件钢筋重：50.312kg		
全部纵筋.1	Φ	16	240⎣ 2820	700+3600/3+1×max(35×d, 500)+400−40+15×d−((1×2.9)×d)	4	4	3.023	12.092	19.105
全部纵筋.2	Φ	16	240⎣ 2260	700+3600/3+400−40+15×d−((1×2.9)×d)	5	5	2.463	12.315	19.458
箍筋.1	Φ	8	317 432 410 46 99	95+464+432+317+410+95	8	8	1.813	14.504	5.729
箍筋.2	Φ	8	177⎣ 410	2×(410+177+2×(11.9×d))−((3×1.75)×d)	8	8	1.322	10.576	4.178
箍筋.3	Φ	8	393	393+2×(11.9×d)	8	8	0.583	4.664	1.842
构件名称：KZ-1[240]				构件位置：⟨2-2-75,2-C-75⟩；⟨2-3,2-C-75⟩		构件数量：2	本构件钢筋重：43.371kg		
钢筋	Φ	16	240⎣ 2737	700+3350/3+1×max(35×d, 500)+400−40+15×d−((1×2.9)×d)	4	8	2.94	23.52	37.162
角筋捅筋.1	Φ	16	240⎣ 2177	700+3350/3+400−40+15×d−((1×2.9)×d)	4	8	2.38	19.04	30.083
箍筋.1	Φ	8	360⎣ 360	2×((400−2×20)+(400−2×20))+2×(11.9×d)−((3×1.75)×d)	10	20	1.588	31.76	12.545

续表

筋号	级别	直径	钢筋图形	计算公式	根数	总根数	单长(m)	总长(m)	总重(kg)
箍筋.2	Φ	8	360	$(400-2\times20)+2\times(11.9\times d)$	16	32	0.55	17.6	6.952

构件名称:KZ-1a[244]　本构件钢筋重:43.573kg

构件位置:〈2−1+75,2−C−75〉　构件数量:1

筋号	级别	直径	钢筋图形	计算公式	根数	总根数	单长(m)	总长(m)	总重(kg)
钢筋	Φ	16	240 2753	$700+3400/3+1\times\max(35\times d,500)+400-40+15\times d-((1\times2.9)\times d)$	4	4	2.956	11.824	18.682
角筋插筋.1	Φ	16	240 2193	$700+3400/3+400-40+15\times d-((1\times2.9)\times d)$	4	4	2.396	9.584	15.143
箍筋.1	Φ	8	360 2753	$2\times(400-2\times20)+(400-2\times20))+2\times(11.9\times d)-((3\times1.75)\times d)$	10	20	1.588	15.88	6.273
箍筋.2	Φ	8	360	$(400-2\times20)+2\times(11.9\times d)$	16	16	0.55	8.8	3.476

构件名称:KZ-1a[245]　本构件钢筋重:43.422kg

构件位置:〈2−1+75,2−B−75〉　构件数量:1

筋号	级别	直径	钢筋图形	计算公式	根数	总根数	单长(m)	总长(m)	总重(kg)
钢筋	Φ	16	240 2741	$700+3364/3+1\times\max(35\times d,500)+400-40+15\times d-((1\times2.9)\times d)$	4	4	2.944	11.776	18.606
角筋插筋.1	Φ	16	240 2181	$700+3364/3+400-40+15\times d-((1\times2.9)\times d)$	4	4	2.384	9.536	15.067
箍筋.1	Φ	8	360 2741	$2\times(400-2\times20)+(400-2\times20))+2\times(11.9\times d)-((3\times1.75)\times d)$	10	10	1.588	15.88	6.273
箍筋.2	Φ	8	360	$(400-2\times20)+2\times(11.9\times d)$	16	16	0.55	8.8	3.476

续表

筋号	级别	直径	钢筋图形	计算公式	根数	总根数	单长(m)	总长(m)	总重(kg)
构件名称:KZ-1a[246]									
构件位置:⟨2-4-75,2-C-75⟩									
						本构件钢筋重:43.371kg			
钢筋	Φ	16	240 ⌐_____ 2737	700+3350/3+1×max(35×d,500)+400-40+15×d-((1×2.9)×d)	4	4	2.94	11.76	18.581
角筋插筋.1	Φ	16	240 ⌐_____ 2177	700+3350/3+400-40+15×d-((1×2.9)×d)	4	4	2.38	9.52	15.042
箍筋.1	Φ	8	360 ▢ 360	2×((400-2×20)+(400-2×20))+2×(11.9×d)-((3×1.75)×d)	10	10	1.588	15.88	6.273
箍筋.2	Φ	8	360 ⌒	(400-2×20)+2×(11.9×d)	16	16	0.55	8.8	3.476
构件名称:KZ-1[248]									
构件位置:⟨2-2-75,2-B+75⟩									
						本构件钢筋重:43.156kg			
钢筋	Φ	16	240 ⌐_____ 2720	700+3300/3+1×max(35×d,500)+400-40+15×d-((1×2.9)×d)	4	4	2.923	11.692	18.473
角筋插筋.1	Φ	16	240 ⌐_____ 2160	700+3300/3+400-40+15×d-((1×2.9)×d)	4	4	2.363	9.452	14.934
箍筋.1	Φ	8	360 ▢ 360	2×((400-2×20)+(400-2×20))+2×(11.9×d)-((3×1.75)×d)	10	10	1.588	15.88	6.273
箍筋.2	Φ	8	360 ⌒	(400-2×20)+2×(11.9×d)	16	16	0.55	8.8	3.476

续表

筋号	级别	直径	钢筋图形	计算公式	根数	总根数	单长(m)	总长(m)	总重(kg)
构件名称:KZ-1[324]				构件位置:⟨2-A+76,2-3+9⟩			本构件钢重:42.941kg		
钢筋	Φ	16	240⌐ 2703	700+3250/3+1×max(35×d,500)+400-40+15×d-((1×2.9)×d)	4	4	2.906	11.624	18.366
角筋插筋.1	Φ	16	240⌐ 2143	700+3250/3+400-40+15×d-((1×2.9)×d)	4	4	2.346	9.384	14.827
箍筋.1	Φ	8	360⌐ 360	2×((400-2×20)+(400-2×20))-(3×1.75)+2×(11.9×d)	10	10	1.588	15.88	6.273
箍筋.2	Φ	8	360	(400-2×20)+2×(11.9×d)	16	16	0.55	8.8	3.476
构件名称:KL-1[337]				构件位置:⟨2-1,2-C⟩⟨2-4,2-C⟩			本构件钢筋重:249.7341kg		
1跨.上通长筋1	Φ	16	240⌐ 16210 ⌐240	400-20+15×d+15450+400-20+15×d-(2×2.9)×d	2	2	16.617	33.234	52.51
钢筋	Φ	16	4184	5675/3+400+5675/3	2	2	4.184	8.368	13.221
1跨.侧面构造通长筋1	Φ	12	15810	15×d+15450+15×d	4	4	15.81	63.24	56.157
2跨.下部钢筋1	Φ	16	6795	35×d+5675+35×d	3	3	6.795	20.385	32.208
3跨.下部钢筋1	Φ	16	240⌐ 6265	35×d+5325+400-20+15×d-((1×2.9)×d)	3	3	6.468	19.404	30.658

续表

筋号	级别	直径	钢筋图形	计算公式	根数	总根数	单长(m)	总长(m)	总重(kg)
箍筋	Φ	6	210 / 460 / 210	(250-2×20)+2(75+1.9×d)	80	80	0.383	30.64	7.966
箍筋	Φ	8	460 / 210	2×((250-2×20)+(500-2×20))+2×(11.9×d)-((3×1.75)×d)	97	97	1.488	144.338	57.013

构件名称:KL-2[339]

构件数量:1　本构件钢筋重:247.346kg

构件位置:⟨2-1,2-B⟩⟨2-2,2-B⟩⟨2-A,2-B⟩⟨2-4,2-B⟩

筋号	级别	直径	钢筋图形	计算公式	根数	总根数	单长(m)	总长(m)	总重(kg)
钢筋	Φ	16	240 / 16210 / 240	400-20+15×d+15600+250-20+15×d-((2×2.9)×d)	4	4	16.617	66.468	105.019
1跨.右支座筋1	Φ	16	5080	7021/3+400+7021/3	1	1	5.08	5.08	8.026
钢筋	Φ	12	15960	15×d+15600+15×d	4	4	15.96	63.84	56.69
2跨.右支座筋1	Φ	16	5390	7021/3+710+7021/3	1	1	5.39	5.39	8.516
2跨.下部钢筋1	Φ	16	240 / 7961	400-20+15×d+7021+35×d-((1×2.9)×d)	1	1	8.164	8.164	12.899
3跨.下部钢筋1	Φ	16	240 / 4609	35×d+3819+250-20+15×d-((1×2.9)×d)	1	1	4.812	4.812	7.603
钢筋	Φ	6	210 / 460 / 160	2×((250-2×20)+2×(75+1.9×d)	42	42	0.383	16.086	4.182
2跨.箍筋1	Φ	8	460 / 160	2×((200-2×20)+(500-2×20))+2×(11.9×d)-((3×1.75)×d)	36	36	1.388	49.968	19.737

续表

筋号	级别	直径	钢筋图形	计算公式	根数	总根数	单长(m)	总长(m)	总重(kg)
2跨.拉筋1	Φ	6	160	$(200-2\times20)+2\times(75+1.9\times d)$	38	38	0.333	12.654	3.29
钢筋	Φ	8	410 210	$2\times((250-2\times20)+(450-2\times20))+2\times(11.9\times d)-(3\times1.75)\times d$	39	39	1.388	54.132	21.382

构件名称:KL-3[341]

本构件钢筋重:73.642kg　构件数量:1

构件位置:⟨2-1,2-B-1498⟩⟨2-1,2-B⟩⟨2-1,2-C⟩

筋号	级别	直径	钢筋图形	计算公式	根数	总根数	单长(m)	总长(m)	总重(kg)
1跨.上通长筋1	Φ	18	270 4483 216	$400-20+15\times d+4123+216-20-((2\times2.9)\times d)$	2	2	4.887	9.774	19.548
1跨.跨中筋1	Φ	18	1223 410 180 45	$35\times d+1223+(450-20\times2)\times(1.414-1.000)-20-((1\times0.67)\times d)$	1	1	1.991	1.991	3.982
1跨.侧面构造筋1	Φ	12	4283	$15\times d+4123-20$	4	4	4.283	17.132	15.213
1跨.下通长筋1	Φ	16	240 4483	$400-20+15\times d+4123-20-((1\times2.9)\times d)$	2	2	4.686	9.372	14.808
1跨.箍筋1	Φ	8	410 210	$2\times((250-2\times20)+(450-2\times20))+2\times(11.9\times d)-((3\times1.75)\times d)$	13	13	1.388	18.044	7.127
2跨.箍筋1	Φ	8	360 210	$2\times((250-2\times20)+(400-2\times20))+2\times(11.9\times d)-((3\times1.75)\times d)$	20	20	1.288	25.76	10.175
钢筋	Φ	6	210	$(250-2\times20)+2\times(75+1.9\times d)$	28	28	0.383	10.724	2.788

续表

筋号	级别	直径	钢筋图形	计算公式	根数	总根数	单长(m)	总长(m)	总重(kg)
构件名称:KL-4[343]				构件数量:1		本构件钢筋重:42.91kg			
				构件位置:〈2-2,2-B〉〈2-2,2-C〉					
钢筋	Φ	16	240 ⌐ 3110 ⌐ 240	400−20+2350+400−20+15×d−((2×2.9)×d)	4	4	3.517	14.068	22.227
1跨.侧面构造筋1	Φ	12	2710	15×d+2350+15×d	4	4	2.71	10.84	9.626
1跨.箍筋1	Φ	8	360 ⌐ 210 ⌐	2×((250−2×20)+(400−2×20))+2×(11.9×d)−((3×1.75)×d)	19	19	1.288	24.472	9.666
1跨.拉筋1	Φ	6	210	(250−2×20)+2×(75+1.9×d)	14	14	0.383	5.362	1.394
构件名称:KL-5[345]				构件数量:1		本构件钢筋重:47.279kg			
				构件位置:〈2-3,2-B〉〈2-A,2-3〉〈2-3,2-C〉					
1跨.上通长筋1	Φ	16	240 ⌐ 2985 ⌐ 192	400−20+15×d+2625+192−20−((2×2.9)×d)	2	2	3.344	6.688	10.567
1跨.右支座筋1	Φ	16	192 ⌐ 1428	428+1766/3+431+192−20−((1×2.9)×d)	1	1	1.583	1.583	2.501
1跨.侧面构造筋1	Φ	12	2785	15×d+2625−20	4	4	2.785	11.14	9.892
1跨.下部钢筋1	Φ	16	651	15×d+431−20	2	2	0.651	1.302	2.057

续表

筋号	级别	直径	钢筋图形	计算公式	根数	总根数	单长(m)	总长(m)	总重(kg)
2跨.下部钢筋1	Φ	16	240⌐ 2706	35×d+1766+400-20+15×d-((1×2.9)×d)	2	2	2.909	5.818	9.192
1跨.箍筋1	Φ	8	510 [210]	2×((250-2×20)+(550-2×20))+2×((250-2×20))-((3×1.75)×d)	5	5	1.588	7.94	3.136
2跨.箍筋1	Φ	8	360 [210]	2×((250-2×20)+(400-2×20))+2×((11.9×d))-((3×1.75)×d)	16	16	1.288	20.608	8.14
钢筋	Φ	6	210	(250-2×20)+2×(75+1.9×d)	18	18	0.383	6.894	1.792

构件名称:KL-6[347] 本构件钢筋重:66.314kg

构件位置:⟨2-4,2-B-1619⟩⟨2-4,2-C⟩ 构件数量:1

筋号	级别	直径	钢筋图形	计算公式	根数	总根数	单长(m)	总长(m)	总重(kg)
钢筋	Φ	16	240⌐ 4738	473-20+15×d+3905+400-20+15×d-((2×2.9)×d)	4	4	5.145	20.58	32.516
1跨.侧面构造筋1	Φ	12	4265	15×d+3905+15×d	4	4	4.265	17.06	15.149
1跨.箍筋1	Φ	8	460 [210]	2×((250-2×20)+(500-2×20))+2×((11.9×d))-((3×1.75)×d)	28	28	1.488	41.664	16.457
1跨.拉筋1	Φ	6	210	(250-2×20)+2×(75+1.9×d)	22	22	0.383	8.426	2.191

构件名称:KL-7[351] 本构件钢筋重:108.134kg

构件位置:⟨2-A,2-3⟩⟨2-4,2-B-1618⟩ 构件数量:1

筋号	级别	直径	钢筋图形	计算公式	根数	总根数	单长(m)	总长(m)	总重(kg)
1跨.左支座筋1	Φ	16	240⌐ 2269	400-20+15×d+5668/3-((1×2.9)×d)	1	1	2.472	2.472	3.906

续表

筋号	级别	直径	钢筋图形	计算公式	根数	总根数	单长(m)	总长(m)	总重(kg)
1跨.右支座筋1	Φ	16	240⌐2350	5668/3+481−20+15×d−((1×2.9)×d)	1	1	2.553	2.553	4.034
1跨.侧面构造筋1	Φ	12	6028	15×d+5668+15×d	4	4	6.028	24.112	21.411
钢筋	Φ	16	240⌐6509⌐240	400−20+15×d+5668+481−20+15×d−((2×2.9)×d)	5	5	6.916	34.58	54.636
1跨.箍筋1	Φ	8	460⌐210⌐210	2×((250−2×20)+(500−2×20))+2×(11.9×d)−((3×1.75)×d	36	36	1.488	53.568	21.159
1跨.拉筋1	Φ	6	210	(250−2×20)+2×(75+1.9×d)	30	30	0.383	11.49	2.987

构件名称:L-1[367] 构件位置:〈2-2-1500,2-B〉〈2-2-1500,2-C〉 构件数量:1 本构件钢筋重:23.034kg

筋号	级别	直径	钢筋图形	计算公式	根数	总根数	单长(m)	总长(m)	总重(kg)
1跨.上通长筋1	Φ	14	210⌐3110	250−20+15×d+2650+250−20+15×d+((2×2.9)×d)	2	2	3.466	6.932	8.388
1跨.下部钢筋1	Φ	16	310⌐3034	12×d+2650+12×d	2	2	3.034	6.068	9.587
1跨.箍筋1	Φ	6	160⌐210	2×((200−2×20)+(350−2×20))+2×(75+1.9×d)−((3×1.75)×d	18	18	1.081	19.458	5.059

构件名称:L-5[371] 构件位置:〈2-2-1500,2-C-600〉〈2-2,2-C-600〉 构件数量:1 本构件钢筋重:11.367kg

筋号	级别	直径	钢筋图形	计算公式	根数	总根数	单长(m)	总长(m)	总重(kg)
1跨.上通长筋1	Φ	14	210⌐1685⌐210	200−20+15×d+1275+250−20+15×d−((2×2.9)×d)	2	2	2.041	4.082	4.939

续表

筋号	级别	直径	钢筋图形	计算公式	根数	总根数	单长（m）	总长（m）	总重（kg）
1跨.下部钢筋1	Φ	14	1611	12×d+1275+12×d	2	2	1.611	3.222	3.899
1跨.箍筋1	Φ	6	310 ⌐160⌐	2×((200−2×20)+(350−2×20))+2×(75+1.9×d)−((3×1.75)×d)	9	9	1.081	9.729	2.53
构件名称:L-4[373]				构件数量:1					
				本构件钢筋重:15.483kg					
构件位置:〈2−1,2−B−1498〉〈2−1+1498,2−B〉									
1跨.上通长筋1	Φ	14	210⌐ 2432	354−20+15×d+1764+354−20+15×d−((2×2.9)×d)	2	2	2.788	5.576	6.747
1跨.下部钢筋1	Φ	14	2100	12×d+1764+12×d	2	2	2.1	4.2	5.082
1跨.箍筋1	Φ	6	310 ⌐160⌐	2×((200−2×20)+(350−2×20))+2×(75+1.9×d)−((3×1.75)×d)	13	13	1.081	14.053	3.654
构件名称:L-3[375]				构件数量:1					
				本构件钢筋重:23.034kg					
构件位置:〈2−A+1499,2−B〉〈2−4+1500,2−C〉									
1跨.上通长筋1	Φ	14	210⌐ 3110	250−20+15×d+2650+250−20+15×d−((2×2.9)×d)	2	2	3.466	6.932	8.388
1跨.下部钢筋1	Φ	16	3034	12×d+2650×12×d	2	2	3.034	6.068	9.587
1跨.箍筋1	Φ	6	310 ⌐160⌐	2×((200−2×20)+(350−2×20))+2×(75+1.9×d)−((3×1.75)×d)	18	18	1.081	19.458	5.059

续表

筋号	级别	直径	钢筋图形	计算公式	根数	总根数	单长(m)	总长(m)	总重(kg)
构件名称:L-2[377]				构件数量:1			本构件钢筋重:20.189kg		
1跨.上通长筋1	Φ	14	210⌐2985⌐210	200−20+15×d+2575+250−20+15×d−((2×2.9)×d ⟨2−A+1499,2−B+1400⟩⟨2−4,2−B+1400⟩	2	2	3.341	6.682	8.085
1跨.下部钢筋1	Φ	14	2911	12×d+2575+12×d	2	2	2.911	5.822	7.045
1跨.箍筋1	Φ	6	310 ⌐160⌐	2×((200−2×20)+(350−2×20))+2×(75+1.9×d)−((3×1.75)×d	18	18	1.081	19.458	5.059
构件名称:DJ-1[162]				构件数量:2			本构件钢筋重:17.334kg		
钢筋	Φ	12	1220	1300−40−40 ⟨2−1+75,2−C−75⟩⟨2−2−75,2−C−75⟩	16	32	1.22	39.04	34.668
构件名称:DJ-2[174]				构件数量:4			本构件钢筋重:26.995kg		
钢筋	Φ	12	1520	1600−40−40 ⟨2−4−75,2−C−75⟩;⟨2−1+75,2−B−75⟩;⟨2−4−85,2−B−1504⟩	20	80	1.52	121.6	107.981
构件名称:DJ-3[188]				构件数量:2			本构件钢筋重:40.919kg		
钢筋	Φ	12	1920	2000−40−40 ⟨2−2−75,2−B+75⟩;⟨2−A+76,2−3+9⟩	24	48	1.92	92.16	81.838

续表

筋号	级别	直径	钢筋图形	计算公式	根数	总根数	单长(m)	总长(m)	总重(kg)
构件名称:KZ-1[329]			楼层名称:首层(绘图输入)			钢筋总重:2498.519kg			
				构件数量:2		本构件钢筋重:68.169kg			
				构件位置:〈2-2-75,2-C-75〉;〈2-3,2-C-75〉					
钢筋	Φ	16	192 ⌐⎯⎯⎯ 2246	3950-1677-600+600-25+12×d-((1×3.8)×d)	4	8	2.403	19.224	30.374
角筋.1	Φ	16	192 ⌐⎯⎯⎯ 2606	3950-1117-600+600-25+12×d-((1×3.8)×d)	4	8	2.963	23.704	37.452
箍筋.1	Φ	8	350 ┌350┐	2×((400-2×25)+(400-2×25))+2×(11.9×d)-((3×1.75)×d)	33	66	1.548	102.168	40.356
箍筋.2	Φ	8	350	(400-2×25)+2×(11.9×d)	66	132	0.54	71.28	28.156
构件名称:KZ-1[330]						本构件钢筋重:69.373kg			
				构件位置:〈2-2-75,2-B-75〉					
钢筋	Φ	16	6234	3950-1660-650+719-25	4	4	2.334	9.336	14.751
角筋.1	Φ	16	6234	3950-1100-650+719-25	4	4	2.894	11.576	18.29
箍筋.1	Φ	8	350 ┌350┐	2×((400-2×25)+(400-2×25))+2×(11.9×d)-((3×1.75)×d)	35	35	1.548	54.18	21.401
箍筋.2	Φ	8	350	(400-2×25)+2×(11.9×d)	70	70	0.54	37.8	14.931

续表

筋号	级别	直径	钢筋图形	计算公式	根数	总根数	单长(m)	总长(m)	总重(kg)
构件名称:KZ-1[332]				构件位置:⟨2-A+76,2-3+9⟩			本构件钢筋重:67.678kg		
钢筋	Φ	16	6234	3950-1643-700+700-25	4	4	2.282	9.128	14.422
角筋.1	Φ	16	6234	3950-1083-700+700-25	4	4	2.842	11.368	17.961
箍筋.1	Φ	8	350 2232	2×((400-2×25)+(400-2×25))+ 2×(11.9×d)-((3×1.75)×d)	34	34	1.548	52.632	20.79
箍筋.2	Φ	8	350	(400-2×25)+2×(11.9×d)	68	68	0.54	36.72	14.504
构件名称:KZ-1a[333]				构件位置:⟨2-1+75,2-C-75⟩			本构件钢筋重:67.967kg		
钢筋	Φ	16	192 2232	3950-1693-550+550-25+12×d-((1×3.8)×d)	4	4	2.387	9.548	15.086
角筋.1	Φ	16	192 2792	3950-1133-550+550-25+12×d-((1×3.8)×d)	4	4	2.947	11.788	18.625
箍筋.1	Φ	8	350 350	2×((400-2×25)+(400-2×25))+2×(11.9×d)-((3×1.75)×d)	33	33	1.548	51.084	20.178
箍筋.2	Φ	8	350	(400-2×25)+2×(11.9×d)	66	66	0.54	35.64	14.078
构件名称:KZ-1a[334]				构件位置:⟨2-1+75,2-B-75⟩			本构件钢筋重:69.675kg		
钢筋	Φ	16	192 2285	3950-1681-586+627-25+12×d-((1×3.8)×d)	4	4	2.44	9.76	15.421

续表

筋号	级别	直径	钢筋图形	计算公式	根数	总根数	单长(m)	总长(m)	总重(kg)
角筋.1	Φ	16	192 ⌐ 2845	3950−1121−586+627−25+12×d−((1×3.8)×d)	4	4	3	12	18.96
箍筋.1	Φ	8	350 ⌐ 350	2×((400−2×25)+(400−2×25))+2×(11.9×d)−((3×1.75)×d)	34	34	1.548	52.632	20.79
箍筋.2	Φ	8	⌐ 350	(400−2×25)+2×(11.9×d)	68	68	0.54	36.72	14.504

构件位置:〈2-4-75,2-C-75〉 构件名称:KZ-1a[335] 构件数量:1 本构件钢筋重:68.169kg

钢筋	Φ	16	192 ⌐ 2248	3950−1677−600+600−25+12×d−((1×3.8)×d)	4	4	2.403	9.612	15.187
角筋.1	Φ	16	192 ⌐ 2808	3950−1117−600+600−25+12×d−((1×3.8)×d)	4	4	2.963	11.852	18.726
箍筋.1	Φ	8	350 ⌐ 350	2×((400−2×25)+(400−2×25))+2×(11.9×d)−((3×1.75)×d)	33	33	1.548	51.084	20.178
箍筋.2	Φ	8	⌐ 350	(400−2×25)2×(11.9×d)	66	66	0.54	35.64	14.078

构件位置:〈2-4-100,2-B-1540〉 构件名称:KZ-2[336] 构件数量:1 本构件钢筋重:83.309kg

| 全部纵筋.1 | Φ | 16 | 2515 | 4300−1760−700+700−25 | 4 | 4 | 2.515 | 10.06 | 15.895 |

续表

筋号	级别	直径	钢筋图形	计算公式	根数	总根数	单长(m)	总长(m)	总重(kg)
全部纵筋.2	Φ	16	3075	4300−1200−700+700−25	5	5	3.075	15.375	24.293
箍筋.1	Φ	8	464 432 317 99 410	95+452+422+309+400+95	30	30	1.773	53.19	21.01
箍筋.2	Φ	8	170 400	2×(400+173)+2×(11.9×d)−((3×1.75)×d)	30	30	1.294	38.82	15.334
箍筋.3	Φ	8	360	382+2×(11.9×d)	30	30	0.572	17.16	6.778

构件名称:GZ-1[421]　　　构件数量:1　　　本构件钢筋重:28.455kg

构件位置:〈2−1,2−B−1498〉

筋号	级别	直径	钢筋图形	计算公式	根数	总根数	单长(m)	总长(m)	总重(kg)
全部纵筋.1	Φ	12	3250 120	4300−500−550+10×d−((1×3.8)×d)	5	5	3.343	16.715	14.843
构造柱预留筋.1	Φ	12	880 100	500+40×d−((1×3.8)×d)	5	5	0.953	4.765	4.231
箍筋.1	Φ	6	464 432 317 99 410	71+320+268+502+200+71	20	20	1.432	28.64	7.446
箍筋.2	Φ	6	199	199+2×(75+1.9×d)	20	20	0.372	7.44	1.934

续表

筋号	级别	直径	钢筋图形	计算公式	根数	总根数	单长(m)	总长(m)	总重(kg)
构件名称:GZ-2[425]				构件数量:1			本构件钢筋重:18.147kg		
全部纵筋.1	Φ	12	120⌐___2823	构件位置:〈2-4,2-B〉 3950-500-627+10×d-((1×3.8)×d)	4	4	2.916	11.664	10.358
构造柱预留筋.1	Φ	12	50⌐___930	500+40×d-((1×3.8)×d)	4	4	0.953	3.812	3.385
箍筋.1	Φ	6	200⌐200⌐⌐	2×((250-2×25)+(250-2×25))+ 2×(75+1.9d)-((3×1.75)×d)	18	18	0.941	16.938	4.404
构件名称:GZ-2[581]				构件数量:1			本构件钢筋重:18.242kg		
全部纵筋.1	Φ	12	120⌐___2850	构件位置:〈2-4+1500,2-C〉 3950-500-600+10×d-((1×3.8)×d)	4	4	2.943	11.772	10.454
构造柱预留筋.1	Φ	12	50⌐___930	500+40×d-((1×3.8)×d)	4	4	0.953	3.812	3.385
箍筋.1	Φ	6	200⌐200⌐⌐	2×((250-2×25)+(250-2×25))+ 2×(75+1.9d)-((3×1.75)×d)	18	18	0.941	16.938	4.404
构件名称:WKL-1[389]				构件数量:1			本构件钢筋重:280.338kg		
1跨.上通长筋1	Φ	16	425⌐_16200_⌐575	构件位置:〈2-1,2-C〉〈2-2,2-C〉〈2-4,2-C〉 400-25+425+15450+400-25+575-((2×3.8)×d)	2	2	17.127	34.254	54.121

续表

筋号	级别	直径	钢筋图形	计算公式	根数	总根数	单长（m）	总长（m）	总重（kg）
钢筋	Φ	16	4161	5675/3+400+5675/3	2	2	4.184	8.368	13.221
1跨.侧面受扭通长筋1	Φ	12	180⌐16200⌐160	400−25+15×d+15450+400−25+15×d−((2×3.8)×d)	2	2	16.505	33.01	29.313
1跨.下部钢筋1	Φ	16	240⌐4665	400−25+15×d+3650+40×d−((1×3.8)×d)	3	3	4.868	14.604	23.074
2跨.侧面受扭筋1	Φ	12	160⌐12255	40×d+11400+400−25+15×d−((1×3.8)×d)	2	2	12.408	24.816	22.037
2跨.下部钢筋1	Φ	16	240⌐6690	400−25+15×d+5675+40×d−((1×3.8)×d)	3	3	6.893	20.679	32.673
3跨.右支座筋1	Φ	16	575⌐2150	5325/3+400−25+575−((1×3.8)×d)	1	1	2.688	2.688	4.247
3跨.下部钢筋1	Φ	16	240⌐6340	40×d+5325+400−25+15×d−((1×3.8)×d)	3	3	6.543	19.629	31.014
1跨.箍筋1	Φ	8	400⌐200	2×((250−2×25)+(450−2×25))+2×(11.9×d)−((3×1.75)×d)	27	27	1.348	36.396	14.376
钢筋	Φ	8	550⌐200	2×((250−2×25)+(600−2×25))+2×(11.9×d)−((3×1.75)×d)	76	76	1.648	125.248	49.473
钢筋	Φ	6	200	(250−2×25)+2×(75+1.9×d)	70	70	0.373	26.11	6.789

续表

筋号	级别	直径	钢筋图形	计算公式	根数	总根数	单长(m)	总长(m)	总重(kg)
构件名称:WKL-2[391]			构件数量:1			本构件钢筋重:277.948kg			
1跨.上通长筋1	Φ	16	425⌐16075⌐192	400−25+425+15725+192−25−((2×3.8)×d) ⟨2−1,2−B⟩⟨2−2,2−B⟩⟨2−A,2−B⟩⟨2−4,2−B⟩	2	2	16.619	33.238	52.516
1跨.右支座筋1	Φ	16	5060	7021/3+400+7021/3	1	1	5.08	5.08	8.026
1跨.侧面构造通长筋1	Φ	12	15880	15×d+15725−25	4	4	15.88	63.52	56.406
1跨.下部钢筋1	Φ	16	240⌐4665	400−25+15×d+3650+40×d−((1×3.8)×d)	3	3	4.868	14.604	23.074
2跨.右支座筋1	Φ	16	192⌐6969	7021/3+709+3945+192−25−((1×3.8)×d)	1	1	7.124	7.124	11.256
2跨.下部钢筋1	Φ	16	240⌐8036	400−25+15×d+7021+40×d−((1×3.8)×d)	3	3	8.239	24.717	39.053
3跨.下部钢筋1	Φ	16	4160	15×d+3945−25	3	3	4.16	12.48	19.718
2跨.箍筋1	Φ	8	600⌐200⌐	2×((250−2×25)+650−2×25))+2×(11.9×d)−((3×1.75)×d)	47	47	1.748	82.156	32.452
钢筋	Φ	8	400⌐200⌐	2×((250−2×25)+(450−2×25))+2×(11.9×d)−((3×1.75)×d)	52	52	1.348	70.096	27.688

续表

筋号	级别	直径	钢筋图形	计算公式	根数	总根数	单长(m)	总长(m)	总重(kg)
钢筋	Φ	6	200	(250−2×25)+2×(75+1.9×d)	80	80	0.373	29.84	7.758
构件名称:WKL-7[408]				构件数量:1			本构件钢筋重:98.106kg		
1跨.上通长筋1	Φ	18	675 ⌐¯¯¯¯¯¯¯⌐ 675 4663	400−25+675+3832+481−25+675−((2×3.8)×d) ⟨2−A,2−B⟩⟨2−A+1694,2−B−638⟩⟨2−4,2−B−1619⟩ 构件位置:⟨2−A,2−3⟩	2	2	5.931	11.862	23.724
1跨.右支座筋1	Φ	18	675 ⌐¯¯¯¯¯ 1733	3832/3+481−25+675−((1×3.8)×d)	1	1	2.367	2.367	4.734
钢筋	Φ	12	4192	15×d+3832+15×d	4	4	4.192	16.768	14.89
1跨.下通长筋1	Φ	18	270 ⌐¯¯¯¯¯¯¯⌐ 270 4663	400−25+15×d+3832+481−25+15×d−((2×3.8)×d)	3	3	5.121	15.363	30.726
1跨.箍筋1	Φ	8	650 ⌐200⌐	2×((250−2×25)+(700−2×25))+2×(11.9×d)−((3×1.75)×d)	30	30	1.848	55.44	21.899
1跨.拉筋1	Φ	6	200	(250−2×25)+2×(75+1.9×d)	22	22	0.373	8.206	2.134
构件名称:WL1[412]				构件数量:1 构件位置:⟨2−1,2−B−960⟩⟨2−4−1749,2−B−960⟩			本构件钢筋重:163.112kg		
1跨.上通长筋1	Φ	16	425 ⌐¯¯¯¯¯¯¯⌐ 425 14680	250−25+425+13770+710−25+425−((2×3.8)×d)	2	2	15.457	30.914	48.844
1跨.下通长筋1	Φ	16	240 ⌐¯¯¯¯¯¯¯¯ 14635	250−25+15×d+13770+40×d−((1×3.8)×d)	3	3	14.838	44.514	70.332

续表

筋号	级别	直径	钢筋图形	计算公式	根数	总根数	单长(m)	总长(m)	总重(kg)
钢筋	Φ	16	4064	5750/3+250+5750/3	2	2	4.084	8.168	12.905
钢筋	Φ	6	400 200	$2\times((250-2\times25)+(450-2\times25))+2\times(75+1.9\times d)-((3\times1.75)\times d)$	89	89	1.341	119.349	31.031

构件名称:L1[501]　　　　　构件位置:⟨2-1,2-B⟩⟨2-1,2-C⟩;⟨2-1,2-B⟩⟨2-1,2-C⟩　　构件数量:2　　本构件钢筋重:46.005kg

| 钢筋 | Φ | 16 | 240 3250 240 | $400-25+15\times d+2500+400-25+15\times d-((2\times3.8)\times d)$ | 6 | 12 | 3.657 | 43.884 | 69.337 |
| 1跨.箍筋1 | Φ | 8 | 300 200 | $2\times((250-2\times25)+(350-2\times25))+2\times(11.9\times d)-((3\times1.75)\times d)$ | 25 | 50 | 1.148 | 57.4 | 22.673 |

构件名称:L1[505]　　　　　构件位置:⟨2-4,2-B⟩⟨2-4,2-C⟩;⟨2-4,2-B⟩⟨2-4,2-C⟩　　构件数量:2　　本构件钢筋重:39.175kg

0跨.上通长筋1	Φ	16	240 2975 192	$400-25+15\times d+2625+192-25-((2\times3.8)\times d)$	2	4	3.334	13.336	21.071
0跨.上通长筋3	Φ	16	240 2515 300 300 160	$400-25+15\times d+2625+(350-25\times2)\times(1.414-1.000)-25-((1\times3.8+1\times0.67)\times d)$	1	2	3.292	6.584	10.403
0跨.下通钢筋1	Φ	16	2840	$15\times d+2625-25$	3	6	2.84	17.04	26.923
0跨.箍筋1	Φ	8	300 200	$2\times((250-2\times25)+(350-2\times25))+2\times(11.9\times d)-((3\times1.75)\times d)$	22	44	1.148	50.512	19.952

续表

构件名称:WKL-3[559]　　构件数量:1　　本构件钢筋重:93.231kg

筋号	级别	直径	钢筋图形	计算公式	根数	总根数	单长(m)	总长(m)	总重(kg)
			构件位置:〈2-1,2-B-1498〉〈2-1,2-B-638〉〈2-1,2-B〉〈2-1,2-C〉						
1跨.跨中筋1	Φ	16	L1 151.3 90.0 525 L2 151.3 640 4740	354-25+525+1097+439+640-((1×3.8+1×3.8+1×3.8)×d)	4	4	2.895	11.58	18.296
1跨.侧面受扭筋1	Φ	12	180 180	354-25+15×d+4036+400-25+15×d-((2×3.8)×d)	2	2	5.045	10.09	8.96
1跨.下部钢筋1	Φ	16	2131 151.3 160 240	354-25+15×d+683+1144-25+10×d-((1×3.8+1×3.8)×d)	2	2	2.458	4.916	7.767
1跨.下部钢筋2	Φ	16	2159 151 160	1144-25+10×d+400+40×d-((1×3.8)×d)	2	2	2.282	4.564	7.211
2跨.上通长筋1	Φ	18	720 3269 525	439-25+720+2500+400-25+525-((2×3.8)×d)	2	2	4.452	8.904	17.808
2跨.下部钢筋1	Φ	16	240 3515	40×d+2500+400-25+15×d-((1×3.8)×d)	2	2	3.718	7.436	11.749
钢筋	Φ	8	500 200	2×((250-2×25)+(550-2×25))+2×(11.9×d)-((3×1.75)×d)	33	33	1.548	51.084	20.178
钢筋	Φ	6	200	(250-2×25)+2×(75+19×d)	13	13	0.373	4.849	1.261

304

续表

筋号	级别	直径	钢筋图形	计算公式	根数	总根数	单长(m)	总长(m)	总重(kg)
构件名称:WL2[569]				构件数量:1		本构件钢筋重:21.652kg			
1跨.上通长筋1	Φ	14	L1 158.7 275 90.0 L2 158.7 297	354−25+275+1825+352−25+297−((1×3.8+1×3.8−B)×d) 〈2−1,2−B−1498〉〈2−1+854,2−B−637〉〈2−1+1489,2−B〉	2	2	2.957	5.914	7.156
1跨.下通长筋1	Φ	14	2167 158.7 210 140	354−25+15×d+1036+827−25+10×d−((1×3.8+1×3.8)×d)	2	2	2.453	4.906	5.936
2跨.下通长筋1	Φ	14	1909 158.7 111.3 140 210	827−25+10×d+780+352−25+15×d−((1×3.8+1×3.8)×d)	2	2	2.195	4.39	5.312
钢筋	Φ	6	250 200	2×((250−2×25)+(300−2×25))+2×(75+1.9×d)−((3×1.75)×d)	12	12	1.041	12.492	3.248
构件名称:WKL-4[571]				构件数量:1		本构件钢筋重:75.917kg			
0跨.上通长筋1	Φ	18	L1 151 270 L2 151 216	418−25+15×d+907+216−25−(2×3.8+1×3.8)×d 〈2−2,2−B−960〉〈2−2,2−B−638〉〈2−2,2−C〉	2	2	1.637	3.274	6.548
0跨.跨中筋1	Φ	18	L5 151 90 500 L4 45 588 180	418−25+15×d+907+(550−25×2)×(1.414−1.000)−25−((1×0.55+1×3.8+1×3.8)×d)	2	2	1.66	3.32	6.64
0跨.侧面构造筋1	Φ	12	3830	15×d+3675−25	2	2	3.83	7.66	6.802

续表

筋号	级别	直径	钢筋图形	计算公式	根数	总根数	单长(m)	总长(m)	总重(kg)
0跨.下部钢筋1	Φ	16	665⌐ 272	40×d+322-25-((1×3.8)×d)	2	2	0.9	1.8	2.844
0跨.下部钢筋2	Φ	16	1204⌐ 151⌐247	40×d+571+15×d-((1×3.8)×d)	2	2	1.414	2.828	4.468
1跨.上通长筋1	Φ	18	720⌐ 3118 ⌐525	418-25+720+2350+400-25+525-((2×3.8)×d)	2	2	4.281	8.562	17.124
1跨.下部钢筋1	Φ	16	240⌐ 3365	40×d+2350+400-25+15×d-((1×3.8)×d)	2	2	3.568	7.136	11.275
钢筋	Φ	8	500 ⌐200⌐	2×((250-2×25)+(550-2×25))+2×(11.9×d)-((3×1.75)×d)	31	31	1.548	47.988	18.955
钢筋	Φ	6	⌐200⌐	(250-2×25)+2×(75+1.9×d)	13	13	0.373	4.849	1.261

构件名称:WKL-5[574]　　构件数量:1　　本构件钢筋重:73.548kg

构件位置:〈2-3,2-B-960〉〈2-3,2-B-638〉〈2-3,2-B〉〈2-3,2-C〉

筋号	级别	直径	钢筋图形	计算公式	根数	总根数	单长(m)	总长(m)	总重(kg)
0跨.上通长筋1	Φ	18	L1⌐270 151 L2 216	250-25+15×d+925+216-25-((2×3.8+1×3.8)×d)	2	2	1.487	2.974	5.948
0跨.跨中筋1	Φ	18	L5 500⌐90 151 L4 45 588 180	250-25+15×d+925+(550-25×2)×(1.414-1.000)-25-((1×0.55+1×3.8+1×3.8)×d)	2	2	1.51	3.02	6.04

306

续表

筋号	级别	直径	钢筋图形	计算公式	根数	总根数	单长(m)	总长(m)	总重(kg)
0跨.侧面构造通长筋1	Φ	12	3830	15×d+3675-25	2	2	3.83	7.66	6.802
0跨.下部钢筋1	Φ	16	665 272	40×d+322-25-((1×3.8)×d)	2	2	0.9	1.8	2.844
0跨.下部钢筋2	Φ	16	1039 208.7 15 / 415 151.3	40×d+589+15×d-((1×3.8+1×3.8)×d)	2	2	1.396	2.792	4.411
1跨.上通长筋1	Φ	18	720 3100 525	250-25+720+2500+400-25+525-((2×3.8)×d)	2	2	4.263	8.526	17.052
1跨.下部钢筋1	Φ	16	240 2781	40×d+1766+400-25+15×d-((1×3.8)×d)	2	2	2.984	5.968	9.429
箍筋	Φ	8	500 200 200	2×((250-2×25)+(550-2×25))+2×(11.9×d)-((3×1.75)×d)	32	32	1.548	49.536	19.567
拉筋	Φ	6	200	(250-2×25)+2×(75+1.9×d)	15	15	0.373	5.595	1.455

本构件钢筋重：78.104kg

构件名称：WKL-6[576]

构件数量：1

构件位置：〈2-4,2-B-1619〉〈2-4,2-B-638〉〈2-4,2-B〉〈2-4,2-C〉

筋号	级别	直径	钢筋图形	计算公式	根数	总根数	单长(m)	总长(m)	总重(kg)
1跨.上通长筋1	Φ	16	L1 151.3 L2 160 / 525 90.0	473-25+525+1356+1144-25+10×d-((1×3.8+1×3.8)×d)	2	2	3.498	6.996	11.054
1跨.上通长筋2	Φ	16	4119 208.7 160 / 525	1144-25+10×d+2625+400-25+525-((1×3.8+1×3.8)×d)	2	2	4.731	9.462	14.95

续表

筋号	级别	直径	钢筋图形	计算公式	根数	总根数	单长(m)	总长(m)	总重(kg)
1跨.侧面受扭筋1	Φ	12	180⌐4818⌐180	473−25+15×d+3995+400−25+15×d−((2×3.8)×d)	2	2	5.123	10.246	9.098
1跨.下部钢筋1	Φ	16	2209 151.3 160 / 240	473−25+15×d+642+1144−25+10×d−((1×3.8+1×3.8)×d)	2	2	2.536	5.072	8.014
1跨.下部钢筋2	Φ	16	L1 151.3 / L2 151.3 / 160 240	1144−25+10×d+3339+400−25+15×d−((1×3.8+1×3.8+1×3.8)×d)	2	2	5.123	10.246	16.189
1跨.箍筋1	Φ	8	500⌐200⌐	2×(250−2×25)+(550−2×25))+2×(11.9×d)−((3×1.75)×d)	29	29	1.548	44.892	17.732
1跨.拉筋1	Φ	6	⌐200⌐	(250−2×25)+2×(75+1.9×d)	11	11	0.373	4.103	1.067

构件名称:YP[584]　　　　　构件位置:〈2−4+1625,2−C〉〈2−4,2−C〉　　　　　构件数量:1　　　　　本构件钢筋重:35.313kg

筋号	级别	直径	钢筋图形	计算公式	根数	总根数	单长(m)	总长(m)	总重(kg)
0跨.上通长筋1	Φ	16	240⌐2750⌐192	400−25+15×d+2400+192−25−((2×3.8)×d)	2	2	3.109	6.218	9.824
0跨.上通长筋3	Φ	16	240⌐2340⌐250/160	400−25+15×d+2400+(300−25×2)×(1.414−1.000)−25−((1×3.8+1×0.67)×d)	1	1	3.047	3.047	4.814
0跨.下部钢筋1	Φ	16	2615	15×d+2400−25	3	3	2.615	7.845	12.395
0跨.箍筋1	Φ	8	250⌐200⌐	2×((250−2×25)+(300−2×25))+2×(11.9×d)−((3×1.75)×d)	20	20	1.048	20.96	8.279

续表

筋号	级别	直径	钢筋图形	计算公式	根数	总根数	单长(m)	总长(m)	总重(kg)
构件名称:B110[588]				构件数量:1		本构件/钢筋重:140.798kg			
钢筋				构件位置:⟨2-2-1270,2-B-960⟩⟨2-2-1270,2-C⟩;⟨2-1,2-B+1112⟩⟨2-2,2-B+1112⟩;⟨2-1+1114,2-B-1619⟩⟨2-1+1114,2-C⟩;⟨2-2,2-C-1154⟩					
C8@200底筋.3	Φ	8	501 141⌐151.3	197+max(250/2,5×d)+40×d−(1×3.8)×d)	20	20	0.624	12.48	4.93
C8@200底筋.4	Φ	8	2900	2650+max(250/2,5×d)+max(250/2,5×d)	20	20	2.9	58	22.91
C8@200底筋.5	Φ	8	708	585−20+max(285/2,5×d)	19	19	0.708	13.452	5.314
C8@200底筋.1	Φ	8	533	188+max(404/2,5×d)+max(285/2,5×d)	1	1	0.533	0.533	0.211
钢筋	Φ	8	4200	3950+max(250/2,5×d)+max(250/2,5×d)	14	14	4.2	58.8	23.226
C8@150面筋.1	Φ	8	70⌐956⌐739	976−20+110−2×20−((1×3.8)×d)	27	27	1.008	27.216	10.75
C8@150面筋.3	Φ	8	120	534−20+110−2×20+250−25+15×d−((2×3.8)×d)	1	1	0.892	0.892	0.352
C8@150面筋.4	Φ	8	3146⌐151.3⌐174 120	2775+40×d+250−25+15×d−((1×3.8+1×3.8)×d)	27	27	3.403	91.881	36.293
C8@150面筋.5	Φ	8	859⌐151.3⌐174 70	733−20+110−2×20+40×d−((1×3.8+1×3.8)×d)	26	26	1.066	27.716	10.948

续表

筋号	级别	直径	钢筋图形	计算公式	根数	总根数	单长(m)	总长(m)	总重(kg)
C8@150面筋.6	Φ	8	174 ⌐882⌐151.3	416+40×d+40×d−((1×3.8)×d)	1	1	1.038	1.038	0.41
C8@200面筋.1	Φ	8	120⌐4400⌐120	3950+250−25+15×d+250−25+15×d−((2×3.8)×d)	14	14	4.603	64.442	25.455

构件名称:B110[586]   构件数量:1   本构件钢筋重:136.629kg

构件位置:⟨2-1,2-B-349⟩⟨2-4,2-B-349⟩;⟨2-3,2-B-640⟩⟨2-2,2-B-639⟩
⟨2-2+2000,2-B⟩⟨2-2+2000,2-B-960⟩;⟨2-4,2-B+326⟩⟨2-A-238,2-3⟩;⟨2-4+433,2-C⟩⟨2-A+432,2-B-960⟩

筋号	级别	直径	钢筋图形	计算公式	根数	总根数	单长(m)	总长(m)	总重(kg)
C8@200底筋.1	Φ	8	120⌐16200⌐120	15750+250−25+15×d+250−25+15×d−((2×3.8)×d)	3	3	16.403	49.209	19.438
钢筋	Φ	8	6000	5750+max(250/2,5×d)+max(250/2,5×d)	4	4	6	24	9.48
钢筋	Φ	8	141⌐501⌐151.3	197+40×d+max(250/2,5×d)−((1×3.8)×d)	49	49	0.624	30.576	12.078
钢筋	Φ	8	141⌐907⌐151.3	585+max(285/2,5×d)+40×d−((1×3.8)×d)	29	29	1.03	29.87	11.799
C8@200底筋.1	Φ	8	2016	1536+max(250/2,5×d)+max(709/2,5×d)	1	1	2.016	2.016	0.796
钢筋	Φ	8	5600	5550+max(250/2,5×d)+max(250/2,5×d)	18	18	5.8	104.4	41.238

续表

筋号	级别	直径	钢筋图形	计算公式	根数	总根数	单长(m)	总长(m)	总重(kg)
C8@200底筋.1	Φ	8	141⌐456⌐151.3	299+40×d−20−((1×3.8)×d)	6	6	0.581	3.486	1.377
C8@200底筋.2	Φ	8	141⌐624⌐151.3	311+40×d+max(267/2,5×d)−((1×3.8)×d)	1	1	0.747	0.747	0.295
C8@200底筋.3	Φ	8	141⌐549⌐151.3	236+40×d+max(267/2,5×d)−((1×3.8)×d)	1	1	0.672	0.672	0.265
C8@200底筋.6	Φ	8	2900	2650+max(250/2,5×d)+max(250/2,5×d)	28	28	2.9	81.2	32.074
C8@200底筋.7	Φ	8	706	585+max(285/2,5×d)−20	26	26	0.708	18.408	7.271
C8@200底筋.8	Φ	8	676	424+max(285/2,5×d)+max(221/2,5×d)	1	1	0.678	0.678	0.268
C8@200底筋.9	Φ	8	634	338+max(285/2,5×d)+max(305/2,5×d)	1	1	0.634	0.634	0.25

构件名称:B110[593]　　本构件钢筋重:26.448kg

构件位置:〈2−2+1450,2−B−1443〉〈2−2+1450,2−B〉　　构件数量:1

筋号	级别	直径	钢筋图形	计算公式	根数	总根数	单长(m)	总长(m)	总重(kg)
KBSLJ-C8@150.1	Φ	8	70⌐563⌐120	358−20+110−2×20+250−25+15×d−((2×3.8)×d)	2	2	0.716	1.432	0.566
KBSLJ-C8@150.2	Φ	8	70⌐1470⌐120	1265−20+110−2×20+250−25+15×d−((2×3.8)×d)	38	38	1.623	61.674	24.361

续表

筋号	级别	直径	钢筋图形	计算公式	根数	总根数	单长(m)	总长(m)	总重(kg)
KBSLJ-C8@150[608].1	Φ	6	5850	6000−75−75	1	1	5.85	5.85	1.521
构件名称:B110[594]				构件数量:1		本构件钢筋重:26.88kg			
C8@200 底筋.1	Φ	8	2375	2250+max(250/2,5×d);⟨2−A+401,2−3⟩⟨2−A+401,2−3−2375⟩;⟨2−3−1583,2−C⟩⟨2−3−1583,2−B⟩	14	14	2.375	33.25	13.134
C8@200 底筋.1	Φ	8	2900	2650+max(250/2,5×d)+max(250/2,5×d)	12	12	2.9	34.8	13.746
构件名称:B110[589]				构件数量:1		本构件钢筋重:152.523kg			
C8@150 面筋.1	Φ	8	70 739 120	534−20+110−2×20+250−25+15×d−((2×3.8)×d);⟨2−4−2011,2−C⟩;⟨2−2+2725,2−C−879⟩⟨2−4,2−C−879⟩	1	1	0.892	0.892	0.352
钢筋	Φ	8	70 956	976−20+110−2×20−((1×3.8)×d)	35	35	1.008	35.28	13.936
C8@150 面筋.5	Φ	8	120 958	716+267−25+15×d−((1×3.8)×d)	1	1	1.06	1.06	0.419
C8@150 面筋.6	Φ	8	120 1014	772+267−25+15×d−((1×3.8)×d)	1	1	1.116	1.116	0.441
C8@150 面筋.7	Φ	8	3146 174 151.3 120	2775+40×d+250−25+15×d−((1×3.8+1×3.8)×d)	37	37	3.403	125.911	49.735

续表

筋号	级别	直径	钢筋图形	计算公式	根数	总根数	单长(m)	总长(m)	总重(kg)
C8@150 面筋.8	Φ	8	859⌐174⌐151.3⌐70	733−20+110−2×20+40×d−((1×3.8+1×3.8)×d)	35	35	1.066	37.31	14.737
C8@150 面筋.9	Φ	8	871⌐174⌐151.3⌐120⌐118.7	449+305−29+15×d+40×d−((1×3.8+1×3.8)×d)	1	1	1.128	1.128	0.446
C8@150 面筋.10	Φ	8	935⌐174⌐151.3⌐120⌐118.7	513+305−29+15×d+40×d−((1×3.8+1×3.8)×d)	1	1	1.192	1.192	0.471
C8@150 面筋.1	Φ	8	8469⌐126⌐158.7⌐120	8050+40×d+250−25+15×d−((1×3.8+1×3.8)×d)	18	18	8.678	156.204	61.701
C8@150 面筋.2	Φ	8	1143⌐126⌐158.7⌐70	969−20+110−2×20+40×d−((1×3.8+1×3.8)×d)	20	20	1.302	26.04	10.286

构件位置:〈2−3−1161,2−B〉〈2−3−1161,2−C〉 构件数量:1 本构件钢筋重:16.13kg

筋号	级别	直径	钢筋图形	计算公式	根数	总根数	单长(m)	总长(m)	总重(kg)
C8@200 面筋.1	Φ	8	3146⌐174⌐151.3⌐120	2775+40×d+250−25+15×d−((1×3.8+1×3.8)×d)	12	12	3.403	40.836	16.13

构件名称:YP100[510]

构件位置:〈2−3−1269,2−C〉〈2−4−1269,2−C+725〉 构件数量:1 本构件钢筋重:4.131kg

筋号	级别	直径	钢筋图形	计算公式	根数	总根数	单长(m)	总长(m)	总重(kg)
C8@200 面筋.1	Φ	8	120⌐805⌐60	600+250−25+15×d−20+100−2×20−((2×3.8)×d)	8	8	0.948	7.584	2.996
分布筋	Φ	8	1355	1455	3	3	1.455	4.365	1.135

续表

筋号	级别	直径	钢筋图形	计算公式	根数	总根数	单长(m)	总长(m)	总重(kg)
楼层名称:屋面(绘图输入)							钢筋总重:121.15kg		
构件名称:压顶[543]				构件数量:1			本构件钢筋重:16.386kg		
钢筋	Φ	10	175⌐4775⌐250	4575+40×d−25+250−((2×2.29)×d) 〈2−1,2−C〉〈2−1,2−B−1800〉	2	2	5.154	10.308	6.36
钢筋	Φ	10	250⌐4775	4825−25−25+250−((1×2.29)×d)	2	2	5.002	10.004	6.172
箍筋.1	Φ	6	100⌐200⌐	2×((250−2×25)+(150−2×25))+2×(75+1.9×d)−((3×1.75)×d)	20	20	0.741	14.82	3.853
构件名称:压顶[544]				构件数量:1			本构件钢筋重:55.77kg		
				构件位置:〈2−1,2−C〉〈2−4,2−C〉					
钢筋	Φ	10	175⌐16200⌐175	15750+40×d+40×d−((2×2.29)×d)	2	2	16.504	33.008	20.366
钢筋	Φ	10	16200	16250−25−25	2	2	16.2	32.4	19.991
箍筋.1	Φ	6	100⌐200⌐	2×((250−2×25)+(150−2×25))+2×(75+1.9×d)−((3×1.75)×d)	80	80	0.741	59.28	15.413
构件名称:压顶[545]				构件数量:2			本构件钢筋重:10.911kg		
				构件位置:〈2−2,2+2725,2−C〉〈2−2,2+2725,2−B〉;〈2−2,2,2−B〉〈2−2,2,2−C〉					
钢筋	Φ	10	175⌐3100⌐175	2900+40×d+40×d−25−((1×2.29)×d)	2	4	3.252	13.008	8.026
钢筋	Φ	10	175⌐3100	2650+40×d+40×d−((2×2.29)×d)	2	4	3.404	13.616	8.401

续表

筋号	级别	直径	钢筋图形	计算公式	根数	总根数	单长(m)	总长(m)	总重(kg)
箍筋.1	Φ	6	100⌐200⌐	2×((250−2×25)+(150−2×25))+2×(75+1.9×d)−((3×1.75)×d)	14	28	0.741	20.748	5.394

构件名称:压顶[546]　本构件钢筋重:10.099kg

构件位置:⟨2-2+2725,2-B⟩⟨2-2,2-B⟩

钢筋	Φ	10	175⌐2925⌐	2975−25−25	2	2	2.925	5.85	3.609
钢筋	Φ	10	175⌐2925⌐	2475+40×d+40×d−((2×2.29)×d)	2	2	3.229	6.458	3.985
箍筋.1	Φ	6	100⌐200⌐	2×((250−2×25)+(150−2×25))+2×(75+1.9×d)−((3×1.75)×d)	13	13	0.741	9.633	2.505

构件名称:压顶[548]　本构件钢筋重:10.98kg

构件位置:⟨2-4,2-C⟩⟨2-4,2-B⟩

钢筋	Φ	10	250⌐2975⌐	3025−25−250−((1×2.29)×d)	2	2	3.202	6.404	3.951
钢筋	Φ	10	175⌐2975⌐250	2775+40×d+250−25−((2×2.29)×d)	2	2	3.354	6.708	4.139
箍筋.1	Φ	6	100⌐200⌐	2×((250−2×25)+(150−2×25))+2×(75+1.9×d)−((3×1.75)×d)	15	15	0.741	11.115	2.89

构件名称:压顶[549]　本构件钢筋重:6.094kg

构件位置:⟨2-4,2-B⟩⟨2-4,2-B−1800⟩

| 钢筋 | Φ | 10 | 100⌐1775⌐250 | 1800+10×d−25+250−((2×2.29)×d) | 4 | 4 | 2.079 | 8.316 | 5.131 |
| 箍筋.1 | Φ | 6 | 100⌐200⌐ | 2×((250−2×25)+(150−2×25))+2×(75+1.9×d)−((3×1.75)×d) | 5 | 5 | 0.741 | 3.705 | 0.963 |

表 22.4　　　　　　　　　　某校门钢筋工程量汇总表

钢筋汇总表

楼层名称	构件类型	钢筋总重(kg)	HPB300		HRB400					
			6	8	8	10	12	14	16	18
基础层	柱	325.204		79.989					245.214	
	梁	921.442	40.944	173.994			184.139	52.572	446.282	23.51
	独立基础	224.486					224.486			
	合计	1471.132	40.944	253.983			408.626	52.572	691.496	23.51
首层	柱	590.823		287.066					303.757	
	构造柱	62.186	15.53				46.656			
	梁	1359.41	47.817	273.225			154.308	18.404	729.568	136.088
	现浇板	503.149	2.268		500.882					
	合计	2515.568	65.615	560.291	500.882		200.963	18.404	1033.325	136.088
屋面	圈梁	116.616	26.485			90.131				
	合计	116.616	26.485			90.131				
全部层汇总	柱	916.026		367.055					548.971	
	构造柱	62.186	15.53				46.656			
	梁	2280.852	88.761	447.219			338.447	70.976	1175.85	159.598
	圈梁	116.616	26.485			90.131				
	现浇板	503.149	2.268		500.882					
	独立基础	224.486					224.486			
	合计	4103.316	133.044	814.274	500.882	90.131	609.589	70.976	1724.821	159.598

做如下辅助线,将其分为 3 块(图 22.2)分别求解,最后求总的平整场地面积。

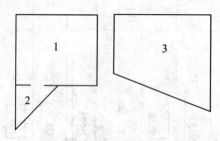

图 22.2　平整场地分块计算示意

$S_1 = (4.2+4+0.25) \times (2.9+4.25) = 60.418$,

$S_2 = \frac{1}{2}(1.498-0.125+2.125/\tan22.5°-2) \times (1.4988-0.125+2.125/\tan22.5°-2) = 10.139$,

$S_3 = \frac{1}{2} \times \left(2.335+0.125+2+2.125\tan34.685°+\frac{2.125}{\tan34.685°}+2.9+1.6919+0.125\right) \times (5.8+0.25+4)$

$= 78.983$,

$S = S_1+S_2+S_3 = 149.54 \mathrm{m}^2$。

2. 土方开挖

按机械顺沟槽边坑上大开挖考虑(开挖轮廓线如图 22.3 所示,内轮廓线为坑底边线,外轮廓线为坑顶边线),垫层下按填砂计算。开挖深度 2.0m,放坡系数 0.5。

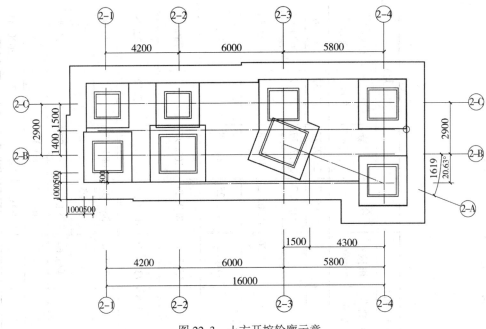

图 22.3 土方开挖轮廓示意

按棱台体积通用体积公式 $V = \dfrac{1}{3}h(S_\text{上} + \sqrt{S_\text{上} S_\text{下}} + S_\text{下})$ 计算。

(1) $S_\text{下} = (2.9+0.725+0.6+0.925+0.6)\times(16+0.725+0.6+0.715+0.6)+(1.6+0.6\times2)\times(1.619+0.681+0.6-0.925-0.6)+(0.725-0.715)\times(1.6+0.6\times2)-(0.725-0.575)\times(6+4.2-0.8-0.6+0.575+0.6)-(0.925-0.875)\times(4.2-1.075-0.6+0.725+0.6)-(0.725-0.575)\times(2.9-0.725-0.6+0.725+0.6) = 108.934\text{m}^2$。

(2) 下底面外边线周长：

$L_\text{坑底线周长} = [(16+0.725\times2+0.6\times2)+(2.9+1.619+0.681+0.725+0.6\times2)]\times2 = 51.55\text{m}$。

(3) $S_\text{上} = 108.934+1\times51.55+4\times1$ [1 为放坡宽度，$S_\text{上} = S_\text{下}+$放坡宽度$\times L_\text{坑底线周长}+4\times$放坡宽度$\times$放坡宽度] $= 164.484\text{m}^2$。

(4) 人工配合挖土部分的挖土上底面积（人工配合按 300mm 厚考虑，放坡宽度 = kh = $0.3\times0.5 = 0.15$）

$S_\text{人上} = 08.934+0.15\times51.55+4\times0.15\times0.15 = 116.757\text{m}^2$。

3. 外墙石材装饰面积的计算

以建施 3 中 (2-1)~(2-3) 立面图为例，考虑石材装饰构造层厚度 120mm 后（查 10ZJ105 页 10-10 及页 34-1 知）所铺贴的面积。该立面图中，外墙石材装饰面积的计算，关键在于求解两块梯形块料面积，如图 22.4 所示。

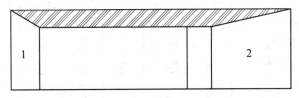

图 22.4 (2-1)~(2-3) 立面图分块计算示意

22.3 分部分项工程与单价措施项目费计算

见表22.5～表22.7(以《2013湖北定额》计算)。

表22.5 某校门土方工程预算表

序号	编号	定额名称	单位	工程量	单价(元)	人工费单价	材料费单价	机械费单价	合价	人工费合价	材料费合价	机械费合价
		03.公共专业工程							5003.7	2377.77	5.32	2620.63
		0301.土石方工程							5003.7	2377.77	5.32	2620.63
1	G1-140×1.5	人工挖沟槽一、二类土 深度(m以内)2 子目乘以系数1.5	100m³	0.33847	3044.36	3036.6		7.76	1030.42	1027.8		2.63
2	G1-158	挖掘机挖基坑土方(不装车)一、二类土	1000m³	0.09712	4996.69	680.4		4316.29	485.25	66.08		419.18
3	G1-161	挖掘机挖沟槽、基坑土方(装车)一、二类土	1000m³	0.14078	6316.71	731.4		5585.31	889.29	102.97		786.32
4	G1-241	自卸汽车运土方(载重8t以内)运距1km以内	1000m³	0.14078	7369.53		37.8	7331.73	1037.51		5.32	1032.19
5	G1-281	填土夯实 槽、坑	100m³	1.30962	1057.03	828		229.03	1384.31	1084.37		299.94
6	G1-282	填土夯实 平地	100m³	0.04312	812.82	636.6		176.22	35.05	27.45		7.6
7	G1-286	平整场地 推土机(kW以内)75	1000m²	0.14954	546.64	60		486.64	81.74	8.97		72.77
8	G1-297	基底钎探	100m²	1.08934	55.2	55.2			60.13	60.13		
		总计							5003.7	2377.77	5.32	2620.63

表 22.6 某校门土建工程预算表

序号	编号	定额名称	单位	工程量	单价(元)	人工费单价	材料费单价	机械费单价	合价	人工费合价	材料费合价	机械费合价
		01.建筑工程							105085.88	26051.97	76887.59	2146.21
		0101.砌筑工程							23073.07	2573.02	20459.06	40.98
1	A1-46	砌块墙 600×300×250 砌体墙 混合砂浆 M5	10m³	2.693	3300.46	897.72	2388.39	14.35	8888.14	2417.56	6431.93	38.64
2	A1-33	砌体钢筋加固	t	0.09	5595.17	1727.28	3841.88	26.01	503.57	155.46	345.77	2.34
3	A13-3换	垫层 砂	10m³	12.622	1083.93		1083.93		13681.36		13681.36	
		0102.混凝土及钢筋混凝土工程							38835.27	5563.24	32521.79	750.22
4	A2-67	带形基础 有梁式 C25 商品混凝土	10m³	0.6338	4201.65	404.8	3796.85		2663.01	256.56	2406.44	
5	A2-70	独立基础 C25 商品混凝土	10m³	0.749	4263.35	467.36	3795.99		3193.25	350.05	2843.2	
6	A2-75换	基础垫层 C10 商品混凝土 换为[商品混凝土 C15 碎石 20]	10m³	0.2708	3788.86	428.48	3360.38		1026.02	116.03	909.99	
7	A2-80	矩形柱 C25 商品混凝土	10m³	0.5208	4562.56	758.88	3803.68		2376.18	395.22	1980.96	
8	A2-82	异形柱 C25 商品混凝土	10m³	0.0979	4536.55	729.72	3806.83		444.13	71.44	372.69	
9	A2-83	构造柱 C25 商品混凝土	10m³	0.1133	4738.31	943.52	3794.79		536.85	106.9	429.95	
10	A2-89	过梁 C25 商品混凝土	10m³	0.0753	4993.28	1114.48	3878.8		375.99	83.92	292.07	
11	A2-88	圈梁 C25 商品混凝土	10m³	0.0563	4771.32	895.84	3875.48		268.63	50.44	218.19	
12	A2-101	有梁板 C25,p6 商品混凝土	10m³	1.4547	4262.15	424.84	3837.31		6200.15	618.01	5582.13	
13	A2-108	雨篷 p6C25 商品混凝土	10m³	0.0089	4922.58	860	4062.58		43.81	7.65	36.16	

续表

序号	编号	定额名称	单位	工程量	单价（元）	其中（元） 人工费单价	其中（元） 材料费单价	其中（元） 机械费单价	合价	其中（元） 人工费合价	其中（元） 材料费合价	其中（元） 机械费合价
14	A2-117	压顶 C25 商品混凝土	10m³	0.1086	5185.77	1248.4	3937.37		563.17	135.58	427.6	
15	A2-121换	台阶 C20 商品混凝土 换为【商品混凝土 C15 碎石 20】	10m²	0.264	684.92	128.76	556.16		180.82	33.99	146.83	
16	A2-440	现浇构件圆钢筋（mm 以内）φ6.5	t	0.133	5596.37	1643.96	3888.82	63.59	744.32	218.65	517.21	8.46
17	A2-441	现浇构件圆钢筋（mm 以内）φ8	t	0.814	4991.62	1066.04	3849.66	75.92	4063.18	867.76	3133.62	61.8
18	A2-453	现浇构件螺纹钢筋（mm 以内）φ8	t	0.501	4990.23	756.92	4170.35	62.96	2500.11	379.22	2089.35	31.54
19	A2-453	现浇构件螺纹钢筋（mm 以内）φ10	t	0.09	4990.23	756.92	4170.35	62.96	449.12	68.12	375.33	5.67
20	A2-454	现浇构件螺纹钢筋（mm 以内）φ12	t	0.61	5065.18	696.44	4180.46	188.28	3089.76	424.83	2550.08	114.85
21	A2-455	现浇构件螺纹钢筋（mm 以内）φ14	t	0.071	5029.78	683	4173.45	173.33	357.11	48.49	296.31	12.31
22	A2-456	现浇构件螺纹钢筋（mm 以内）φ16	t	1.725	4955.98	617.32	4168.94	169.72	8549.07	1064.88	7191.42	292.77
23	A2-457	现浇构件螺纹钢筋（mm 以内）φ18	t	0.16	4769.38	534.24	4080.25	154.89	763.1	85.48	652.84	24.78
24	A2-524	电渣压力焊接接头	10个	7.8	57.37	23.08	8.9	25.39	447.49	180.02	69.42	198.04
		0105.屋面及防水工程							5349.54	713.15	4629.12	7.26

续表

序号	编号	定额名称	单位	工程量	单价（元）	其中（元）			合价	其中（元）		
						人工费单价	材料费单价	机械费单价		人工费合价	材料费合价	机械费合价
25	A5-46	预铺/湿铺高分子自粘防水卷材 屋面	100m²	0.78529	5900.45	468.2	5432.25		4633.56	367.67	4265.89	
26	A5-111	聚乙烯丙纶复合防水卷材 平面	100m²	0.08622	3075.16	894.96	2180.2		265.14	77.16	187.98	
27	A5-139 调换	防水砂浆 立面	100m²	0.1935	1568.89	1105.76	425.59	37.54	303.58	213.96	82.35	7.26
28	A5-106	防潮层 防潮纸	100m²	1.0752	136.96	50.56	86.4		147.26	54.36	92.9	
		0106,保温,隔热,防腐工程							19371.92	6211.63	13046.95	113.33
29	A6-6H9 -309-28	屋面保温 现浇水泥珍珠岩 换为【水泥珍珠岩1∶8】	10m³	0.128	5027.39	569.32	4458.07		643.51	72.87	570.63	
30	A6-92	楼地面及屋面隔热 聚苯乙烯泡沫塑料板	10m³	0.34	17182.4	3697.12	13485.28		5842.02	1257.02	4585	
31	A6-72 调换	无机轻集料保温砂浆 涂料饰面厚度35mm	100m²	1.5096	7878.54	2966.04	4837.43	75.07	11893.44	4477.53	7302.58	113.33
32	A6-74	无机轻集料保温砂浆 每增减5mm	100m²	1.5096	657.76	267.76	390		992.95	404.21	588.74	
		0107,混凝土、钢筋混凝土模板及支撑工程							16662.59	10328.74	5634.32	699.48
33	A7-7	带形基础（有梁式）钢筋混凝土组合钢模板木支撑	100m²	0.4949	5332.98	2383.92	2751.81	197.25	2639.29	1179.8	1361.87	97.62

续表

序号	编号	定额名称	单位	工程量	单价(元)	其中(元)			合价	其中(元)		
						人工费单价	材料费单价	机械费单价		人工费合价	材料费合价	机械费合价
34	A7-16	独立基础 钢筋混凝土 组合钢模板木支撑	100m²	0.156	4765.15	2218.68	2376.33	170.14	743.36	346.11	370.71	26.54
35	A7-30	混凝土基础垫层 木模板 木支撑	100m²	0.0574	4660.45	1076.72	3532.02	51.71	267.51	61.8	202.74	2.97
36	A7-40	矩形柱 胶合模板 钢支撑	100m²	0.46365	4257.46	2583.28	1541.53	132.65	1973.97	1197.74	714.73	61.5
37	A7-43	异形柱 胶合板模板 钢支撑	100m²	0.0843	6057.12	3994.12	1897.03	165.97	510.62	336.7	159.92	13.99
38	A7-47	构造柱 胶合板模板 钢支撑	100m²	0.0919	5295.73	3379.24	1750.52	165.97	486.68	310.55	160.87	15.25
39	A7-49	柱支撑高度超过3.6m 每增加1m 钢支撑	100m²	0.2172	333.66	263.08	64.04	6.54	72.47	57.14	13.91	1.42
40	A7-58	过梁 胶合板模板 钢支撑	100m²	0.08113	5685.83	3590.8	1805.87	289.16	461.29	291.32	146.51	23.46
41	A7-68	圈梁，压顶 直形 胶合板模板 木支撑	100m²	0.13304	4116.6	2473.84	1589.75	53.01	547.67	329.12	211.5	7.05
42	A7-86	有梁板 组合钢模板 钢支撑	100m²	1.123	5491.71	3595.08	1586.72	309.91	6167.19	4037.27	1781.89	348.03
43	A7-86 R×1.5	有梁板 组合钢模板 钢支撑（斜21度）人工乘以系数1.5	100m²	0.0256	7333.97	5392.62	1631.44	309.91	187.75	138.05	41.76	7.93
44	A7-86 R×2	有梁板 组合钢模板 钢支撑（斜30度）人工乘以系数2	100m²	0.1677	9158.12	7190.16	1658.05	309.91	1535.82	1205.79	278.05	51.97

续表

序号	编号	定额名称	单位	工程量	单价(元)	人工费单价	材料费单价	机械费单价	合价	人工费合价	材料费合价	机械费合价
45	A7-100	板支撑高度超过3.6m 每增加1m 钢支撑	100m²	1.3163	635.38	550.56	56.76	28.06	836.35	724.7	74.71	36.94
46	A7-111	阳台,雨篷 直形 木模板木支撑	10m²	0.089	1432.43	623.72	770.21	38.5	127.49	55.51	68.55	3.43
47	A7-113	台阶 木模板木支撑	10m²	0.264	398.21	216.44	176.53	5.24	105.13	57.14	46.6	1.38
		0108.脚手架工程							1278.23	662.19	596.35	19.68
48	A8-1	综合脚手架 建筑面积	100m²	0.3922	2418.05	970.76	1407.12	40.17	948.36	380.73	551.87	15.75
49	A8-24	单项脚手架 钢管里脚手架 3.6m 以内	100m²	0.9777	337.39	287.88	45.49	4.02	329.87	281.46	44.48	3.93
		0109.垂直运输工程							515.26			515.26
50	A9-1	檐高20m以内(6层以内)卷扬机施工	100m²	0.3922	1313.76			1313.76	515.26			515.26
		总计							105085.88	26051.97	76887.59	2146.21

表 22.7 某校门装饰工程预算表

序号	编号	定额名称	单位	工程量	单价(元)	其中(元)			合价	其中(元)		
						人工费单价	材料费单价	机械费单价		人工费合价	材料费合价	机械费合价
		0201.工程项目							97808.15	24507.86	71537.47	1762.75
		020101.楼地面工程							13663.15	3516.13	10075.59	71.38
1	A13-2	垫层 三合土或四合土	10m³	0.443	2009.54	844	1147.46	18.08	890.23	373.89	508.32	8.01
2	A13-11	砾(碎)石垫层 灌浆	10m³	0.248	2216.6	654.72	1502.53	59.35	549.72	162.37	372.63	14.72
3	A13-18换	垫层商品混凝土 换为【商品混凝土 C30 碎石 20(水下)】	10m³	0.387	4322.94	426.96	3895.98		1672.98	165.23	1507.74	
4	A13-18	垫层 商品混凝土	10m³	0.2236	3727.04	426.96	3300.08		833.37	95.47	737.9	
5	A13-20 H6-22 6-21	水泥砂浆找平层 混凝土或硬基层上 厚度 20mm 换为【水泥砂浆1：2.5】	100m²	0.6599	1418.84	635.36	745.94	37.54	936.29	419.27	492.25	24.77
6	A13-28换	细石商品混凝土找平层 厚度 30mm 换为【商品混凝土 C30 碎石 20(水下)】	100m²	0.6599	1721.76	483.76	1238		1136.19	319.23	816.96	
7	A13-28	细石商品混凝土找平层 厚度 30mm	100m²	0.2695	1673.28	483.76	1189.52		450.95	130.37	320.58	
8	A13-29换	细石商品混凝土找平层 厚度每增减 5mm 换为【商品混凝土 C30 碎石 20(水下)】	100m²	1.3198	263.63	67.12	196.51		347.94	88.58	259.35	

续表

序号	编号	定额名称	单位	工程量	单价(元)	其中(元)			合价	其中(元)		
						人工费单价	材料费单价	机械费单价		人工费合价	材料费合价	机械费合价
9	A13-29	细石商品混凝土找平层 厚度每增减 5mm	100m²	0.4252	255.47	67.12	188.35		108.63	28.54	80.09	
10	A13-30 H6-20 6-21	水泥砂浆面层 楼地面厚度 20mm 换为【水泥砂浆 1:2.5】	100m²		1677.22	836.36	803.32	37.54				
11	A13-33	水泥砂浆 加浆抹光随捣随抹厚度 5mm	100m²	0.933	902.85	613.4	279.51	9.94	842.36	572.3	260.78	9.27
12	A13-35	水磨石面层 楼地面 不嵌条 厚度 30mm	100m²	0.0024	6327.97	3837.44	2174.46	316.07	15.19	9.21	5.22	0.76
13	A13-42	水磨石 台阶 面 12mm 底 18mm	100m²	0.0264	17515.91	14578.68	2848.91	88.32	462.42	384.88	75.21	2.33
14	A13-102	陶瓷地砖 楼地面周长(mm 以内)1200 水泥砂浆	100m²	0.0589	7244.28	2326.68	4878.96	38.64	426.69	137.04	287.37	2.28
15	A13-106	陶瓷地砖 楼地面周长(mm 以内)3200 水泥砂浆	100m²	0.2186	21670.7	2364.2	19267.86	38.64	4737.22	516.81	4211.95	8.45
16	A13-111 H6-23 6-6	陶瓷地砖 踢脚线 水泥砂浆 换为【水泥石灰砂浆 1:0.5:4】	100m²	0.0324	7807.68	3485.76	4297.63	24.29	252.97	112.94	139.24	0.79
		020102.墙、柱面工程							68683.46	17310.08	49791.22	1582.15

续表

序号	编号	定额名称	单位	工程量	单价(元)	其中(元)			合价	其中(元)		
						人工费单价	材料费单价	机械费单价		人工费合价	材料费合价	机械费合价
17	A14-34	墙面,墙裙 混合砂浆(mm) 15+5 轻质墙	100m²	1.1932	1842.82	1144.12	654.54	44.16	2198.85	1365.16	781	52.69
18	A14-34换	墙面,墙裙 混合砂浆(mm) 15+5 轻质墙 人工乘以系数 1.15,材料乘以系数 1.05	100m²	0.078	2047.17	1315.74	687.27	44.16	159.68	102.63	53.61	3.44
19	A14-23换	墙面,墙裙 水泥砂浆(mm) 15+5 轻质墙 换为[防水砂浆1:3]	100m²	0.1872	2101.54	1203.6	853.78	44.16	393.41	225.31	159.83	8.27
20	A14-23换	墙面抹灰,圆弧形、锯齿形墙面 两面或三面凸出墙面的 柱、圆弧形、锯齿形墙面、镶贴块料面层等不规则 墙面抹灰 人工×1.05,人工×1.15 换为[水泥砂浆1:3]换为[防水砂浆1:3]	100m²	0.0063	2324.77	1384.14	896.47	44.16	14.65	8.72	5.65	0.28
21	A14-58	抹灰层每增减1mm 水泥砂浆1:3	100m²	-0.9675	68.64	30.8	35.63	2.21	-66.41	-29.8	-34.47	-2.14
22	A14-71	光面变麻面(减价)	100m²	-0.1935	34.8	34.8			-6.73	-6.73		
23	A14-170	面砖 周长在(mm以内)水泥砂浆 粘贴800	100m²	0.1872	7535.98	3176.16	4347.68	12.14	1410.74	594.58	813.89	2.27

续表

序号	编号	定额名称	单位	工程量	单价（元）	其中（元）			合价	其中（元）		
						人工费单价	材料费单价	机械费单价		人工费合价	材料费合价	机械费合价
24	A14-170换	面砖 周长在（mm以内）水泥砂浆粘贴 800 两圆弧形、锯齿形墙面等不规则墙面抹灰，镶贴块料面层 材料×1.05，人工×1.15	100m²	0.0063	8229.78	3652.58	4565.06	12.14	51.85	23.01	28.76	0.08
25	A14-75	墙面挂（贴）钢板网	100m²	0.5451	1998.88	496.88	1502		1089.59	270.85	818.74	
26	A14-138	钢骨架上干挂石板 墙面	100m²	1.6436	29064.43	7339.36	21725.07		47770.3	12062.97	35707.33	
27	A14-141	钢骨架	t	1.315	11914.47	2048.2	8712.46	1153.81	15667.53	2693.38	11456.88	1517.26
		020104.天棚工程							5348.32	1196.54	4144.08	7.69
28	A16-1换	混凝土面天棚 石灰砂浆 换为[石膏砂浆 1:3] 换为[石膏浆]	100m²	0.2123	1445.3	1030.36	396.17	18.77	306.84	218.75	84.11	3.98
29	A16-2	混凝土面天棚 水泥砂浆	100m²	0.0569	1709.31	1192.32	489.39	27.6	97.26	67.84	27.85	1.57
30	A16-21	天棚木龙骨 不上人型 25×30 沉龙骨中距 305×305 平面	100m²	0.3639	4720.8	1185.36	3529.57	5.87	1717.9	431.35	1284.41	2.14
31	A16-108	铝塑板天棚面层 贴在龙骨底	100m²	0.3639	8865.94	1315.2	7550.74		3226.32	478.6	2747.71	
		020105.门窗工程							7386.83	782.52	6502.77	101.53
32	A17-7	无纱木门 单扇无亮 框扇安装	100m²	0.0168	57986.16	2348.72	55635.68	1.76	974.17	39.46	934.68	0.03
33	A17-194	门锁安装 执手锁	10把	0.3	487.19	161.46	325.73		146.16	48.44	97.72	

续表

序号	编号	定额名称	单位	工程量	单价(元)	其中(元) 人工费单价	其中(元) 材料费单价	其中(元) 机械费单价	合价	其中(元) 人工费合价	其中(元) 材料费合价	其中(元) 机械费合价
34	A17-62	塑钢窗安装 平开窗	100m²	0.11865	41595.71	4997.76	35742.47	855.48	4935.33	592.98	4240.84	101.5
35	A17-70	钢防盗门安装	100m²	0.042	31694.62	2420.06	29274.56		1331.17	101.64	1229.53	
		020106.油漆、涂料、裱糊工程							2726.39	1702.59	1023.81	
36	A18-1	刮腻子、底漆一遍 调和漆两遍 单层木门	100m²	0.0168	2698.07	1730.82	967.25		45.33	29.08	16.25	
37	A18-270	抹灰面乳胶漆两遍 刮腻子两遍	100m²	1.5407	1740.16	1086.2	653.96		2681.06	1673.51	1007.56	
		0202.施工技术措施项目							1080.97	450.05	388.15	242.77
		020201.脚手架工程										
38	A21-8	满堂脚手架 基本层 3.6m	100m²	0.6371	1420.09	706.4	609.25	104.44	904.74	450.05	388.15	66.54
		020202.垂直运输工程							904.74	450.05	388.15	66.54
39	A22-1	垂直运输工程 檐高20m以内(6层以内) 卷扬机施工	100m²	0.3922	449.34			449.34	176.23			176.23
		补充分部							5400.5		5400.5	
40	补钢大门	钢大门	m	5.75	400		400		2300		2300	
41	补钢化玻璃天窗	钢化玻璃天窗	m²	6.89	450		450		3100.5		3100.5	
		总 计							104289.62	24957.91	77326.12	2005.52

328

22.4 费用计算

见表 22.7~表 22.9。

表 22.7　　　　　某校门土方工程单位工程费用汇总表

序号	费用名称	取费基数	费率	费用金额
一	分部分项工程费	人工费+材料费+施工机具使用费		5003.72
1.1	人工费	人工费		2377.77
1.2	材料费	材料费		5.32
1.3	施工机具使用费	机械费		2620.63
二	总价措施项目费	安全文明施工费+其他总价措施项目费		205.43
2.1	安全文明施工费	1.1+1.3	3.46	172.94
2.2	其他总价措施项目费	1.1+1.3	0.65	32.49
三	企业管理费	1.1+1.3	7.6	379.88
五	利润	1.1+1.3	4.96	247.92
六	规费	1.1+1.3	6.11	305.4
七	不含税工程造价	一+二+三+四+五+六		6142.35
八	税前包干项目	税前包干价		
九	税金	七+八	3.48	213.75
十	含税工程造价	七+八+九		6356.1

表 22.8　　　　　某校门土建工程单位工程费用汇总表

序号	费用名称	取费基数	费率	费用金额
一	分部分项工程费	人工费+材料费+施工机具使用费		105085.77
1.1	人工费	人工费		26051.97
1.2	材料费	材料费		76887.59
1.3	施工机具使用费	机械费		2146.21
二	总价措施项目费	安全文明施工费+其他总价措施项目费		3928.01
2.1	安全文明施工费	1.1+1.3	13.28	3744.72
2.2	其他总价措施项目费	1.1+1.3	0.65	183.29
三	企业管理费	1.1+1.3	23.84	6722.45
五	利润	1.1+1.3	18.17	5123.61
六	规费	1.1+1.3	24.72	6970.59

续表

序号	费用名称	取费基数	费率	费用金额
七	不含税工程造价	一+二+三+四+五+六		127830.43
八	税前包干项目	税前包干价		
九	税金	七+八	3.48	4448.5
十	含税工程造价	七+八+九		132278.93

表 22.9　　　　某校门装饰工程单位工程费用汇总表

序号	费用名称	取费基数	费率	费用金额
一	分部分项工程费	人工费+材料费+施工机具使用费		98889.05
1.1	人工费	人工费		24957.91
1.2	材料费	材料费		71925.62
1.3	施工机具使用费	机械费		2005.52
二	总价措施项目费	安全文明施工费+其他总价措施项目费		1741.84
2.1	安全文明施工费	1.1+1.3	5.81	1566.58
2.2	其他总价措施项目费	1.1+1.3	0.65	175.26
三	企业管理费	1.1+1.3	13.47	3631.97
五	利润	1.1+1.3	15.8	4260.22
六	规费	1.1+1.3	10.95	2952.5
七	不含税工程造价	一+二+三+四+五+六		111475.58
八	税前包干项目	税前包干价		5400.5
九	税金	七+八	3.48	4067.29
十	含税工程造价	七+八+九		120943.37

22.5　封面、编制说明及汇总表

22.5.1　封面

××学校大门工程预算书

建设单位:××学校
编制单位:明卓建设工程股份有限公司
编制人:严某某　　　　　　　　编制人证号:
审核人:赵某某　　　　　　　　审核人证号:
工程总造价(小写):259578.4
工程总造价(大写):贰拾伍万玖仟伍佰柒拾捌元肆角

22.5.2 编制说明

本案例项目编制说明内容如下:

1. 工程概况

本工程为学校大门。本栋占地建筑面积39.22m², 框架结构, 独立基础, 主要功能为: 值班和休息。

2. 编制范围

图纸范围内的全部土建及装饰装修工程。

3. 编制依据

(1)××公司设计的××学校校门施工图纸;

(2)《湖北省建设工程公共专业消耗量定额及基价表》(2013);

(3)《湖北省房屋建筑与装饰工程消耗量定额及基价表(结构屋面)》(2013);

(4)《湖北省房屋建筑与装饰工程消耗量定额及基价表(装饰装修)》(2013);

(5)《湖北省建建筑安装工程费用定额》(2013);

(6)材料价格按采用湖北××市××区2014年第1期信息价计算:塑钢窗:平开窗成品价为300元/m²(含窗纱);圆钢 $\phi6.5\sim10$ 价格3725元/t, 三级钢 $\phi10$ 价格3960元/t, 三级钢 $\phi12\sim16$ 价格3930元/t, 三级钢 $\phi18$ 价格3828元/t, 其他材料价格按定额取定价, 未作调整。

4. 其他说明

(1)土方按一类土计算, 换土垫层暂按中粗砂计算, 按设计要求从垫层边外扩500mm。

(2)因放坡后基坑土方有重叠, 故按机械大开挖考虑计算(暂按顺槽边坑上挖土)。考虑余土运输按1km运距计算。

(2)钢大门按400元/m计算(含油漆及安装), 不计其他费用, 只计算税金。

(3)钢化玻璃天窗6.89m², 暂按450元/m²计算(含安装), 不计其他费用, 只计算税金。

(4)干挂石材骨架暂按8kg/m²计算。门窗侧壁干挂石材宽度暂按250mm计算。

(5)铝塑板吊顶按木龙骨25×30@305×305考虑。

(6)室内顶棚及墙面涂料按乳胶漆两遍计算。

22.5.3 工程项目总造价表(表22.10)

表22.10 ××学校校门工程项目总造价表

序号	工程名称	工程造价(元)	定额直接费(元)	其中:(元)			单方造价(元/m²)
				人工费	材料费	机械费	
1	土石方	6356.1	5003.7	2377.77	5.32	2620.63	162.06
2	土建	132278.93	105085.88	26051.97	76887.59	2146.21	3372.74
3	装饰	120943.37	98889.12	24957.91	71925.62	2005.52	3083.72
投标总价		259578.4	208978.7	53387.65	148818.5	6772.36	

22.5.4 三材汇总表(表22.11)

表22.11　　　　　　　　　　××学校校门三材汇总表

序号	工程名称	钢材(t)	其中:钢筋(t)	木材(m³)	水泥(t)	商品砼(m³)
1	土石方					
2	土建	4.36	4.36		2.02	41.95
3	装饰	1.39		0.01	2.97	9.87
	合　计	5.75	4.36	0.01	4.99	51.82

22.5.5 材料价差汇总表(表22.12)

表22.12　　　　　　　　　　××学校校门材料价差表

序号	材料名称	材料规格	单位	材料量	预算价	市场价	价差	价差合计
	一、土建部分							
1	商品混凝土 C15	碎石20	m³	3.1895	338	326	-12	-38.27
2	商品混凝土 C25	碎石20	m³	38.6685	351	372	21	812.04
3	商品混凝土 C25,p6	碎石20	m³	0.0903	351	387	36	3.25
4	圆钢 φ6.5		t	0.1357	3914	3725	-189	-25.65
5	圆钢 φ8		t	0.8303	3914	3725	-189	-156.93
6	圆钢 φ10		t	0.0927	3914	3725	-189	-17.52
7	螺纹钢筋 φ10		t	0.0941	4322	3960	-362	-34.06
8	螺纹钢筋 φ8		t	0.5235	4322	3960	-362	-189.51
9	螺纹钢筋 φ12		t	0.6375	4271	3930	-341	-217.39
10	螺纹钢筋 φ14		t	0.0742	4169	3930	-239	-17.73
11	螺纹钢筋 φ16		t	1.8026	4067	3930	-137	-246.96
12	螺纹钢筋 φ18		t	0.1672	4067	3828	-239	-39.96
	小　计							-168.69
	二、装饰部分							
1	商品混凝土 C15	碎石20	m³	2.2584	338	326	-12	-27.1
2	商品混凝土 C20	碎石20	m³	1.0335	351	369	18	18.6
3	商品混凝土 C30	碎石20	m³	6.5813	408	385	-23	-151.37
4	塑钢平开窗		m²	11.4284	285	300	15	171.43
	小　计							11.56
	合　计							-157.13